马尾松南带人工林高效培育技术

谌红辉　田祖为　安宁　何佩云　等 著

广西科学技术出版社

·南宁·

图书在版编目（CIP）数据

马尾松南带人工林高效培育技术 / 谌红辉等著 . —南宁：
广西科学技术出版社，2023.7
ISBN 978-7-5551-2032-2

Ⅰ.①马…　Ⅱ.①谌…　Ⅲ.①马尾松—人工林—森林
抚育　Ⅳ.①S791.248

中国国家版本馆CIP数据核字（2023）第149875号

MAWEISONG NANDAI RENGONGLIN GAOXIAO PEIYU JISHU

马 尾 松 南 带 人 工 林 高 效 培 育 技 术

谌红辉　田祖为　安宁　何佩云　等 著

责任编辑：陈诗英　　　　　　　　　　　责任校对：苏深灿
责任印制：韦文印　　　　　　　　　　　装帧设计：梁　良

出 版 人：梁　志
出版发行：广西科学技术出版社
社　　　址：广西南宁市东葛路 66 号　　　　邮政编码：530023
网　　　址：http://www.gxkjs.com

印　　　刷：广西壮族自治区地质印刷厂
开　　　本：787 mm × 1092 mm　1/16
字　　　数：300 千字　　　　　　　　　印　　张：16.5　插页 4 页
版　　　次：2023 年 7 月第 1 版
印　　　次：2023 年 7 月第 1 次印刷
书　　　号：ISBN 978-7-5551-2032-2
定　　　价：78.00 元

《马尾松南带人工林高效培育技术》
作者团队

谌红辉　田祖为　安　宁　何佩云　周运超
夏玉芳　娄　清　曾　冀　唐继新　劳庆祥
段润梅　李洪果　刘光金　潘启龙　张　培
吴俊多　周炳江　王小宁

马尾松优树：树高 55.0m，胸径 148.0cm
（地点：湖南安化县）

马尾松优良种源——桐棉松：林龄 61 年，平均树高 37.0m，平均胸径 52.3cm（地点：广西宁明县）

马尾松造林密度试验林（30 年生）

马尾松间伐试验林（25年生）

马尾松自然稀疏密度试验林（20年生）

马尾松良种幼树（3年生）   马尾松大径材目标树（25年生）

马尾松产脂密度试验林

马尾松近自然林（25年生）

马尾松连作土壤调查

序

　　马尾松是我国南方主要用材与产脂树种，用途广泛，综合利用率高。贵州大学作为马尾松项目研究的主要主持单位，从"七五"至"十三五"期间，一直联合南方各主要省区的林业科研单位进行攻关研究。广西热带与南亚热带区域是马尾松高产区，生产水平居全国前列，有力支撑了广西松树千亿元产业发展。

　　中国林业科学研究院热带林业实验中心地处桂西南，为研究南带马尾松的培育技术提供了得天独厚的地理条件，从"七五"国家科技攻关计划开始，一直参与主持全国马尾松科研课题组的研究工作，并在南带马尾松栽培技术研究方面取得较好成绩。在课题组的指导下，中国林业科学研究院热带林业实验中心先后开展了马尾松幼龄林、中龄林、近熟林的施肥试验研究，揭示了人工林不同生长阶段的需肥特点；经过长期的密度和抚育间伐试验定位观测研究，探明了从造林开始到成熟林整个生长周期的密度效应规律，为科学制定不同培育目标的密度调控策略奠定了基础；在马尾松的可持续经营方面，开展了马尾松的连作方式对林分生长与土壤肥力的影响，以及人工林的近自然经营技术等研究，并取得阶段性成果。谌红辉等课题组成员，基于30多年来对马尾松进行定位试验的研究材料，系统地总结了广西南亚热带区域的马尾松栽培技术，可为马尾松南带产区的林业生产部门提供科学的技术资料，有效促进马尾松人工林质量的精准提升。

　　本书的作者团队是我直接培养指导的研究生，他们已成长为马尾松研究领域的后起之秀和业务骨干。本书汇集了课题组多年的研究成果，特别是在栽培技术方面积累了丰富的材料和成果，是一本实用性很强的好书，对开展马尾松研究有较大帮助，值得相关学者参考应用。

　　是为序。

2023 年 3 月

前　言

马尾松是我国特有的重要工业用材树种之一，材脂兼用，经济效益显著。马尾松广泛分布于秦岭、淮河以南，云贵高原以东的 17 个省（自治区、直辖市），是针叶树种中分布最广、面积最大、用途广泛、全树综合利用程度最高的乡土树种。根据自然条件与生产力差异，将马尾松自然分布区划为北带、中带、南带产区，本书主要研究南带马尾松人工林培育技术。

马尾松人工林培育技术研究工作在 20 世纪 80 年代以前主要限于贵州区域，由贵州大学农学院周政贤教授主持，并于 1986 年完成了《中华人民共和国专业标准——马尾松速生丰产林》制定任务。与此同时，福建、江西、安徽、河南、广西等地区的协作单位根据自身具体情况，起草了 6 个地方标准并颁布实施，为南方各省区的马尾松营林生产提供了科学的技术规程。

1986 年，马尾松人工林培育技术首次被列为国家"七五"重点攻关专题。1990 年，"八五"国家科技攻关计划继续设立"马尾松纸浆材与建筑材林优化栽培模式研究"专题，1998 年国家林业局组织专家鉴定，认为该研究通过大量试验林、固定样地等长期观测资料，系统地研究了马尾松人工林的遗传控制、立地控制、密度控制、无性繁殖、整地方式、施肥技术等配套营林措施生长效应及经济效益，提出了技术上先进、经济上合理的马尾松建筑材林定向培育技术体系。"九五""十五"国家科技攻关计划继续开展了"马尾松纸浆用材树种良种选育及培育技术研究"的专题工作。从"十一五"开始转变为林业科技支撑计划"马尾松大径材与高产脂林培育关键技术研究与示范"专题，"十二五"继续开展林业科技支撑计划"马尾松速生丰产林定向培育技术研究"课题，"十三五"接转为国家重点研发计划课题"马尾松大径材定向培育技术研究"。

中国林业科学研究院热带林业实验中心从"七五"国家科技攻关计划开始，一直作为主要参加单位参与马尾松树种的研究，先后开展了"广西马尾松速生丰产林培育技术研究""广西马尾松大径材与高产脂林培育关键技术研究与示范""热带马尾松高产脂及材脂兼用林培育技术研究""马尾松人工林近自然经营技术"等子课题的研究，取得了很好的成效。

经过"七五"至"十三五"的连续性攻关研究，在马尾松的造林技术、经营管理技术及良种应用等方面均有了较大的提高。但因前期的课题研究是以通用材的速生丰产技术为主要内容，所形成的栽培技术仍有一定局限性，现阶段还需要在建筑材、纸浆材、大径材的定向培育技术上提出更科学的技术标准与规程。中国林业科学研究院热带林业实验中心现结合多年的新增试验材料，将广西南亚热带区域的马尾松栽培技术进行系统地总结，不但可为南带产区的林业生产部门提供科学的技术资料，而且对全国性的马尾松专题研究成果也是一次有益补充。

马尾松作为我国南方主要用材与经济树种，目前其人工林多为纯林，生态系统较脆弱，病虫害较严重，同时分解物酸性强，营养元素生物归还率较低，林地土壤较干燥，土壤改良不理想。因此，必须加强马尾松人工林近自然经营技术研究，以增加生态系统生物多样性，促进生态系统的养分循环，改善地力，实现马尾松人工林的可持续发展。

本书的出版得到单位领导、同事及马尾松课题组的大力支持，在此对提供相关材料的同仁一并表示感谢！由于水平有限，书中疏漏及欠妥之处在所难免，敬请各位专家及读者批评指正。

谌红辉

2023 年 3 月

2

目　录

第一章

概　述

马尾松是我国特有的最重要的工业用材树种之一，广泛分布于秦岭、淮河以南，云贵高原以东的17个省（自治区、直辖市），是针叶树种中分布最广、面积最大、用途广泛、全树综合利用程度最高的乡土树种。根据自然条件与生产力差异，将马尾松自然分布区划为北带、中带、南带产区，其中以南带产区林分生产力最高。根据南带分布区的自然条件与种源特性开展马尾松人工林培育关键技术的研究，有助于充分发挥南带马尾松的生态效益与经济效益。

第一节　人工林施肥技术

　　马尾松作为我国南方主要用材树种之一，其施肥与营养诊断研究工作相对于其他用材树种起步较晚。马尾松适应性较强，是耐贫瘠树种，但不是喜贫瘠树种。课题组从"七五"国家科技攻关期间开始，对马尾松进行了不同林龄阶段的施肥试验与营养特殊性观察分析。研究表明，对马尾松幼龄林、中龄林、近熟林林地施肥，在肥种、配比、方法适宜的情况下都会产生肥效，且能增加生长量和提高经济效益。

一、马尾松人工幼龄林施肥试验

　　通过对马尾松幼龄林施肥试验林13年的跟踪观测研究表明，南带产区施P肥有利于马尾松幼龄林生长，但产生肥效迟（施肥7年后才效果显著），施N、K肥对促进马尾松幼龄林生长无显著影响，且过量会产生负效应；施N、K肥会促进林木分化，施P肥则能使林分结构趋向均一。偏相关分析表明，P元素是影响南带产区马尾松生长的主要因子，施肥最佳处理组合为"P_2O_5 30kg·hm^{-2}+K_2O 30kg·hm^{-2}"，肥效有一定的时效性和增效持续性。施肥效应能掩盖林地质量的好坏，肥效减弱后，林地本身的质量仍是林木生长的决定因子。

二、马尾松人工中龄林施肥试验

　　通过对马尾松中龄林正交施肥13年与平衡施肥8年的试验表明，在南方红壤地区平衡施肥有利于促进马尾松中龄林生长，单施N、K肥无显著影响，甚至产生负效应。

施 P 肥与适量的 K 肥对马尾松中龄林生长有显著的促进作用，并能使林分结构趋向均一，提高规格材出材率。施肥 8 年后，最佳处理（N 200kg·hm^{-2}、P$_2$O$_5$ 280kg·hm^{-2}、K$_2$O 200kg·hm^{-2}）的树高、胸径、蓄积比对照组分别高 11.5%、15.6%、13.0%。肥效有一定的时效性，施肥处理是与林木生长密切相关的因子之一，甚至可以掩盖林地本身质量对林木生长的影响。施肥后期肥效减弱时，立地条件仍是与林木生长密切相关的因子。此外，发现施 P 肥能促进林下微生物的生长。

三、马尾松人工近熟林施肥试验

通过对 17 年生马尾松近熟林施肥试验 4 年的生长效应分析表明，在南方红壤地区施适量的 P 肥与 K 肥对马尾松近熟林生长有显著的促进作用，但施用过量会有负效应；施 N 肥短期内对林木生长不利；施肥效果显著时可掩盖林地本身质量对林木生长的影响。根据对各肥种水平效应值的分析可知，最佳施肥处理为每株混施 P$_2$O$_5$ 90g、K$_2$O 90g，其 4 年蓄积定期生长量比对照组高 13.4%。合理的施肥处理有利于促进小径阶木生长。施肥处理与马尾松近熟林的生长效应呈显著相关性。

四、马尾松中幼龄林施肥试验的经济收益分析

在特定立地条件下，根据林木生长的养分需求及林地养分供给的实际水平施肥，能取得较好的增产效果。课题组基于已开展的中幼龄林施肥研究结果，以重置成本法为主，运用项目投资的财务效益评估手段，对马尾松中幼龄林不同施肥处理的经济收益进行对比分析。

结果表明，幼龄林不同配比施肥处理的经济收益差异较大，如 P$_2$O$_5$ 100kg·hm^{-2} 处理的净收益、年均净收益、年均净现值比对照组分别增加了 6820.9 元·hm^{-2}、568.4 元·hm^{-2}、199.0 元·hm^{-2}，内部收益率比对照组提高了 1.62%，表明施肥能促进幼龄林赢利，且将 P 肥均分成 2 次施用的经济收益较好。马尾松人工中龄林前 17 年生（施肥 8 年后）各施肥处理的年均净现值、内部收益率均随林龄的增长而增加；各处理的经济收益在 17 年生时仍未达到峰值，最优处理（N 200kg·hm^{-2}、P$_2$O$_5$ 280kg·hm^{-2}、K$_2$O 200kg·hm^{-2}）的净收益比对照组增加 6785.3 元·hm^{-2}。中幼龄林均以施 P 肥处理经济收益最佳。

第二节　密度控制技术

马尾松是强阳性树种，人工林培育为达到高产、高效、优质的目的，在其郁闭成林后必须根据生长状况与培育目标进行密度间伐调控。抚育间伐的技术指标包括林木分化及分级，间伐的起始年限、对象、方法和强度以及间伐间隔期等。

为了探明马尾松南带栽培区的密度效应规律，中国林业科学研究院热带林业实验中心在伏波实验场设置了造林密度试验与间伐密度调控试验。根据 35 年的观测材料，对不同造林密度与间伐密度试验林的林分生长、材种出材量、经济效益做了定量分析，并拟合了相关密度调控数学模型，为生产部门根据培育目标选择相应的造林密度和不同时期的保留密度提供科学依据。

一、马尾松造林密度效应研究

造林密度的选择是人工林培育的重要措施，对林分在不同时期的林木种群数量有决定性作用，从而影响林分结构与生产力，直接影响培育目标能否实现及经营者的经济效益。为了比较不同造林密度林分的生长差异情况，课题组根据逐年调查资料进行了研究分析，总结如下。

初植密度并不能决定马尾松人工林最终的林分密度。不同初植密度的林分密度均随林龄的增长呈下降并且有趋向一致的趋势，林分 6～11 年与 16～25 年为自然稀疏高峰期，后期各密度处理的稀疏速度相近且平缓。21 年生前不同密度林分间胸径生长量均表现出极显著差异，但是 21 年生后各密度处理的胸径值逐步趋同，单株材积也逐步趋同，表现出与胸径相似的规律。林分蓄积 21 年生前表现出与密度的正相关性，之后逐步趋同，这说明前期高密度林分并不能提升后期的木材蓄积量。30 年生后马尾松人工林密度保持在 600～650 株·hm^{-2} 之间经济效益较好，这说明增大初植密度并不能提高后期的经济效益。

综合林分生长状况与经济效益评价，高密度造林后期很难提高出材量与经济效益。因此，在营林生产中应根据培育目标选择科学的造林密度。从发展的观点来看，培育短周期工业用材（如纸浆材、纤维原料材）时，造林密度可选取 2200～2500 株·hm^{-2}，有利于缩短轮伐期；培育大、中径材林时，造林密度宜选择 1800～2200 株·hm^{-2}。

二、马尾松中龄林间伐研究

为探明马尾松中龄林期对密度变化的响应规律，在广西凭祥市中国林业科学研究院热带林业实验中心林区对 9 年生林分设置不同间伐强度的对比试验，分高度、中度、低度 3 种间伐强度与对照组共 4 种处理；17 年生时根据生长情况对中度、低度间伐处理林分与对照组按 25%、35%、40% 的间伐强度进行第 2 次间伐，但各密度处理林分保留一部分实验小区不间伐，使其保持自然稀疏状态，以此观测间伐 1 次与 2 次对林分生长影响的差异，一直连续观测到 35 年生。

研究结果表明，林分的蓄积及材种规格与密度调控的关系十分密切，25 年生前林分表现出增大间伐强度与增加间伐次数能提高材种规格与经济效益。对不同间伐处理的马尾松人工林 25～35 年生资料进行总结分析发现，马尾松人工林随着林龄的增长，其林分密度、单株材积、单位面积蓄积量均有趋同性，前期有限强度的间伐干预并不能改变最终的林分密度与蓄积量。

经过第 2 次间伐的林分，30 年生后其单株材积与材种规格不如早期只间伐 1 次或自然稀疏保存下来的优势林木，说明增加间伐次数并不能提高经济效益，反而有一定的下降。因此，在不影响郁闭成林的情况下，培养大径材林时应减小造林密度以及减少间伐次数与减小间伐强度，从而减少营林投入。

综合效益核算、材种出材量与马尾松人工林生长规律可知：进入中龄林期后（10 年生左右），培育短周期工业用材林宜采用的保存密度为 1800～2200 株·hm^{-2}，培育大、中径材林宜采用 1500～1800 株·hm^{-2} 的保存密度；16 年生左右，培育短周期工业用材林宜采用的保存密度为 1500～1800 株·hm^{-2}，培育大、中径材林宜采用 1200～1500 株·hm^{-2} 的保存密度。为取得较好的经济效益，培育中、小径材马尾松人工林时采伐林龄不应超过 35 年。

三、马尾松近熟林间伐研究

用材林的中龄林期与近熟林期为树干材积的主要速生阶段，但国内过去很长一段时间内对林分密度调控技术的研究多以幼龄林与中龄林为主，对于近熟林林分密度调控技术的研究不多，且观测年限有限。用材林以大径材林为培育目标时，培育周期比一般中小径材林要长，其进入近熟林期及成熟林期后对密度调控会表现出什么样的响应都应有长期定位的观测数据进行分析。为了给大径材林培育提供科学的培育技术规程，广西凭祥市中国林业科学研究院热带林业实验中心在伏波实验场设置了 16 年生马尾松近熟林的间伐试验，根据 16～31 年生林分观测材料，对不同间伐保存密度的林分生长效应、材种出材量、经济效益进行定量分析。

研究结果表明，26 年生前间伐措施能显著提高直径生长量，缩短林分的工艺成熟期；但 26 年生后，各间伐处理的林分密度、单株材积、木材蓄积量均随林龄的增长有趋向一致的趋势，说明有限强度的间伐并不能改变马尾松人工林最终的林分密度。从 26 年生开始，各间伐处理的蓄积量虽无统计学上的差异性，但还是表现出与保留密度的正相关性。间伐后大径材株数与保留密度呈负相关性，后期各处理的大径材株数逐步接近。间伐措施并不能提高大径阶木材的产量，反而减少了早期中小径材的产量。因此，对于培育大径材林，前期应尽量减少对密度的干预，依靠自然稀疏选择优良个体并充分利用生长空间。根据产值评估，表明增大近熟林间伐强度并不能提高经济效益。

综合考虑马尾松中龄林与近熟林间伐试验材料，发现 31 年生后林分已进入过熟状态，林分的产值增长量极小。因此，17～20 年生马尾松人工林保存密度在 1000～1200 株·hm^{-2} 时后期经济效益较好，但具体保留密度还应考虑培育目标与工艺成熟龄。

四、马尾松人工林密度调控模型研究

密度调控的目的是加速林木生长，改善森林卫生状况，提高林木质量，从而提高林分的经济效益与生态效益，其理论基础是林分在不同生长发育时期的不同特点、林分的分化与自然稀疏规律、密度与林分生长的关系等内容。密度控制是否合理，关系到林分结构与生产力，从而直接影响培育目标能否实现及经济效益。

课题组利用马尾松造林密度试验林、不同间伐强度的间伐试验林，其他试验数据材料包括马尾松专题成果的其他综合材料，对马尾松南带产区的自然稀疏模型、最优林分密度模型、间伐木及间伐后林分生长预测模型进行研究，为马尾松人工林的定向培育提供理论指导。各类模型均经过了 F 检验和适用性检验，精确率均符合要求。在生产应用中，可根据不同培育目标选择相应的密度调控方式和最后的保存密度。

五、造林密度对马尾松林下植被与土壤肥力的影响

造林密度是人工林培育中重要的技术环节，不仅影响着林木生长，而且不同造林密度林分可通过自然稀疏或者密度调控决定各时期的林分密度，从而对林下植被发育以及土壤性质产生一定影响。

有关马尾松不同造林密度林下植被与土壤特性长期变化的研究报道较少，所做研究主要集中在造林密度的短期效应上，且在经营过程中往往受到人为干扰，在无人为干扰

的自然状态下长时间连续监测研究不同造林密度对马尾松人工林森林生态系统的影响报道很少。为此，以中国林业科学研究院热带林业实验中心的31年生马尾松造林密度试验林固定样地为研究对象，探讨不同造林密度下马尾松人工林物种多样性和土壤特征变化，进一步阐明不同造林密度对林下植被及土壤性质的影响，为马尾松人工林长期可持续经营管理提供理论支撑。

通过对4种不同造林密度下31年生马尾松人工林林下物种组成、多样性以及土壤特性的长期变化进行研究，结果发现：试验林经30年的演变后，灌木、草本层物种数量在各密度间差异不显著，但灌木层物种种类明显多于草本层；不同造林密度马尾松林下植物多样性指数无显著差异，且灌木层与草本层的多样性指数均在1667株·hm^{-2}密度下达到最大；土壤养分、酶活性指标大多在3333株·hm^{-2}密度下最高；林下物种多样性与土壤全K、蔗糖酶相关性较强。尽管经过了长时间的变化，但是仍表现为低造林密度更有利于马尾松人工林土壤肥力的长期维持和使其拥有较丰富的植物多样性。

六、马尾松人工林定向培育优化模式筛选

优化栽培模式是在一定立地条件下，根据培育目标，首先将各种营林技术措施进行合理组合，形成众多经营方案；其次采用经营模型系统对各方案逐年进行生长收获预测和经济分析，从中优化出每个培育方案的各类成熟年龄和合理采伐年龄；再次根据各方案采伐年龄的生长效应、收获量、经济效益等综合分析评价效果；最后依据优化原则，对各项营林技术措施和采伐年龄逐一进行优化，使其达到最佳组合，形成经济效益最好的栽培模式。

马尾松建筑材林优化培育模式筛选采用采伐年龄的确定方法，再根据培育目标与广西的立地条件和具体生产实践，对栽培过程中其他主要栽培措施如密度（控制在1600～6000株·hm^{-2}，搜寻步长200～300株）、间伐次数（设0～4次）、间伐时间（第1次安排在6～12年生，第2次安排在10～15年生，第3次安排在13～19年生，搜寻步长为1年）、间伐强度（15%～50%，步长5%）、中龄林施肥策略进行组合，并使用马尾松专题组所建经营模型系统进行优化栽培模式的筛选，结合不同培育目标为不同立地指数级林地筛选出1种或2种优化栽培模式。所选栽培模式可比传统经营模式内部收益率提高1.6～2.8个百分点。

马尾松纸浆材林优化培育模式筛选根据纸浆材林年龄的确定方法，以培育纸浆材林为目标，结合马尾松专题组所建经营模型系统，筛选优化栽培模式。具体方法：造林密度控制在1600～6000株·hm^{-2}，搜寻步长100株；施肥分中龄林施肥与不施肥2种处理；间伐次数设不间伐、间伐1次、间伐2次3种处理，第1次间伐时间控制在8～12

年生，第 2 次控制在 11～13 年生，步长为 1 年；间伐强度为 10%～50%，步长为 5%。最终为主要立地指数级林地筛选出 2 种或 3 种优化栽培模式，所选栽培模式可比传统经营模式内部收益率提高 2～5 个百分点。

第三节　营林措施与林木营养特性的关系

树体营养元素浓度与林木生长量、产量有密切的关系，是林木施肥与营养诊断的理论基础。植物必须通过合理施肥，使树体营养元素浓度保持适当的水平与比例，才能实现稳产、高产的目标。本研究于 1991 年设置施肥试验林，施肥时林龄 9 年，保留密度 2250 株·hm^{-2}，采用随机区组排列，设 13 个施肥处理。

一、施肥对马尾松针叶养分的影响研究

课题组从施肥后营养成分变化的角度，研究马尾松针叶 N、P、K、Ca、Mg 五大营养元素的变化情况，以了解施肥的效果及效用。研究结果表明，施用尿素、过磷酸钙、氯化钾均能显著提高针叶的含 N 量，提高针叶的含 K 量则以施用过磷酸钙配合施尿素或氯化钾作用最大，而针叶 P、Ca、Mg 含量则要施用过磷酸钙达 5760kg·hm^{-2} 以上才会有显著的提高；施肥对针叶养分含量的影响，表现为 N、P、K、Mg、Ca 均达到显著差异，而其中 K、Mg 连续 3 年均有显著差异，N、P、Ca 则仅有 1 年差异显著。

二、施肥对马尾松人工中龄林生物归还的影响研究

生物归还是森林生态系统中物流和能流过程中的一环，对于培育速丰林具有极为重要的意义。从马尾松人工中龄林随机区组施肥试验林中选择生长状况较为一致的试验区组（13 个小区），每隔 2 个月分小区收集枯枝落叶并按枝、叶及花杂分类，烘干后称重，得到单位面积上各类枯落物的质量。将各小区样品充分混合，再随机采取部分样品进行化学分析。定位观测自 1993 年 4 月开始并持续一年半，所得材料用于研究施肥对马尾松人工中龄林生物归还的影响。

马尾松 I 类主产区枯枝落叶量 1 年可达 5000kg·hm^{-2}，枯落物中以落叶所占比例最大，达 75%～89%，枯枝最少。不同时期枯落物总量差异较大，但枯枝差别较小；落叶在每年 10 月至次年 2 月最多，占总落叶量的 60% 以上；花杂在 4—6 月最多，与其

他时期呈极显著差异。不同施肥处理产生的落叶量与花杂的枯落量不同，但并未显著改变归还的营养元素量。1年内归还的养分（平均值）中，N为35.07kg·hm^{-2}、P为1.77kg·hm^{-2}、K为6.36kg·hm^{-2}、Ca为18.30kg·hm^{-2}、Mg为6.99kg·hm^{-2}。各类枯落物中枯枝归还的营养元素量最少；落叶最多，占归还元素总量的80.8%～87.6%。

第四节　营林措施对材性的影响

随着人工林定向培育方针的实施，研究营林措施与木材性质的关系，已成为国内外学者关注的热点。木材密度、干缩率、生长轮宽度、早晚材比率等是建筑材质量的重要指标；木材密度、早晚材比率、管胞形态等是纸浆纤维用材质量的重要指标。因此，研究营林措施对马尾松木材主要性质的影响，能为马尾松人工林的定向培育技术提供科学的理论依据。

一、造林密度对马尾松木材主要性质的影响研究

试材采自贵州龙里林场15年生马尾松造林密度试验林。该试验设5个处理试验区，即1111株·hm^{-2}、2500株·hm^{-2}、4444株·hm^{-2}、10000株·hm^{-2}、20408株·hm^{-2}。在每个小区各取1株平均木（共14株）作为样木，伐倒后每一样木取厚度为5cm的胸径盘进行生长轮特性和解剖特性分析，同时各样木均按3（上部）：4（中部）：5（下部）截取木段，混合制样后进行木材基本密度测试。

研究结果表明，造林密度影响马尾松木材性质。造林密度对生长轮宽度、晚材率和管胞列数影响较大，经方差分析达显著或极显著水平。造林密度越大则生长轮宽度越小，木材基本密度也越大，但造林密度过大时木材基本密度反而下降。造林密度对管胞形态的影响不显著，除管胞长度和壁厚及壁腔比外无明显影响。管胞长度径向变异程度受造林密度影响，在较低的造林密度条件下径向变异程度不明显，较高的造林密度下径向变异程度显著增大。造林密度大，壁厚和壁腔比较大，但造林密度过大时又有所下降。

造林密度对马尾松木材性质的影响与树木树龄有关。对于生长轮宽度和晚材率，造林密度影响约在9年生时林分郁闭后开始出现，而对管胞列数的影响则是在幼龄期最初几年。

二、施肥对马尾松木材主要性质的影响研究

试材采于广西凭祥市中国林业科学研究院中龄林施肥试验林（10 年生时施肥，采样时已达 23 年）。在林分调查的基础上，在 9 个试验小区内分别取 1 株平均木作为样本。根据《木材物理力学试材采集方法》（GB 1927—91）、《木材物理力学试材锯解及试样截取方法》（GB 1929—91），在枝下高处向下取长度为 2m 的木材作为树干上部试样，胸高直径处向上取长度为 2m 的木材作为下部试样，用于木材基本密度的测定。取木材上、下两部分，根据《木材干缩性测定方法》（GB 1932—91）、《木材密度测定方法》（GB 1933—91）测定并分析木材干缩性。每一标准木在胸高处取 1 个 5cm 厚的圆盘，用于测定管胞形态。

研究结果表明，施肥对马尾松木材性质的影响与肥料种类、施肥量、施肥方式等因素有关，也与树干部位有关。比较 N、P、K 3 个肥种的施肥效果，施 P 肥可使生长轮宽度增大和提高晚材率，施 N、K 肥对生长轮宽度的影响规律不明显。总体上，施肥有助于林木生长和提高木材质量。

施 N、P、K 肥对木材密度和干缩率影响不同。施肥能显著引起木材干缩率的变化，其变化的差异程度与树干部位、木纹方向、气干或全干状态有关。施肥对气干干缩的影响比全干干缩的影响大，尤其是对下部木材气干干缩率的影响。施肥对径向干缩率的影响比弦向干缩率的影响大。从总体上看，施 P 肥可以提高木材基本密度，但木材差异干缩降低；施 N 肥时木材密度、干缩率、木材差异干缩有下降趋势；施 K 肥对木材基本密度影响不大。但气干密度在施 N、K 肥后，树干下部各处理间差异显著。

木材纤维长度是树木固有的特性，不易受生态环境的影响。施 P 肥能增大马尾松木材生长轮宽度和管胞腔径，尤其能增大径向腔径。就制浆造纸而言，其要求是木材需具有一定的木材基本密度，纤维长尤其是长宽比大，壁腔比小。因此，施肥有利于提高木材质量。此外，木材差异干缩的降低弥补了木材干缩率提高的缺陷，对于结构用材也是有利的。综上，从增大木材密度，降低木材干缩率，特别是从降低木材干缩率差异出发，可以进行林地施肥。以施 P 肥为主，适当施用 N 肥；是否施 K 肥，应根据林地肥力状况与培育目标确定。

第五节　连栽对林木生长与土壤的影响

我国主要造林树种杉木、落叶松、桉树等种植区域存在较明显的地力衰退现象。马尾松是南方最主要的用材树种之一，但马尾松能否连栽，以及连栽后林地土壤肥力、林分生产力是否下降等已成为学术和生产上十分关注的热点问题。研究采用空间代时间和配对样地法，通过在贵州和广西的马尾松主产县选取配对样地，以不同栽植代数（1、2代）、不同发育阶段（8年生、15年生、18年生、20年生）的马尾松人工林为对象，对1、2代马尾松人工林林分各生长指标及林下植被、土壤的变化特性和内在规律进行研究，为今后马尾松人工林的经营管理提供理论依据。

一、1、2代马尾松人工林林分生长特性比较

试验采用配对样地法共选取9组配对样地，其中林分单株材积及蓄积量计算采用了其中7组配对样地的资料。在林相基本一致的林分内，选择代表性强的地段设置标准地，根据样地每木调查的资料计算出全部立木的平均胸高断面积，然后选出标准木，伐倒后进行树干解析。

研究结果表明，马尾松连栽后，林分平均胸径、平均树高、单株材积和蓄积量等指标总体表现为2代优于1代，2代较1代总体分别上升0.61%、3.17%、3.85%和23.82%。马尾松连栽并未导致林分平均胸径、平均树高、单株材积及蓄积量出现下降趋势，反而还有一定程度的提高。在分析比较连栽马尾松人工林林分生产力水平时，研究以林分的树高生长（包括平均木和优势木）作为主要的评价指标，从1、2代林分总体生长情况看，马尾松连栽并未导致林分生产力水平下降。

二、1、2代不同林龄马尾松林分材积生长过程及林分结构比较

通过选取配对样地，在林相基本一致的林分内，选择代表性强的地段设置标准地，根据样地每木调查的资料计算出全部立木的平均胸高断面积，然后选出标准木，伐倒后进行树干解析，并分别统计各径阶株数。

研究结果表明，马尾松连栽后，1、2代幼龄、中龄林林分平均木的单株材积生长和连年生长在整个生长过程中总体表现为2代优于1代，连栽并未导致林分平均木单株材

积生长出现下降趋势；1、2代林分林木株数百分比径阶分布随林龄的不同而不同，同代林分林木株数百分比径阶分布在不同林龄阶段也不同，连栽并未影响林分结构。同代林分林木径阶分布规律为1代林随林龄增加，小径阶木所占比例呈下降趋势，而中、大径阶木呈上升趋势；2代林随林龄增加，中径阶木所占比例略呈下降趋势，而小、大径阶木则呈上升趋势。

三、连栽马尾松人工林单株不同器官含水率及生物量的比较

采用空间代时间和配对样地的研究方法，对连栽马尾松人工林单株不同器官含水率及生物量进行分析比较。在林相基本一致的林分内，根据样地每木调查的资料计算出全部立木的平均胸高断面积，然后选出标准木，伐倒后进行生物量测定。地上部分采用分层切割法测定各器官的鲜重。地下根系采用的是样带法，样带为 100cm×50cm×60cm，根用清水漂洗以去除表面黏附土壤并晾干，同时分别取枝、叶（当年生叶和往年生叶）、树干、皮、根样品分装并带回实验室称量鲜重，然后将各部分在80℃下烘干至恒重，再称量各部分干重等。

研究结果表明，连栽对马尾松林单株各器官含水率均产生一定的影响。连栽后单株各器官含水率2代大于1代，尤其是根，说明2代林根部的生理活动较1代活跃，2代林根吸收、获取水分和养分的能力要大于1代，也表明2代马尾松林的生存能力较1代强。

连栽对马尾松各器官及单株总生物量均产生一定程度的影响。在同代的马尾松林中，各器官生物量所占比例有所不同，树干生物量所占比例最大。1、2代各器官及单株生物量相比，2代的枝、根生物量呈上升趋势，而叶、皮、树干生物量则呈下降趋势，且根生物量在1、2代之间的差异达显著水平，单株平均总生物量总体呈下降趋势，2代较1代下降11.59%。

四、1、2代马尾松人工林林下植被多样性比较

采用空间代时间和配对样地的研究方法，探讨连栽马尾松人工林林下植被多样性的变化趋势及规律。实验采用样方调查法，在每块标准地内划分3个4m×4m的小样方调查灌木层，然后沿对角线方向设3个1m×1m的小样方对草本层进行调查。通过调查资料统计分析各配对样地灌木层、草本层的物种多样性水平。

研究结果表明，1、2代林下灌木层植被物种丰富度在不同林龄阶段不同，在幼龄期和中龄前期2代较1代略高，中龄后期2代较1代低；不同代的林分物种丰富度变化不同，1代表现出随林龄的增加其丰富度逐渐增加的趋势，而2代则随林龄的增加而有

所下降。草本层植被物种丰富度在幼龄期和中龄期 2 代均高于 1 代；同代林分物种丰富度变化趋于一致，均表现出随林龄的增加而逐渐增加的趋势，至中龄前期达到物种较丰富期，到中龄后期则趋于下降。林分对植被多样性的影响表现为灌木层和草本层辛普森多样性指数和香农 - 威纳指数 2 代均高于 1 代，且幼龄林灌木层中的香农 - 威纳指数在 1、2 代间的差异达显著水平。从结构上看，1、2 代林分辛普森多样性指数和香农 - 威纳指数在幼龄林和中龄林中均表现出灌木层多样性指数高于草本层。从调查研究的结果来看，连栽对马尾松林下植被多样性的影响较小，林下植被多样性并未出现下降现象，这对维护林地土壤肥力具有非常重要的作用。

五、连栽马尾松人工林土壤肥力比较研究

试验采用配对样地法，共选取 6 组配对样地，其中 8 年生、9 年生林分属幼龄林，15 年生、18 年生、19 年生、20 年生林分属中龄林。在标准地内按 "S" 形多点混合采样法分别在 0～20cm 和 >20～40cm 土层采样，并进行土壤化学性质及土壤微量元素分析，另用环刀取原状土测定土壤密度、孔隙度等主要土壤物理性质。

研究结果表明，连栽后无论是幼龄林还是中龄林，林地土壤密度趋于下降，土壤总孔隙度和含水率则呈上升趋势，林地土壤物理性质得到改善，且中龄林 >20～40cm 层土壤密度和总孔隙度在 1、2 代间的差异达显著水平；连栽后林地土壤全 K、全 Mg 含量及 pH 值趋于下降，而有机质、全 N、全 P、全 Ca 及速效 N、速效 P、速效 K 含量均呈上升趋势，且幼龄林 0～20cm 层土壤有效 P 含量以及土壤 pH 值，中龄林 0～20cm 层土壤水解 N 含量以及土壤全 N、有效 P、速效 K、全 K 含量在 1、2 代间的差异达显著或极显著水平。连栽后，幼龄林和中龄林土壤全 Fe、全 Al、全 Cu、全 Zn、全 Mn 含量均呈下降趋势，且全 Mn 含量在 1、2 代幼龄林和中龄林间的差异达显著水平。

连栽后林地土壤微量元素含量 2 代明显低于 1 代，尤其是 Mn 含量，这可能与连栽后 1、2 代林下的植被类型不同、营养元素归还速度不同以及林木的选择吸收等因素有关；由于某些元素在植物体内积累，使其吸收系数和归还系数相差很大，从而导致某些元素供应不足。林木树高 2 代总体优于 1 代，表明马尾松在连栽时尽管有大量的枯落物归还，其大量元素相对归还较多，而微量元素归还得很少，所以出现连栽后大量元素含量未发生显著变化而微量元素含量出现下降现象。因此，对连栽马尾松林增施各种微量元素对于提高林木生长、防治地力衰退是很有必要的。

六、1、2代不同林龄马尾松人工林土壤微量元素及酶活性

以1、2代马尾松幼龄林、中龄林为主要研究对象，对1、2代不同林龄马尾松人工林土壤微量元素及酶活性进行调查研究，以探讨连栽对土壤微量元素及酶活性的影响，为今后马尾松人工林的经营管理提供理论依据。样地调查及样品采集分0～20cm和>20～40cm土层采样，供土壤有效微量元素及酶活性的分析测定。

研究结果表明，连栽后幼龄林土壤中各有效微量元素质量分数均呈不同程度的上升趋势，但差异不显著；对于中龄林土壤，无论是0～20cm土层还是>20～40cm土层，土壤交换性Ca^{2+}、交换性Mg^{2+}、有效Mn质量分数均呈下降趋势，而有效Fe、有效Cu、有效Zn质量分数均呈上升趋势，且有效Fe质量分数在1、2代间的差异达显著水平。连栽后，幼龄林、中龄林相同层次土壤脲酶、蛋白酶、磷酸酶、过氧化氢酶和多酚氧化酶活性2代均高于1代，且幼龄林0～20cm土壤蛋白酶和>20～40cm土壤脲酶，中龄林0～20cm土壤蛋白酶、磷酸酶、多酚氧化酶和>20～40cm土壤脲酶、磷酸酶、过氧化氢酶、多酚氧化酶活性在1、2代间的差异均达显著水平。

因此，从长期角度来看，为防止马尾松人工林地力衰退，提高其林分生产力，特别是对连栽马尾松林地，宜采用营造马尾松混交林、保留枯枝落叶、合理施肥、间伐发展林下植被等技术措施，以改善林地土壤的理化性质及生物活性，使土壤长期处于一种良好的状态，实现土壤生产力的可持续发展。

七、连栽马尾松林根际与非根际土壤养分及酶活性研究

通过选择不同栽植代数（1、2代）的马尾松林作为研究对象，对连栽马尾松林根际、非根际土壤养分及酶活性的差异性进行比较研究，以揭示连栽马尾松人工林地力变化的内在机制，对探讨马尾松连栽是否引起林地土壤肥力发生衰退以及今后马尾松人工林的经营、林地养分管理等具有重要的现实意义。

研究结果表明，根际与非根际土壤全N、全K、全Ca和全Mg含量2代低于1代，而有机质、碱解N、速效P、全P和速效K含量2代却高于1代，且有机质、碱解N和速效P含量在1、2代之间的差异均达显著或极显著水平；连栽后根际土壤全Al、全Cu和全Zn含量2代高于1代，而全Fe和全Mn含量2代却低于1代，且全Mn含量在1、2代之间的差异达显著水平；非根际土壤除全Cu含量2代高于1代外，其余全Fe、全Al、全Zn、全Mn含量2代均低于1代，且差异均达显著或极显著水平；根际与非根际土壤脲酶、蛋白酶、磷酸酶、过氧化氢酶和多酚氧化酶活性2代均高于1代，且脲酶、

磷酸酶、过氧化氢酶活性在 1、2 代之间的差异均达显著或极显著水平。

连栽后林地根际土壤多数大量元素含量、土壤酶活性有所上升，这对于改良森林土壤性质是很有价值的；但全 N、全 K、全 Ca、全 Mg 及多数微量元素含量趋于下降，尤其是全 Mn 含量下降特别明显，因此需要对连栽马尾松林地增施各种微量元素、氮肥、钾肥及钙镁肥，这对于促进林木生长、防止地力衰退是非常必要的。

八、马尾松连栽对根际与非根际土壤微量元素及微生物的影响

林木根际是林木与土壤进行物质、能量交换的场所，也是生化活性最强的区域。林木根系通过分泌各类有机物质和对元素的不平衡吸收来影响土壤性质，而这种影响首先会以根际土壤性质的变化反映出来。研究以不同栽植代数（1、2 代）的马尾松林作为研究对象，对连栽马尾松林根际与非根际土壤微量元素、微生物及其生化作用变化进行调查分析，以揭示连栽后林地根际与非根际土壤有效微量元素、微生物及其生化作用的变化规律，为今后马尾松人工林的经营管理提供理论依据。

研究结果表明，连栽后根际与非根际土壤有效微量元素含量均呈上升趋势，且交换性 Mg^{2+}、有效 Fe 含量在 1、2 代之间的差异达显著水平。根际与非根际土壤中细菌、放线菌、真菌及微生物总数 2 代均高于 1 代，且放线菌、真菌数量在 1、2 代之间的差异达显著或极显著水平；在 1、2 代根际与非根际土壤微生物区系组成中，细菌数量占微生物总数百分比最高，其次是放线菌，真菌最少。连栽后，无论是根际还是非根际土壤，硝化作用强度均趋于上升，而氨化作用强度趋于下降，且根际土壤硝化、氨化作用强度与非根际土壤氨化作用强度在 1、2 代之间的差异达显著水平。

九、1、2 代不同林龄马尾松林土壤微生物数量及生化作用比较

相关研究表明，连栽能在一定程度上改变土壤微生物区系状况、病原菌和害虫生存环境，减少土壤有毒物质的积累，改善林地土壤生物活性，从而起到培肥土壤、维护地力的作用。研究对 1、2 代马尾松人工林土壤微生物数量及生化作用进行调查，以揭示连栽后林地土壤微生物数量、生化作用及性质变化。

在标准地内按正规调查方法进行每木检尺和按径阶测树高，然后计算各林分测树因子。按 S 形多点混合采样法，分别在 0～20cm 和 >20～40cm 土层采样，供土壤微生物数量及生化作用强度的分析测定。

研究结果表明，连栽后，无论是幼龄林还是中龄林，相同层次土壤中细菌、放线菌、真菌及微生物总数 2 代均高于 1 代，且幼龄林 0～20cm 土壤细菌、真菌及两层次

土壤微生物总数，中龄林 0～20cm 土壤真菌和＞20～40cm 土壤细菌、真菌及微生物总数在 1、2 代间的差异达显著水平；在 1、2 代幼龄林、中龄林土壤微生物区系组成中，细菌占微生物总数百分比最高，其次是放线菌，真菌最少。对土壤生化作用的影响表现为连栽后幼龄林、中龄林不同层次土壤硝化作用强度 2 代较 1 代有所上升，而氨化作用强度则趋于下降，且中龄林 0～20cm 和＞20～40cm 土壤硝化作用强度在 1、2 代间的差异达显著水平。综上，马尾松连栽对其幼龄林、中龄林土壤三大类微生物数量及生化作用强度均产生一定影响。

第六节　人工林近自然经营

马尾松人工林近自然改造是充分利用森林生态系统自然力的作用，通过树种组成和林分结构的调整，同时保护天然更新的幼苗和幼树，促使马尾松人工纯林转变成针阔异龄混交林，并逐渐形成具有地带性特征的近自然森林。由于传统的炼山造林方式及大面积成片纯林经营，马尾松人工林病虫害、火灾频发，林分生产力下降，严重制约其可持续经营。因此，改进造林技术，借鉴天然林的树种结构状况，选择适宜的混交树种进行近自然化改造，形成针阔混交林，增加群落结构层次和生物多样性，对提高其林分稳定性、维持林地生产力具有重要意义。

一、马尾松人工林造林技术改进研究

综合考虑多种造林模式，主要考虑炼山与不炼山、是否使用化学除草剂（草甘膦）及增减抚育次数、萌芽条去留等，从中比较各模式的经济效益、生态效益及对幼龄林生长的影响，最终选择经济效益与生态效益最佳的栽培模式。

研究结果表明，不同造林方式对幼龄林的保存率及生长均有显著影响。以"炼山＋人工铲草抚育"效果最好，使用除草剂效果较差。不同造林方式对林地植被影响不一样，每年铲草抚育 2 次的处理或使用除草剂处理的盖度较小。造林当年的杂灌木生长状况对林木生长影响较大，所以造林当年除草保苗至关重要。免炼山造林模式在造林地草本生长不是很繁茂时使用，不但造林成本低，而且对生态保护也是有益的。

二、马尾松人工林近自然化改造对林木生长的影响

对 14 年生马尾松林进行不同间伐强度采伐后，选择大叶栎、格木、红椎、灰木莲、香梓楠开展套种乡土阔叶树种试验，通过定期生长观测，揭示马尾松不同保留密度林分下 5 个阔叶树种的生长动态，为马尾松人工林近自然经营提供理论依据。

改造后 9 年的试验结果表明，马尾松不同保留密度显著影响林下套种阔叶树的生长，其中大叶栎和灰木莲的胸径、树高和冠幅以及红椎的胸径和冠幅的生长量随保留密度的增大而减小，而对红椎、格木的树高生长影响不大；格木的胸径和冠幅以及香梓楠的树高和冠幅生长在套种后 7 年之内受密度影响不大，此后其生长随保留密度的增大而减小；香梓楠的胸径生长则一直随保留密度的增大而增大。大叶栎的胸径、树高和冠幅，以及灰木莲的树高和冠幅、红椎的树高生长高峰出现在套种后第 3 年；红椎、灰木莲、香梓楠的胸径生长高峰出现在套种后第 5 年；格木的胸径、树高和冠幅，以及香梓楠的树高和冠幅、红椎的冠幅生长高峰出现在套种后第 9 年。马尾松人工林不同间伐强度采伐后套种阔叶树的生长动态表现为大叶栎＞红椎＞灰木莲＞香梓楠＞格木。大叶栎、红椎、灰木莲的生长量随马尾松密度的减小而增大，而香梓楠、格木受密度的影响不显著。综合比较 5 个套种树种的生长特性，在桂西南地区开展马尾松中龄林近自然化改造中，选用大叶栎、红椎、灰木莲进行林下套种宜采用马尾松保留密度 225 株·hm^{-2} 或 300 株·hm^{-2}，而套种香梓楠、格木则宜采用马尾松保留密度 375 株·hm^{-2}、450 株·hm^{-2}。

三、马尾松、格木幼龄林混交效果研究

马尾松为速生工业用材树种，格木为乡土珍贵树种，通过对马尾松、格木混交模式及混交比例进行研究，能为马尾松人工林近自然经营提供理论依据。试验共 6 个处理：A 为"马尾松 + 格木"（75 丛·hm^{-2}）；B 为"马尾松 + 格木"（150 丛·hm^{-2}）；C 为"马尾松 + 格木"（210 丛·hm^{-2}）；CK1 为"马尾松 + 格木"（4∶1）行状混交；CK2 为格木纯林；CK3 为马尾松纯林。马尾松与格木株行距均为 2m，格木 4 株为一丛。

研究结果表明，马尾松与格木幼龄林 6 种混交模式在胸径、树高、冠幅和材积方面均存在显著差异，"马尾松 + 格木"（75 丛·hm^{-2}）各项生长指标相对较优，其次为"马尾松 + 格木"（4∶1）行状混交，生长表现最差的为"马尾松 + 格木"（210 丛·hm^{-2}）。综合考虑，若以培育马尾松大径材为经营目标，早期应选择"马尾松 + 格木"（75 丛·hm^{-2}）模式进行混交。本研究仅探索幼龄林阶段的混交效果，而随着林龄的增长，

马尾松和格木的种间竞争和种内竞争会有所变化，以及林地土壤养分、水分等环境因子的改变及间伐等营林措施的实施，后期此模式是否为最优模式仍有待继续研究。

第七节　研究成果在技术上的突破和创新

（1）科学揭示了不同林龄阶段的马尾松人工林需肥规律，以及施肥对林分生长与效益的影响。经综合评价，在马尾松南带立地条件较好的地区施肥对幼龄林早期生长无显著作用，施 P 肥与适量的 K 肥对中龄林与近熟林生长有显著的促进作用，并能提高林分质量与经济效益，总结出肥效有一定的时效性。

（2）通过多种马尾松密度试验林的长期定位观测分析，总结出密度效应对林分生长与经济效益的影响规律。研究表明，25 年生前林分表现出增大间伐强度与增加次数能提高材种规格与效益，但随着林龄的增长，其林分密度、单株材积、单位面积蓄积量均有趋同性，前期有限强度的间伐干预并不能改变最终的林分密度与蓄积量。对于培育大径材林，应尽量依靠自然稀疏选择优良个体并充分利用生长空间。拟合出以自然稀疏为核心的密度调控模型，能科学地指导营林生产工作。

（3）通过对 31 年生的马尾松造林密度试验林的林下植被研究发现，林下灌木层、草本层物种数量在各密度间差异不显著，但灌木层物种种类明显多于草本层。土壤养分、酶活性指标大多在中等密度下最高，林下物种多样性与土壤全 K、蔗糖酶相关性较强。低造林密度更有利于马尾松人工林土壤肥力的长期维持和拥有较丰富的植物多样性。

（4）根据培育目标，将各种营林技术措施进行合理组合，然后采用经营模型系统对各方案逐年进行生长收获预测和经济分析，从中优化出南带马尾松建筑材林与纸浆材林的优化培育模式，可比传统经营模式内部收益率提高 2～5 个百分点。

（5）通过施肥对林木营养特性的影响研究，总结出施肥对马尾松针叶的 N、P、K、Ca、Mg 五大营养元素含量都有显著影响，实行诊断施肥才能发挥最大肥效。施肥对马尾松枯落物归还的营养元素量无显著影响。施肥对于枯枝归还量无显著影响，而对于针叶、花杂、枯落物总量有显著的影响。

（6）通过营林措施对材性的影响研究，总结出造林密度越大，木材基本密度亦越大；造林密度对于管胞列数的影响是在幼龄林前期，对于生长轮宽度和晚材率的影响是在幼龄林后期；造林密度对管胞形态的总体平均指标影响不显著。施肥有利于提高木材质量，施 P 肥可使生长轮宽度和晚材率均有所增加，并能提高木材基本密度，但木材差异干缩降低。施 N 肥木材密度、干缩率、木材差异干缩有下降趋势。施 K 肥对木材基本密度影响不大。施肥对木材纤维长度影响不大，但施 P 肥能增大管胞腔径。

（7）采用空间代时间和配对样地法研究马尾松连栽对林分生长的影响，总结出连栽并未导致林分平均胸径、树高、单株材积及蓄积量生长出现下降趋势，并且林分生产力水平还有一定程度的提高，说明连栽对林分结构无显著影响。连栽对马尾松林下植被多样性的影响较小，这对维护林地土壤肥力具有非常重要的作用。

（8）对连栽的马尾松林地土壤研究表明，连栽后土壤物理性质得到改善，土壤大量元素含量未发生衰退而微量元素含量出现下降现象。因此，对连栽马尾松林增施各种微量元素对于提高林木生长、防治地力衰退是很有必要的。连栽后幼龄林、中龄林相同层次土壤脲酶、蛋白酶、磷酸酶、过氧化氢酶和多酚氧化酶活性 2 代均高于 1 代。连栽马尾松宜采用营造马尾松混交林、保留枯枝落叶、合理施肥、通过间伐发展林下植被等技术措施，以实现土壤生产力的可持续发展。

（9）在马尾松人工林近自然化改造方面，选择大叶栎、格木、红椎、灰木莲、香梓楠等乡土阔叶树种开展林下套种试验，通过定期生长观测，揭示马尾松不同保留密度林分下 5 个阔叶树种的生长动态，为马尾松人工林近自然经营提供理论依据。

第二章

马尾松人工林林地施肥管理技术

人工林长期生产力维持问题的关键是土壤肥力的维护与提高，防止地力退化。关于这一点国内外相关学者进行了大量的长期研究与探索，采取的主要技术措施是施肥。在北欧国家，森林施肥已比较普遍，并取得明显效果，经济效益合算。

我国从 20 世纪 70 年代末开始林木施肥的试验，如叶仲节对杉木幼龄林施肥效应的研究。80 年代以来，林木施肥试验主要研究杉木、桉树、竹子、杨树、国外松和泡桐等主要速生树种的施肥效应，特别是李贻铨等对杉木、I-69 杨树施肥效应进行了系统研究。到 90 年代，在杉木、桉树、欧美杨、国外松和马尾松等主要用材树种适生地区进行了更加广泛的施肥效应试验，提出了各树种优化施肥方案，为在生产上合理施肥提供了技术支持。

马尾松作为我国南方主要造林树种之一，其施肥与营养诊断研究工作相对于其他树种起步较晚。马尾松适应性较强，对土壤肥力要求不高，是一个耐贫瘠但不是喜贫瘠的树种。根据马尾松林下的土壤研究，土壤中植物营养元素含量较低的 N、P、Ca 元素，生物吸收系数分别为 718、119、130；而土壤中含量较高的 Si、Fe、Al 元素，生物吸收系数分别为 4.2、15.8、1.5。由此说明贫瘠的土壤对马尾松生长是不利的。在国家"七五""八五""九五"科技攻关期间，对马尾松进行了多点施肥试验、营养特殊性观察分析。研究结果表明，对马尾松幼龄林、中龄林、近熟林林地施肥，只要肥种、配比、方法适宜就都可以产生肥效，从而增加生长量和经济效益。

施肥试验地均设在广西凭祥市中国林业科学研究院热带林业实验中心伏波实验场，地理坐标为东经 106° 50′，北纬 22° 10′，属南亚热带季风气候区，年均降水量 1500mm，年平均气温 21℃。林地为花岗岩发育成的红壤，海拔 130～1045m，土层厚度在 1m 以上，腐殖质层厚 10cm 以上，pH 值 4.5，呈弱酸性。因长期的淋溶、风化、成土作用，缺 P 元素少 K 元素是该区域性土壤养分状况的主要特点。试验林施肥前土壤理化性质见表 2-1。

表 2-1　试验林施肥前土壤理化性质

土壤层次 /cm	有机质 /(g·kg⁻¹)	全 N /(g·kg⁻¹)	全 P /(g·kg⁻¹)	速效 P /(mg·kg⁻¹)	全 K /(g·kg⁻¹)	物理性砂粒 /%	物理性黏粒 /%	质地
0～20	38.2	1.2	0.37	54.5	1.8	57.8	42.2	中壤
>20～40	16.3	0.7	0.32	22.3	1.9	49.8	50.4	重壤

第一节　马尾松人工幼龄林施肥试验

一、材料与方法

试验林为 2 年生人工幼龄林，前茬为杉树林，主伐后明火炼山，1 年生苗定植造林，初植密度为 3600 株·hm^{-2}，施肥时调整为 2800 株·hm^{-2}。试验采用正交设计，3 因素（肥种）3 水平，共 9 个处理（表 2-2、表 2-3），3 次重复，区组随机排列，共 27 个小区。各试验因素与水平见表 2-3，表中数据已换算为标准施肥量，即 N、P_2O_5、K_2O 每公顷施用重量。试验小区面积为 20m×20m，间隔 2m 左右开横山小沟（深 10cm），然后将肥料施入，覆土。P 肥和 K 肥在每年 4—5 月 1 次施入；N 肥分 2 次，第 1 次与 P、K 肥同施，第 2 次在 8 月施。连续施肥 2 年。施肥前及施肥后的每年年末对林木进行测定分析，持续观测 13 年（次）。

表 2-2　马尾松人工幼龄林施肥试验设计

肥种	水平 /（kg·hm^{-2}）		
	1	2	3
N	0	50	100
P_2O_5	0	15	30
K_2O	0	30	60

表 2-3　正交设计 [L_9（3^3）]

肥种	处理								
	1	2	3	4	5	6	7	8	9
N	1	2	3	1	2	3	1	2	3
P_2O_5	1	1	1	2	2	2	3	3	3
K_2O	2	1	3	2	1	3	2	1	3

二、结果与分析

（一）施肥对马尾松幼龄林生长的影响

因树高生长量是立地质量评价的最佳指标，因此以树高生长量为主要参考指标进行分析。从表 2-4 中 12 年的定期生长量统计情况看，3、4 处理效应较差，3 处理（$N_3P_1K_3$）15 年生时树高、胸径、蓄积定期生长量分别为 9.84m、16.90cm、268.61$m^3 \cdot hm^{-2}$，7、8 处理较好，8 处理（$N_2P_3K_1$）树高、胸径、蓄积定期生长量分别为 10.83m、17.58cm、318.46$m^3 \cdot hm^{-2}$，比 3 处理分别高 10.1%、4.0%、18.6%，其原因可能是马尾松幼龄林期施过多 N、K 肥对生长产生负效应，施 P 肥产生正效应。对各年度定期生长量进行方差分析（表 2-5），比较发现，各处理间生长均未达到显著差异，表明各施肥处理对马尾松幼龄林生长的影响无明显差异。

表 2-4　不同施肥处理马尾松幼龄林定期生长量

指标	处理	林龄/年										
		4	5	6	7	8	9	10	11	12	13	15
胸径/cm	1	3.71	6.30	8.56	9.59	10.71	11.51	12.60	13.37	13.87	16.04	16.97
	2	3.67	6.15	8.37	9.59	10.70	11.65	12.70	13.63	14.20	16.18	17.29
	3	4.88	7.29	9.08	9.85	11.10	11.81	12.50	13.30	13.77	15.50	16.90
	4	4.38	6.97	8.85	9.85	10.85	11.50	12.47	13.33	13.93	15.71	16.81
	5	4.12	6.79	8.83	9.88	10.90	11.91	12.77	13.60	14.10	16.77	17.92
	6	4.35	6.98	9.05	9.93	10.98	11.57	12.23	13.10	13.53	15.85	17.01
	7	4.05	6.76	8.98	10.12	11.31	12.10	12.97	13.60	14.17	16.37	17.26
	8	4.20	6.76	8.81	10.01	11.18	12.00	12.97	13.97	14.57	16.09	17.58
	9	4.24	6.82	9.08	10.11	11.25	11.87	12.73	13.47	13.90	15.94	17.11
树高/m	1	1.09	2.48	3.66	4.47	5.35	6.20	7.31	7.95	8.77	9.74	10.82
	2	1.03	2.44	3.74	4.67	5.47	6.28	7.34	7.91	8.63	9.44	10.42
	3	1.19	2.51	3.55	4.35	5.09	5.79	6.70	7.40	8.00	8.78	9.84
	4	1.13	2.48	3.68	4.54	5.25	6.12	6.97	7.54	8.27	9.21	10.34
	5	1.24	2.69	3.89	4.69	5.43	6.33	7.42	7.98	8.70	9.50	10.35
	6	1.15	2.59	3.66	4.52	5.31	6.19	7.03	7.67	8.57	9.26	10.44
	7	1.26	2.69	3.90	4.85	5.83	6.63	7.65	8.32	9.07	9.86	10.86
	8	1.20	2.56	3.65	4.54	5.55	6.49	7.60	8.13	8.93	9.76	10.83
	9	1.14	2.58	3.71	4.52	5.33	6.16	7.31	7.98	8.77	9.61	10.63
蓄积/（$m^3 \cdot hm^{-2}$）	1	6.18	23.43	51.24	71.56	99.20	125.33	166.57	197.97	218.10	242.73	281.30
	2	5.93	22.14	49.79	73.73	100.28	129.57	169.77	204.07	224.03	250.60	291.56
	3	11.10	31.27	56.67	74.21	102.28	125.34	153.87	186.33	200.97	222.53	268.61
	4	8.51	28.49	54.69	75.88	100.14	124.04	157.50	188.77	208.80	235.87	278.13
	5	8.42	28.45	55.93	77.46	102.13	133.02	170.23	202.07	221.07	247.43	292.80
	6	8.50	28.86	56.59	76.69	102.78	125.79	152.53	184.47	201.00	224.20	268.92
	7	7.80	28.15	58.91	84.47	117.32	145.70	184.30	214.07	236.20	258.37	296.60
	8	8.41	28.13	55.40	79.94	111.22	140.95	181.37	218.80	241.53	265.50	318.46
	9	8.55	28.74	59.48	81.75	110.72	134.95	172.43	204.23	223.30	245.67	288.84

表2-5 不同施肥处理对生长量影响的方差分析（F值）

指标	林龄 / 年										
	4	5	6	7	8	9	10	11	12	13	15
胸径		0.394	0.274	0.214	0.318	0.317	0.415	0.401	0.497	0.556	0.378
树高	0.592	0.596	0.632	0.685	1.008	0.975	1.226	1.069	1.161	0.907	0.643
蓄积	0.379	0.286	0.203	0.250	0.472	0.522	1.100	0.839	0.957	0.802	0.431

注：$F_{0.10}$=2.04。

（二）马尾松幼龄林肥效的持续性分析

以参数 C 表示试验的基础值，即当各肥种因素取 1 水平（对照），初始树高取 0 时试验的平均结果，效应值为各水平比基础值增大多少。虽然各施肥处理间无显著差异，但从表 2-6 不同肥种水平对马尾松幼龄林生长的效应值分析可知，N 肥各水平中对胸径、蓄积的影响为 N_2 优于 N_1、N_3 水平，但 N_2 对树高的影响在 10 年生后开始出现负值，这表明幼龄林期适量施 N 肥有利于林木胸径、蓄积的生长，但过量会产生负效应。P 肥各水平中对马尾松生长的影响为 P_3 优于 P_1、P_2 水平（15 年生时 P_1、P_2 水平各生长指标效应值均小于 P_3 水平），说明在幼龄林期施 P 肥有利于生长。K 肥各水平中对马尾松生长的影响为 K_2 优于 K_1、K_3 水平，说明幼龄林期适量施 K 肥有利于生长。综合评价最佳处理组合为 $N_1P_3K_2$。因布置试验时幼龄林有一定的初始高度（H_{86}），其对林地优劣有一定的指示作用。12 年生后蓄积 H_{86} 的效应值开始为负值，H_{86} 小则效应值大（效应值 $\Delta = H_{86} \times \beta$，$\beta$ 为表中 H_{86} 的单位效应值）。经协方差分析得知，立地质量差的林地施肥效果优于立地质量好的林地。

从表 2-7 不同肥种水平效应值的方差分析可知，N、K 肥各水平对马尾松各项生长指标的影响均未达到显著影响，而 P 肥不同水平对树高的影响在 10 年生（施肥 7 年后）开始表现出显著差异，并持续到 13 年生，15 年生时表现无显著差异，以后是否表现出显著差异有待进一步观测。对幼龄林树高初始值进行协方差分析得出一个很有探讨意义的规律：初始值对树高的影响在施肥初期差异显著，6 年生时（施肥 2 年后）对树高生长无显著影响，11 年生时又表现出有显著影响。这种现象表明施肥效应可以掩盖林地质量的差异，但肥效持续一段时间后，林木生长又取决于林本身质量的好坏。

表2-6　不同肥种水平对马尾松幼龄林生长的效应值

指标	林龄/年	N			P			K			H_{86}	基础值
		1[①]	2	3	1	2	3	1	2	3		
胸径/cm	4	0	0.166	0.365	0	0.282	−0.264	0	0.092	0.408	2.623	−0.960
	5	0	0.138	0.262	0	0.434	−0.188	0	0.148	0.478	2.986	0.881
	6	0	0.068	0.206	0	0.315	−0.013	0	0.132	0.335	2.295	4.308
	7	0	0.127	0.060	0	0.270	0.169	0	0.066	0.207	1.786	6.319
	8	0	0.092	0.109	0	0.126	0.218	0	0.086	0.259	1.478	8.000
	9	0	0.228	0.019	0	0.039	0.217	0	0.060	0.323	0.917	9.798
	10	0	0.133	−0.189	0	−0.111	0.290	0	−0.034	0.111	−0.055	12.603
	11	0	0.320	−0.152	0	−0.081	0.213	0	0.010	0.037	0.241	12.929
	12	0	0.280	−0.248	0	−0.097	0.298	0	−0.032	−0.014	−0.240	14.380
	13	0	0.253	−0.261	0	0.183	0.310	0	0.026	0.233	−0.629	16.952
	15	0	0.525	0.013	0	0.169	0.354	0	−0.090	0.252	−0.684	17.987
树高/m	4	0	0.017	−0.008	0	0.082	0.059	0	0.058	0.146	0.294	0.540
	5	0	0.048	−0.004	0	0.124	0.078	0	0.061	0.157	0.435	1.608
	6	0	0.039	−0.115	0	0.103	0.065	0	−0.420	0.087	0.305	3.114
	7	0	0.042	−0.171	0	0.097	0.095	0	−0.055	0.076	0.356	3.892
	8	0	0.025	−0.241	0	0.038	0.234	0	0.063	0.112	0.233	4.900
	9	0	0.056	−0.269	0	0.122	0.335	0	0.106	0.064	0.018	6.072
	10	0	0.090	−0.279	0	0.026	0.480	0	0.083	1.358	−0.588	8.204
	11	0	−0.002	−0.226	0	−0.052	0.508	0	0.071	0.040	−0.889	9.384
	12	0	−0.032	−0.291	0	−0.057	0.593	0	0.091	−0.030	−1.054	10.443
	13	0	−0.129	−0.354	0	−0.031	0.562	0	0.124	−0.103	−1.054	11.362
	15	0	−0.175	−0.334	0	0.041	0.569	0	0.192	−0.114	−1.195	12.647
蓄积/(m³·hm⁻²)	4	0	1.018	1.420	0	1.250	−1.081	0	0.427	2.078	12.287	−15.947
	5	0	2.060	2.031	0	3.994	−1.190	0	1.556	4.647	30.129	−31.850
	6	0	1.909	1.498	0	4.431	0.452	0	1.269	4.780	37.762	−8.035
	7	0	3.062	−0.095	0	4.838	3.706	0	0.536	3.985	39.848	−0.507
	8	0	2.440	−1.528	0	2.470	7.160	0	2.356	6.008	41.208	23.595
	9	0	5.603	−3.996	0	1.979	9.456	0	2.504	7.165	33.323	63.229
	10	0	4.856	−10.032	0	−3.106	15.152	0	0.506	3.276	6.264	152.631
	11	0	8.754	−8.844	0	−4.072	15.137	0	1.730	2.311	8.517	179.530
	12	0	7.563	−12.510	0	−4.190	19.751	0	1.365	0.497	−3.382	221.460
	13	0	8.574	−14.754	0	−2.902	18.329	0	−0.035	−1.470	−3.383	247.250
	15	0	14.87	−9.629	0	−0.829	21.943	0	3.036	−0.698	−8.704	293.573

注：①为各肥种不同施肥水平。

表2-7　不同肥种水平效应值方差分析

林龄/年	年份	N			P$_2$O$_5$			K$_2$O			H$_{86}$		
		胸径	树高	蓄积	胸径	树高	蓄积	胸径	树高	蓄积	胸径	树高	蓄积
4	1988	0.666	0.069	0.510	1.357	0.778	1.175	0.912	2.313	1.134	17.335	4.072*	18.034
5	1989	0.407	0.225	0.416	2.222	1.098	2.059	1.397	1.721	1.656	26.465	6.587*	34.173
6	1990	0.319	0.968	0.156	0.964	0.432	0.893	0.827	0.686	0.945	19.403	1.844	27.917
7	1991	0.115	1.195	0.376	0.548	0.306	0.578	0.327	0.418	0.418	11.829	1.558	18.002
8	1992	0.096	1.427	0.236	0.316	0.974	0.756	0.477	0.210	0.562	7.636	0.462	13.249
9	1993	0.354	1.472	0.766	0.285	1.341	0.785	0.679	0.143	0.453	2.461	0.002	4.835
10	1994	0.574	1.466	1.479	0.883	2.822*	2.284	0.131	0.082	0.082	0.000	1.789	0.132
11	1995	1.122	0.731	1.366	0.421	3.817*	1.697	0.007	0.056	0.026	0.149	4.423*	0.169
12	1996	1.187	0.903	1.724	0.676	4.209*	2.565	0.005	0.144	0.008	0.129	5.061*	0.025
13	1997	0.759	0.873	1.859	0.278	2.743*	1.654	0.195	0.356	0.010	0.600	3.824*	0.020
15	1999	0.817	0.627	1.242	0.282	2.039	1.285	0.154	0.539	0.034	0.561	4.034*	0.082

注：$F_{0.1}$（2，19）=2.61，$F_{0.1}$（1，19）=2.99；＊为显著水平。

（三）试验因素对幼龄林生长影响的偏相关分析

为探明各试验因素对生长影响的密切程度，必须进行偏相关分析。从表2-8分析可知，不同肥种对林木生长影响不同。以树高为主要参考指标进行分析，表明N肥对树高、胸径、蓄积的影响均未达到显著程度，且偏相关系数基本为负值。9年生（施肥6年后）开始，P肥对树高、蓄积基本上表现出显著相关性。施K肥后初期对树高、蓄积有一定的效果，表现出显著相关性，但肥效消失快。这些现象表明马尾松幼龄林期施N肥对生长不利，K肥为速效肥，肥效短，P肥因为分解流失慢，肥效持续时间长。马尾松幼龄林前期对P肥反应不敏感，后期却表现出很好的促进作用。

综合分析可知，在南亚热带红壤地区林地严重缺P，施P肥有利于马尾松幼龄林生长，但产生肥效的时间慢。因成土母岩中正长石含K元素，土壤中速效K含量中等，施K肥肥效不如施P肥明显，且K肥极易淋失。综合评价最佳处理组合为N$_1$P$_3$K$_2$。

表2-8　试验因素对生长影响的偏相关分析（偏相关系数）

指标	因素	林龄/年										
		4	5	6	7	8	9	10	11	12	13	15
胸径	N	0.245	0.188	0.172	0.055	0.093	0.016	−0.138	−0.101	−0.138	−0.156	0.010
	P	−0.158	−0.107	−0.004	0.154	0.180	0.165	0.202	0.149	0.175	0.188	0.177
	K	0.261	0.311	0.262	0.168	0.213	0.235	0.082	0.021	0.120	−0.012	0.113
	H_{86}	0.660*	0.716*	0.689*	0.600*	0.547*	0.324*	0.484*	0.052	−0.230	−0.105	−0.228
	r复相关系数	0.688	0.736	0.714	0.642	0.609	0.499	0.260	0.198	0.323	0.251	0.289
树高	N	−0.024	−0.058	−0.212	−0.250	−0.297	−0.284	−0.260	−0.223	−0.275	−0.255	−0.241
	P	0.198	0.211	0.138	0.155	0.287	0.348*	0.409*	0.435*	0.392*	0.450*	0.368*
	K	0.427*	0.367*	0.151	0.108	0.140	−0.066	0.013	0.045	−0.076	−0.021	−0.078
	H_{86}	0.383*	0.451*	0.228	0.218	0.135	−0.031	−0.286	−0.388*	−0.368*	−0.407*	−0.388*
	r复相关系数	0.588	0.574	0.366	0.315	0.443	0.437	0.495	0.537	0.519	0.557	0.506
蓄积	N	0.212	0.167	0.095	−0.040	−0.080	−0.113	−0.236	−0.175	−0.249	−0.234	−0.131
	P	−0.138	−0.066	−0.046	0.184	0.272	0.265	0.335*	0.286	0.301	0.347*	0.291
	K	0.288	0.337*	0.270	0.175	0.230	0.199	0.079	0.045	−0.027	0.010	−0.013
	H_{86}	0.666*	0.758*	0.749*	0.675*	0.646*	0.429*	0.085	0.082	−0.048	−0.034	−0.092
	r复相关系数	0.691	0.775	0.768	0.710	0.705	0.542	0.424	0.356	0.380	0.407	0.317

注：$r_{0.10}=0.323$，＊为显著相关。

（四）施肥对林分结构的影响

从表2-9中各项变动系数来看，N_2、N_3水平的树高变动系数大于对照组 N_1 水平，K_3、K_2 水平的树高变动系数12年生前均大于对照组 K_1 水平，12年生后 K_3 仍然大于 K_1 水平，说明施 N、K 肥会促进林木在树高上的分化；而 P 肥中的 P_2、P_3 水平11年生后（施肥8年后）的树高变动系数均小于对照组 P_1，说明施 P 肥减小了林分树高的分化。从单株材积变动系数分析，施 N、K 肥促进了林木单株材积的分化，而施 P 肥减小了林木单株材积的分化。综合分析，说明施 P 肥有助于减小林木分化，使林分结构均一，提高总出材率与规格材出材率。

表2-9　不同肥种水平林木生长指标的变动系数

指标	林龄/年	N			P			K		
		1	2	3	1	2	3	1	2	3
胸径	5	0.329	0.384	0.315	0.358	0.350	0.322	0.353	0.338	0.340
	10	0.298	0.304	0.295	0.301	0.301	0.295	0.296	0.299	0.303
	11	0.284	0.297	0.275	0.278	0.291	0.288	0.281	0.283	0.293
	12	0.229	0.247	0.213	0.229	0.225	0.236	0.231	0.235	0.224
	13	0.229	0.224	0.229	0.242	0.220	0.240	0.237	0.232	0.234
	15	0.238	0.246	0.231	0.246	0.226	0.245	0.238	0.242	0.239
树高	5	0.201	0.249	0.187	0.217	0.207	0.212	0.227	0.225	0.187
	10	0.121	0.128	0.139	0.129	0.132	0.122	0.121	0.138	0.132
	11	0.116	0.127	0.128	0.119	0.123	0.124	0.119	0.129	0.124
	12	0.093	0.096	0.105	0.100	0.094	0.091	0.096	0.098	0.101
	13	0.095	0.102	0.111	0.107	0.104	0.092	0.100	0.099	0.110
	15	0.093	0.094	0.099	0.104	0.096	0.079	0.094	0.088	0.103
单株材积	5	0.637	0.759	0.604	0.691	0.677	0.628	0.674	0.664	0.663
	10	0.574	0.620	0.586	0.601	0.602	0.579	0.588	0.591	0.608
	11	0.468	0.504	0.449	0.482	0.469	0.474	0.467	0.479	0.481
	13	0.468	0.504	0.449	0.482	0.469	0.474	0.462	0.479	0.487
	15	0.475	0.537	0.461	0.505	0.492	0.486	0.476	0.509	0.498

三、结论

通过13年的观测资料综合评价，施N、K肥对促进马尾松幼龄林生长无显著影响，甚至产生负效应，施P肥则能全方面促进生长。最佳处理组合为$N_1P_3K_2$（P_2O_5 280kg·hm^{-2}、K_2O 200kg·hm^{-2}）。肥效有一定的时效性与增益持续性。N肥无明显的时效性；K肥施肥后初期效应显著，但效应丧失快；P肥产生效应迟，持续时间长。施肥效应能掩盖林地质量的好坏，肥效过后，林地本身质量仍是林木生长的决定因子。施N、K肥能促进林木分化，施P肥则使林分结构均一。

第二节　马尾松人工中龄林正交施肥试验

一、材料与方法

试验林为 10 年生马尾松人工中龄林，前茬为杉树林，主伐后明火炼山，1 年苗定植造林，初植密度为 3600 株·hm^{-2}，施肥时调整为 2450 株·hm^{-2}，1990 年间伐调整为 1450 株·hm^{-2}，1995 年间伐调整为 900 株·hm^{-2}。

试验采用正交设计，3 因素（肥种）3 水平，共 9 个处理，3 次重复，区组随机排列，共 27 个小区。各试验因素与水平见表 2-10，试验设计同表 2-3。表 2-10 中数据已换算成标准施肥量，即 N、P$_2$O$_5$、K$_2$O 公顷用量。试验小区面积为 20m×20m，间隔 2m 左右开横山小沟（深 10cm 左右），然后将肥料施入，覆土。P 肥和 K 肥在每年 4—5 月份 1 次施入；N 肥分 2 次，第 1 次与 P、K 肥同施，第 2 次在 8 月份施。连续施肥 2 年。施肥前及施肥后的每年年末对林木进行测定分析，持续观测 13 年（次）。

表2-10　马尾松人工中龄林施肥试验设计

肥种	水平 /（kg·hm^{-2}）		
	1	2	3
N	0	100	200
P$_2$O$_5$	0	120	240
K$_2$O	0	65	130

二、结果与分析

（一）肥效变化与肥效持续性分析

1. 施肥对马尾松中龄林生长量的影响

立地质量决定林木生长状况，而树高是反映林地质量的最佳参考指标，故以树高为主要参考指标进行分析。表 2-11 的定期生长量统计表明，较好的处理有 7、8、9，2、3 处理较差，以 8 处理（N$_2$P$_3$K$_1$）为最佳，23 年生时（施肥 12 年后）树高、胸径、蓄积定期生长量为 9.03m、14.97cm、270.26m^3·hm^{-2}，比最差处理 2（N$_2$P$_1$K$_1$）分别高 11.8%、18.2%、24.5%。这表明施 P 肥有利于马尾松中龄林生长，而施 N 肥对生长不利。对各年度的定期生长量进行方差分析，结果表明仅在 14 年生时（施肥 2 年后）树高生长达到显著差异，其他年度树高、胸径、蓄积 3 项生长指标各处理间基本上无显著差异。

表 2-11　不同施肥处理林分定期生长量

指标	处理	林龄／年										
		12	13	14	15	16	17	18	19	20	21	23
胸径 /cm	1	1.70	2.80	3.69	5.81	6.78	7.45	8.06	9.93	10.70	11.53	12.33
	2	1.79	2.88	3.75	5.88	6.80	7.40	8.14	9.88	10.73	11.65	12.67
	3	1.79	2.94	3.88	6.73	7.83	8.54	9.21	10.82	11.72	12.74	13.67
	4	1.79	2.95	3.95	6.25	7.35	7.96	8.66	10.50	11.52	12.72	13.55
	5	2.07	3.41	4.44	6.80	7.76	8.53	9.21	11.76	12.71	13.40	14.27
	6	1.87	3.12	4.11	6.96	7.99	8.67	9.39	11.88	12.71	13.73	14.64
	7	1.97	3.32	4.46	6.29	7.42	8.05	8.64	11.71	12.51	13.52	14.47
	8	1.96	3.40	4.43	6.67	7.82	8.61	9.11	11.79	13.04	13.96	14.97
	9	2.10	3.45	4.44	6.38	7.25	7.90	8.43	11.38	12.61	14.02	15.10
树高 /m	1	1.04	2.13	2.86	3.80	4.60	5.42	5.92	6.66	7.42	8.36	9.26
	2	0.81	1.75	2.41	3.16	3.91	4.58	5.38	5.95	6.55	7.24	8.08
	3	0.68	1.47	2.13	3.51	4.10	4.90	5.84	6.37	6.90	7.67	8.50
	4	0.88	1.79	2.44	3.47	4.17	5.07	5.90	6.47	7.13	7.63	8.50
	5	0.97	2.04	2.76	3.86	4.60	5.47	6.20	6.74	7.40	8.10	9.07
	6	0.92	1.85	2.52	3.77	4.51	5.33	6.00	6.70	7.33	8.13	8.80
	7	0.90	1.99	2.87	3.79	4.64	5.39	6.35	6.99	7.65	8.65	9.52
	8	1.02	2.06	2.71	3.62	4.28	5.20	5.97	6.63	7.53	8.17	9.03
	9	0.93	1.88	2.63	3.43	4.16	4.95	5.67	6.47	7.10	8.10	8.87
蓄积／ (m³·hm⁻²)	1	28.57	55.36	79.65	90.69	113.67	134.84	153.12	166.56	185.51	209.67	234.54
	2	24.56	47.62	68.83	82.91	103.19	119.45	141.50	152.66	170.00	191.27	217.03
	3	20.93	41.09	61.37	92.61	114.52	134.92	158.32	166.08	183.81	207.69	233.52
	4	26.30	50.73	74.98	87.59	111.79	132.46	155.92	170.00	192.73	218.47	244.27
	5	29.78	59.88	86.61	104.25	127.69	151.97	174.85	189.27	211.98	232.40	261.23
	6	25.44	50.52	74.21	102.59	126.99	149.51	172.40	190.30	210.88	238.39	264.40
	7	27.21	55.35	84.14	89.15	114.52	133.39	155.95	175.31	195.03	225.02	253.92
	8	28.21	58.62	84.26	98.85	123.62	148.36	167.27	184.39	214.45	238.77	270.26
	9	26.22	52.49	76.53	83.92	102.73	121.43	138.53	155.10	180.15	214.65	245.21

2. 马尾松中龄林肥效的持续性分析

以参数 C 表示试验的基础值，即当各肥种因素取 1 水平（对照）、初始树高、胸径取 10 时试验的平均结果，效应值为各水平比基础值增大多少。表 2-12 表明，施 N 肥后对树高生长的效应值一直表现出负效应，对胸径与蓄积的影响非常小，表明施 N 肥对马尾松中龄林生长不利。施 P 肥后 P_3、P_2 水平与对照组 P_1 水平相比，林木生长的各项指标均表现出正效应，这种现象表明施 P 肥有利于马尾松中龄林生长。施 K 肥后 K_2、K_3水平与对照组 K_1 水平相比，各项生长指标也一直表现出正效应，但 K_2 水平总体优于 K_3水平，这表明在南方红壤地区施适量 K 肥有利于马尾松中龄林生长。最佳处理组合为$N_1P_3K_2$。初始值 D_{86} 对胸径的生长一直表现出负效应，树高的生长在 14 年生后（施肥 3年后）开始表现出负效应，这表明施肥能促进小径阶木的生长（效应值 $\Delta = D_{86} \times \beta$，$\beta$ 为表中单位效应值，$\beta < 0$ 时，D_{86} 小者效应值大）。初始值树高 H_{86} 对树高、胸径生长的影响在 15 年生前基本上表现出负效应，这表明施肥后立地质量差的林地效果优于立地质量好的林地（初始值 H_{86} 对林地质量有一定的指示作用，效应值 $\Delta = H_{86} \times \beta$，$\beta$ 为表中单位效应值，$\beta < 0$ 时，H_{86} 小则效应值大），但持续一段时间后，15 年生后（施肥 3 年后）效应值开始为正，表明树高生长仍取决于林地本身质量的好坏。设 α_1、α_2、α_3、β_1、β_2 为 5 种试验因素产生的效应值，C 为基础值，Z 为生长量，得生长量模型：

$$Z = C + \alpha_1 + \alpha_2 + \alpha_3 + D_{86} \times \beta_1 + H_{86} \times \beta_2$$

表 2-12　不同肥种水平对马尾松中龄林生长的效应值

指标	林龄/年	N			P			K			D_{86}	H_{86}	基础值
		1	2	3	1	2	3	1	2	3			
胸径/cm	12	0	0.109	0.046	0	0.152	0.228	0	−0.034	0.038	−0.048	−0.067	2.473
	13	0	0.137	0.002	0	0.278	0.460	0	0.086	0.115	−0.216	−0.006	4.281
	14	0	0.059	−0.109	0	0.378	0.582	0	0.553	0.413	−0.697	0.215	9.096
	15	0	0.085	0.190	0	0.495	0.163	0	0.553	0.413	−0.697	0.215	9.096
	16	0	0.016	0.044	0	0.532	0.183	0	0.663	0.501	0.116	−0.763	11.200
	17	0	0.065	0.460	0	0.557	0.199	0	0.785	0.580	−0.851	0.164	12.061
	18	0	0.057	0.017	0	0.576	0.051	0	0.758	0.566	−0.902	0.157	13.159
	19	0	−0.100	−0.018	0	1.096	1.200	0	1.100	0.826	−1.392	0.729	14.384
	20	0	0.021	0.020	0	1.187	1.417	0	1.057	0.667	−1.499	0.690	16.225
	21	0	−0.140	0.150	0	1.236	1.605	0	0.799	0.394	−1.493	0.661	17.483
	23	0	−0.077	0.241	0	1.184	1.683	0	0.741	0.333	−1.559	0.722	18.452

续表

指标	林龄/年	N			P			K			D_{86}	H_{86}	基础值
		1	2	3	1	2	3	1	2	3			
树高/m	12	0	1.515	0.381	0	2.638	4.053	0	0.118	0.744	4.587	1.539	−7.721
	13	0	0.032	−0.121	0	0.114	0.237	0	0.149	0.036	0.160	−0.018	0.537
	14	0	−0.039	−0.195	0	0.113	0.309	0	0.150	0.103	0.166	−0.024	1.485
	15	0	−0.163	−0.071	0	0.206	0.153	0	0.385	0.385	−0.026	0.183	2.296
	16	0	−0.263	−0.191	0	0.214	0.181	0	0.419	0.387	−0.101	0.254	3.117
	17	0	−0.316	−0.256	0	0.304	0.224	0	0.531	0.408	−0.223	0.348	4.090
	18	0	−0.269	−0.240	0	0.312	0.289	0	0.358	0.493	−0.126	0.192	5.209
	19	0	−0.447	−0.246	0	0.281	0.389	0	0.504	0.437	−0.384	0.573	5.132
	20	0	−0.440	−0.359	0	0.301	0.486	0	0.651	0.427	−0.421	0.606	5.792
	21	0	−0.527	−0.235	0	0.176	0.595	0	0.660	0.524	−0.283	0.572	5.814
	23	0	−0.460	−0.389	0	0.161	0.541	0	0.616	0.567	−0.197	0.314	7.795
蓄积/（m³·hm⁻²）	12	0	0.109	0.046	0	0.152	0.228	0	−0.034	0.038	−0.048	−0.067	2.473
	13	0	2.500	−1.025	0	5.739	9.729	0	3.018	2.667	4.432	5.341	−9.627
	14	0	0.959	−3.698	0	8.648	14.263	0	4.506	4.944	4.121	7.217	−7.666
	15	0	3.872	5.098	0	8.999	3.121	0	13.931	11.397	−3.828	10.828	32.819
	16	0	1.875	1.981	0	11.200	4.209	0	17.447	13.898	−5.429	12.039	57.305
	17	0	2.323	1.815	0	14.242	5.727	0	22.540	16.703	−7.779	17.174	69.489
	18	0	2.207	1.328	0	16.085	3.899	0	21.704	18.728	14.688	−7.803	93.870
	19	0	−0.312	−0.360	0	20.583	11.006	0	24.707	18.894	−10.053	18.595	94.905
	20	0	1.360	−0.995	0	24.414	17.580	0	24.287	17.265	−13.143	20.775	119.194
	21	0	−3.338	1.998	0	25.824	24.619	0	25.315	15.107	−12.749	22.895	127.693
	23	0	−1.667	2.184	0	27.161	29.173	0	25.877	15.539	−14.132	23.337	158.824

从表 2-13 的方差分析可知（临界值 F_a 取 0.05 水平），N 肥对林木胸径、蓄积生长基本无显著影响，但对树高的影响在 20 年生时表现出显著的负效应。P 肥对林木生长有显著效果，但 15～19 年生时肥效不明显，这可能是因为 14 年生时间伐 1 次后影响了肥效的发挥。施 K 肥初期无显著效果，但 15 年生（施肥 3 年后）后对树高生长表现出显著差异，而且持续到 23 年生，这表明施 K 肥有利于林木生长，但肥效能持续多久有待进一步观测。对初始值 D_{86}、H_{86} 进行协方差分析表明，在施肥后 15～18 年生，D_{86} 对林木树高生长无显著影响，但 19 年生后（施肥 8 年后）又表现出显著影响，这可能是后期林木生长与立地质量有关。

表 2-13　不同肥种水平效应值的方差分析

项目	指标	林龄 / 年										
		12	13	14	15	16	17	18	19	20	21	23
N	胸径	0.853	0.672	0.487	0.163	0.007	0.015	0.009	0.042	0.002	0.361	0.402
	树高	0.486	1.528	1.747	0.697	1.403	1.567	1.440	3.058	3.552*	3.191	2.192
	蓄积	0.911	1.203	0.998	0.321	0.038	0.033	0.021	0.001	0.018	0.080	0.037
P	胸径	4.094*	6.136*	6.047*	1.261	1.085	1.150	1.171	6.894*	9.435*	12.752*	11.500*
	树高	2.764	3.474	4.268*	1.290	1.117	1.527	2.205	2.672	4.268*	4.590*	3.001
	蓄积	6.615*	9.135*	8.969*	1.052	1.086	1.276	1.292	1.592	2.175	2.453	2.736
K	胸径	0.378	0.413	0.685	1.576	1.703	2.299	1.724	4.943*	4.461*	2.730	2.001
	树高	0.460	1.420	0.999	5.467*	4.478*	4.571*	4.710*	4.862*	7.471*	5.839*	4.520*
	蓄积	0.251	1.022	1.294	2.680	2.781	3.261	2.464	2.407	2.486	1.782	1.667
D_{86}	胸径	0.666	4.983*	7.581*	8.864*	7.963*	9.645*	8.664*	27.997*	34.012*	37.354*	34.800*
	树高	19.340*	5.949*	4.492*	0.073	0.793	2.821	1.073	9.096*	1.737	3.674	1.415
	蓄积	30.630*	6.999*	2.751	0.681	0.922	1.385	1.031	1.397	2.185	1.736	1.907
H_{86}	胸径	0.976	0.003	0.006	0.658	0.143	0.280	0.204	5.976*	5.605*	5.696*	5.790*
	树高	0.738	0.056	0.075	2.725	3.894*	5.352*	1.933	15.725*	18.897*	11.707	2.812
	蓄积	2.680	7.898*	6.556*	4.232	3.522	9.095*	2.839	3.716	4.242	4.351	4.041

注：$F_{0.05}$（2，18）=3.55，$F_{0.05}$（1，18）=4.41，* 为显著相关。

（二）试验因素对中龄林生长影响的偏相关分析

为了探明不同试验因素对生长影响的密切程度进行偏相关分析。从表 2-14 分析可知，N 肥对胸径、蓄积的生长无显著相关性，但对树高的生长却表现出显著相关性，表明 N 肥对树高生长产生的负效应明显。P 肥对各项生长指标均表现出显著相关性，虽然在 14 年生后一定时期内肥效不明显，这可能与 14 年生时间伐 1 次后影响肥效的发挥有关。K 肥对林木生长的各项生长指标均在 15 年生后基本上表现出显著相关性，表明 K 肥有利于林木生长，但初期肥效不显著。初始值 D_{86} 对各项生长指标表现出相关系数为负值，表明施肥对小径阶木生长有利。初始值 H_{86} 对林地质量有一定的指示作用，施肥后初期表现出无显著相关性，但 15 年生后（施肥 5 年后）开始表现出显著相关性，表明林地本身质量仍是与马尾松中龄林后期生长密切相关的因子。

综合分析表明，施 N 肥对马尾松中龄林生长无显著促进作用，其至对树高生长产生一定的负效应，施 P、K 肥对马尾松中龄林生长有显著的促进作用，但 K 肥初期肥效不明显，施肥一定时期后林地质量仍是林木生长的决定性因子之一。最佳处理组合为 $N_1P_3K_2$。

表2-14 各试验因素对生长影响的偏相关分析（偏相关系数）

指标	因素	林龄 / 年										
		12	13	14	15	16	17	18	19	20	21	23
胸径	N	0.294	0.263	0.226	0.133	0.027	0.04	0.031	0.067	0.015	0.199	0.206
	P	0.559*	0.636*	0.634*	0.35	0.328	0.336	0.339	0.658*	0.715*	0.765*	0.749*
	K	0.201	0.209	0.266	0.386	0.399	0.451	0.401	0.595	0.575	0.483	0.427
	D_{86}	−0.193	−0.489*	−0.576*	−0.590*	−0.571*	−0.598*	−0.584*	−0.792*	−0.812*	−0.836*	−0.827*
	H_{86}	−0.229	−0.013	−0.018	−0.195	0.092	0.125	0.106	0.502*	0.495*	0.498*	0.505*
	r复相关系数	0.733	0.799	0.816	0.741	0.741	0.766	0.746	0.879	0.902	0.914	0.908
树高	N	0.226	0.381*	0.403*	0.268	0.368	0.385*	0.372	0.504*	0.532*	0.572*	0.443*
	P	0.484*	0.527*	0.567*	0.354	0.332	0.380*	0.443*	0.478*	0.567*	0.581*	0.500*
	K	0.220	0.370	0.316	0.614*	0.576*	0.580*	0.586*	0.592*	0.673*	0.627*	0.578*
	D_{86}	0.725*	0.517*	0.465*	−0.065	−0.210	−0.374	−0.245	−0.590*	−0.633*	−0.422*	−0.276
	H_{86}	−0.199	0.057	−0.067	0.366	0.428*	0.485*	0.320	0.687*	0.721*	0.631*	0.374
	r复相关系数	0.844	0.815	0.776	0.718	0.701	0.707	0.702	0.791	0.833	0.806	0.725
蓄积	N	0.303	0.343	0.316	0.186	0.064	0.06	0.047	0.075	0.044	0.093	0.063
	P	0.651*	0.709*	0.706*	0.323	0.328	0.352	0.354	0.387	0.441*	0.462*	0.482*
	K	0.164	0.319	0.354	0.479*	0.485*	0.515*	0.463*	0.459*	0.466*	0.407*	0.396*
	D_{86}	0.809*	0.554*	0.389*	−0.196	−0.225	−0.272	−0.239	−0.274	−0.347	−0.312	−0.327
	H_{86}	0.366	0.559*	0.532*	0.447*	0.413*	0.436*	0.373	0.423*	0.443*	0.447*	0.437*
	r复相关系数	0.912	0.882	0.656	0.627	0.651	0.606	0.623	0.649	0.634	0.634	0.938

注：* 为显著水平。

（三）施肥对林分结构的影响

根据表2-15分析可知，23年生时树高变动系数在各肥种及各水平间基本接近，表明施肥不会促进马尾松中龄林在空间层次上的分化；胸径变动系数 P_2、K_2 水平均高于对照组 P_1、K_1 及 P_3、K_3 水平，表明施少量 P、K 肥会促进林木在径阶上的分化，施较多的 P、K 肥则能使林分结构均一，提高规格材出材率。

表2-15　不同肥种水平林木生长指标变动系数

指标	林龄/年	N			P			K		
		1	2	3	1	2	3	1	2	3
胸径	10	0.316	0.255	0.311	0.311	0.306	0.278	0.262	0.333	0.294
	14	0.225	0.205	0.230	0.205	0.234	0.221	0.212	0.234	0.209
	18	0.206	0.203	0.229	0.197	0.215	0.222	0.213	0.213	0.208
	19	0.172	0.178	0.193	0.170	0.190	0.173	0.183	0.181	0.172
	20	0.182	0.182	0.199	0.177	0.202	0.172	0.192	0.190	0.179
	21	0.188	0.184	0.203	0.177	0.204	0.182	0.194	0.201	0.178
	23	0.196	0.187	0.208	0.183	0.212	0.185	0.198	0.209	0.183
树高	10	0.167	0.146	0.170	0.157	0.141	0.190	0.137	0.187	0.164
	14	0.140	0.137	0.138	0.145	0.124	0.149	0.135	0.152	0.128
	18	0.112	0.101	0.116	0.107	0.103	0.122	0.104	0.122	0.105
	19	0.106	0.100	0.110	0.105	0.098	0.115	0.101	0.122	0.093
	20	0.102	0.094	0.102	0.101	0.095	0.105	0.092	0.116	0.089
	21	0.102	0.091	0.112	0.104	0.092	0.110	0.098	0.114	0.090
	23	0.098	0.089	0.096	0.099	0.089	0.098	0.091	0.104	0.089
单株材积	10	0.698	0.555	0.698	0.709	0.641	0.630	0.545	0.751	0.639
	14	0.492	0.485	0.511	0.463	0.513	0.511	0.453	0.531	0.474
	18	0.440	0.433	0.504	0.425	0.456	0.485	0.476	0.454	0.443
	19	0.368	0.386	0.432	0.358	0.404	0.396	0.417	0.392	0.364
	20	0.392	0.388	0.440	0.367	0.434	0.385	0.437	0.401	0.375
	21	0.400	0.394	0.442	0.377	0.427	0.397	0.445	0.417	0.364
	23	0.421	0.389	0.446	0.386	0.445	0.395	0.450	0.425	0.377

三、结论

13年的观测表明，在南方红壤地区单独施N肥对马尾松中龄林生长无显著的促进作用，甚至对树高的生长产生显著的负效应，施P肥与适量的K肥对马尾松中龄林生长有显著的促进作用。最佳处理组合为$N_1P_3K_2$（P_2O_5 240kg·hm^{-2}、K_2O 65kg·hm^{-2}）。P、

K 肥施用后肥效有很好的持续性，P 肥产生肥效快，K 肥初期肥效不明显，施肥后期林地本身质量仍是与马尾松生长密切相关的因子。施肥不会促进马尾松中龄林在空间层次上的分化，施少量 P、K 肥会促进松树在径阶上的分化。施较多的 P、K 肥则能使林分结构均一，提高规格材出材率。

第三节 马尾松人工中龄林平衡施肥试验

一、材料与方法

试验地前茬为杉树林，1983 年更新造林。1991 年春在布设试验地时，为保持各小区密度一致，砍除多余马尾松，平均砍除 400 株·hm^{-2}，蓄积 5.22m^3·hm^{-2}。1992 年 4 月（9 年生）测定，保留马尾松 2250 株·hm^{-2}，蓄积 80.7m^3·hm^{-2}；平均树高 7.6m，最高 8.38m，最矮 6.53m；平均胸径 10.3cm，最大 11.53cm，最小 8.62cm。具体试验设计见表 2-16。

表 2-16 马尾松中龄林平衡施肥试验设计　　　　　单位：kg·hm^{-2}

处理	组合	尿素	过钙镁磷	氯化钾
1	N_1	225	0	0
2	N_2	450	0	0
3	P_1	0	720	0
4	P_2	0	1440	0
5	P_3	0	2880	0
6	P_4	0	5760	0
7	K	0	0	360
8	N_1P_1	225	720	0
9	N_1K	225	0	360
10	P_1K	0	720	360
11	N_1P_3K	225	2880	360
12	N_2P_2K	450	1440	360
13	CK	0	0	0

试验采用随机区组设计，13 个处理，4 次重复，各处理施肥量见表 2-16。每处理小区试验面积 20m×20m，重复内的处理沿等高线排列在同一坡形的坡面上，同一重复内的各小区立地条件、林相、密度基本保持一致。肥料于 1992 年 4 月上旬一次性施入。施肥方法为开沟施（5～10cm 深，30～40cm 宽），施后覆土。持续观测 8 年（次）。

二、结果与分析

（一）肥效变化与肥效持续性分析

1. 林分定期生长量比较

树高是反映立地质量的最佳参考指标，因此以树高为主要参考指标进行比较分析。从表 2-17 中可以看出，好的处理有 10、11、12，差的处理有 1、7、13（对照）。经多重比较可知 1、7 处理与 12 处理间差异显著，其中最佳处理 12（N_2P_2K）17 年生时（施肥 8 年后）树高、胸径、蓄积定期生长量为 5.12m、8.59cm、166.75$m^3 \cdot hm^{-2}$，比对照组 13（CK）分别高 11.5%、15.6%、13.0%。这表明平衡施肥对促进马尾松中龄林生长有利，施单一肥料效果不理想。

表 2-17　不同施肥处理林木定期生长量

指标	处理	林龄／年						
		10	11	12	13	14	15	17
胸径/cm	1（N_1）	0.98	1.80	2.57	3.16	3.69	6.11	7.72
	2（N_2）	1.03	1.92	2.71	3.38	3.87	6.84	8.43
	3（P_1）	0.93	1.83	2.59	3.18	3.72	6.20	7.73
	4（P_2）	0.92	1.77	2.48	3.16	3.70	6.76	8.45
	5（P_3）	0.93	1.82	2.50	3.18	3.72	6.42	7.92
	6（P_4）	0.91	1.72	2.53	3.20	3.75	6.78	8.37
	7（K）	0.85	1.80	2.51	3.14	3.65	6.57	8.19
	8（N_1P_1）	1.01	1.89	2.65	3.39	3.97	6.97	8.66
	9（N_1K）	0.91	1.70	2.42	3.09	3.57	6.86	8.48
	10（P_1K）	0.95	1.99	2.72	3.38	3.96	6.70	8.36
	11（N_1P_3K）	1.03	2.02	2.80	3.53	4.15	7.52	9.27
	12（N_2P_2K）	1.00	1.89	2.67	3.44	3.98	6.91	8.59
	13（CK）	0.84	1.64	2.38	2.95	3.36	6.05	7.43

续表

指标	处理	林龄／年						
		10	11	12	13	14	15	17
树高／m	1（N_1）	0.64	1.36	1.82	2.29	2.85	3.57	4.49
	2（N_2）	0.67	1.37	1.95	2.47	3.07	4.02	4.65
	3（P_1）	0.64	1.60	2.11	2.67	3.40	4.00	4.97
	4（P_2）	0.64	1.43	2.04	2.56	3.25	4.06	5.01
	5（P_3）	0.60	1.52	2.06	2.60	3.18	4.06	4.82
	6（P_4）	0.67	1.35	1.97	2.58	3.22	4.19	5.03
	7（K）	0.65	1.39	1.83	2.43	3.04	3.81	4.67
	8（N_1P_1）	0.74	1.60	2.17	2.65	3.33	4.17	4.70
	9（N_1K）	0.59	1.47	2.02	2.58	3.28	4.00	4.60
	10（P_1K）	0.66	1.59	2.17	2.70	3.25	4.11	5.05
	11（N_1P_3K）	0.64	1.46	2.07	2.69	3.30	4.33	5.03
	12（N_2P_2K）	0.65	1.56	2.29	2.81	3.59	4.30	5.12
	13（CK）	0.67	1.45	1.96	2.52	3.12	3.83	4.59
蓄积／（$m^3 \cdot hm^{-2}$）	1（N_1）	22.35	46.04	68.24	87.37	106.22	124.17	157.97
	2（N_2）	24.59	49.30	71.88	94.27	115.29	134.28	164.80
	3（P_1）	20.89	50.95	71.97	94.64	117.75	134.38	166.38
	4（P_2）	20.10	44.53	66.40	87.78	110.49	127.79	163.43
	5（P_3）	20.54	47.28	68.15	87.27	110.65	127.68	162.62
	6（P_4）	19.66	44.05	66.82	89.90	109.90	129.68	167.44
	7（K）	18.84	43.49	62.07	82.20	103.11	120.09	153.16
	8（N_1P_1）	24.41	51.91	75.47	97.50	121.39	134.97	168.05
	9（N_1K）	20.22	48.31	67.11	89.28	109.97	126.74	155.19
	10（P_1K）	21.47	50.80	73.54	94.84	118.70	137.24	173.65
	11（N_1P_3K）	20.83	46.51	68.27	89.39	110.35	128.87	161.48
	12（N_2P_2K）	23.29	50.80	74.32	98.38	120.71	136.54	166.75
	13（CK）	19.68	44.59	64.81	85.07	102.37	119.71	147.62

2. 林分的效应值及其增益持续性分析

为了消除初始胸径与初始树高值对试验结果的影响，将初始胸径 D_0 与初始树高值 H_0 也设为试验因子，以定期生长量为试验结果，采用一元线性模型的一般理论进行统计分析。以参数 C 表示试验的基础值，效应值为试验因子各水平结果对照基础值时的增大值（表2-18）。设 α 为施肥处理产生的效应值，β_1、β_2 分别为 D_0、H_0 产生的单位效应值，

Z 为定期生长量，可得生长量预测模型：

$$Z=C + \alpha + D_0 \times \beta_1 + H_0 \times \beta_2$$

一元线性模型效应值结果表明，一是施肥对胸径生长产生正效应，以 12 处理为最好，1、5、7 处理较差，表明平衡施肥对促进胸径生长有利；二是施肥对树高生长的影响因肥种而异，单施 N、K 肥对树高生长不利，效应值多为负，而施 P 肥及配方施肥对树高生长产生正效应，以 10、11、12 处理为好，1、2、7、9 处理较差；三是施肥对蓄积的影响均产生正效应，表明施肥有利于提高林地生产力，以 10、11 处理为好，1、7、9 处理较差；四是考察胸径、树高初始值 D_0、H_0 对试验结果的影响，可知除 D_0 对胸径的影响为负效应外，D_0 对树高、蓄积以及 H_0 对胸径、树高、蓄积生长均产生正效应，表明施肥能促进林木生长，尤其促进小径阶木生长（$Z_D = D_0 \times \beta$，β 为表中单位效应值，$\beta < 0$ 时，D_0 小则效应值大）。一元线性模型效应值结果还表明了单种肥料处理对树高、胸径、蓄积的生长效应值，即施 P 肥比施 N、K 肥效果好，尤以 P_4 水平为佳，说明南方红壤地区主要缺 P。

表2-18　不同处理对生长量的效应值

指标	处理	林龄／年						
		10	11	12	13	14	15	17
胸径 /cm	1（N_1）	0.147	0.255	0.282	0.314	0.423	0.550	0.793
	2（N_2）	0.188	0.353	0.392	0.505	0.566	1.132	1.342
	3（P_1）	0.104	0.332	0.357	0.389	0.495	0.772	0.945
	4（P_2）	0.068	0.198	0.150	0.268	0.383	1.059	1.342
	5（P_3）	0.083	0.218	0.149	0.267	0.383	0.569	0.684
	6（P_4）	0.067	0.147	0.205	0.314	0.433	1.042	1.233
	7（K）	−0.021	0.172	0.109	0.168	0.256	0.572	0.759
	8（N_1P_1）	0.161	0.266	0.286	0.456	0.625	0.998	1.307
	9（N_1K）	0.084	0.154	0.136	0.247	0.308	1.185	1.452
	10（P_1K）	0.098	0.391	0.361	0.455	0.612	0.859	1.101
	11（N_1P_3K）	0.149	0.367	0.361	0.525	0.721	1.491	1.791
	12（N_2P_2K）	0.159	0.309	0.341	0.553	0.672	1.097	1.414
	13（CK）	0	0	0	0	0	0	0
	D_0	−0.054	−0.195	−0.242	−0.256	−0.241	−0.882	−0.963
	H_0	−0.002	0.143	0.133	0.136	0.107	0.742	0.711
	基础值	1.418	2.509	3.825	4.514	4.998	9.306	11.769

续表

指标	处理	林龄 / 年						
		10	11	12	13	14	15	17
树高 /m	1（N_1）	-0.026	-0.029	-0.103	-0.237	-0.292	-0.233	-0.115
	2（N_2）	0.004	-0.036	0.019	-0.044	-0.065	0.205	0.051
	3（P_1）	-0.027	0.215	0.179	0.127	0.221	0.187	0
	4（P_2）	-0.029	-0.063	0.149	0.083	0.156	0.279	0.439
	5（P_3）	-0.068	0.108	0.133	0.097	0.069	0.256	0.234
	6（P_4）	-0.002	-0.04	0.064	0.078	0.104	0.391	0.441
	7（K）	-0.014	0.017	-0.038	-0.013	-0.006	0.045	0.136
	8（N_1P_1）	0.079	0.170	0.226	0.133	0.214	0.340	0.101
	9（N_1K）	-0.075	0.051	0.069	0.030	0.108	0.161	-0.025
	10（P_1K）	-0.021	0.215	0.279	0.228	0.164	0.334	0.494
	11（N_1P_3K）	-0.021	0.101	0.219	0.271	0.294	0.583	0.513
	12（N_2P_2K）	-0.014	0.147	0.341	0.286	0.453	0.473	0.513
	13（CK）	0	0	0	0	0	0	0
	D_0	0.003	0.001	0.062	0.123	0.174	0.054	0.117
	H_0	0.004	0.127	0.101	0.043	0.004	0.077	0.015
	基础值	0.599	0.428	0.509	0.902	1.282	2.658	3.253
蓄积 / （$m^3 \cdot hm^{-2}$）	1（N_1）	3.880	5.186	7.047	7.040	7.199	9.325	18.094
	2（N_2）	5.867	7.638	9.961	12.971	15.714	18.007	22.625
	3（P_1）	2.442	10.369	10.727	14.319	16.102	18.109	25.174
	4（P_2）	2.435	5.749	7.913	10.814	15.255	15.949	26.786
	5（P_3）	1.824	5.488	6.339	6.058	11.614	12.131	20.865
	6（P_4）	1.377	3.551	6.334	10.408	12.211	15.601	27.897
	7（K）	1.239	4.538	3.964	5.592	9.222	9.959	17.646
	8（N_1P_1）	5.087	8.385	11.737	13.825	20.127	16.254	21.947
	9（N_1K）	1.023	5.493	3.595	6.004	8.033	7.526	9.476
	10（P_1K）	3.536	11.115	14.271	16.829	22.921	25.649	36.848
	11（N_1P_3K）	3.585	8.412	11.397	14.297	18.355	21.576	29.389
	12（N_2P_2K）	4.203	8.107	11.275	15.637	19.842	17.978	21.389
	13（CK）	0	0	0	0	0	0	0
	D_0	0.502	0.350	2.183	2.402	5.420	5.074	3.323
	H_0	3.078	9.039	9.566	12.304	10.304	12.891	18.569
	基础值	-10.095	-31.216	-34.142	-38.024	-35.957	-35.937	-35.134

表 2-19 为各年度不同施肥处理方差分析结果，表明施肥肥效有一定的时效性。施肥对树高、蓄积生长的影响，从 12 年生开始（施肥 3 年）至 14 年生时达到 F 值为 0.05 水平的差异，17 年生时仍保持 F 值为 0.10 水平的差异，表明施肥能明显改善立地条件，促进林木树高、蓄积的生长，但对胸径的生长仅在 14 年生时（施肥 5 年）表现出 F 值为 0.10 水平的差异，其他年度均无显著影响。初始值 D_0 对胸径生长有显著影响，表明施肥能明显促进小径阶木生长。初始值 H_0 对蓄积生长产生显著影响，表明施肥后立地条件好的林分增产效果会更加显著。方差分析结果还可看出施肥对胸径、树高的影响在 15 年生时已开始减弱（F 值逐渐变小）。

表 2-19　不同施肥处理效应值方差分析

指标	处理	林龄／年						
		10	11	12	13	14	15	17
胸径	施肥处理	1.000	1.699	0.888	1.313	1.787	0.554	1.110
	D_0	0.882	6.560*	4.167*	4.054	3.176	3.560	5.913*
	H_0	0.000	1.734	0.615	0.561	0.306	1.208	1.546
树高	施肥处理	0.348	1.556	2.241*	2.470*	2.244*	1.343	1.843
	D_0	0.003	0.000	0.574	2.199	2.372	0.101	0.584
	H_0	0.003	1.657	0.760	0.133	0.001	0.098	0.005
蓄积	施肥处理	1.614	1.725	1.522	2.059*	2.464*	1.533	1.379
	D_0	0.158	0.030	0.540	0.581	2.117	1.115	0.240
	H_0	2.899	9.580*	5.059*	7.434*	3.731	3.452	3.598

注：$F_{0.05}$（12，37）=2.02，$F_{0.05}$（1，37）=4.11，$F_{0.10}$（12，37）=1.70，$F_{0.10}$（1，37）=2.86，* 为显著水平。

（二）试验因素对林分生长影响的偏相关分析

为了探明不同试验因素对生长影响的密切程度，进行偏相关分析。从表 2-20 可看出，施肥对树高、胸径、蓄积的影响一直表现出明显的相关性，表明施肥对促进马尾松中龄林生长的影响是显著的。初始值 D_0 对胸径生长的影响呈现出显著的负相关性，表明施肥对促进小径阶木生长影响明显。初始值 H_0 对树高生长的影响仅在 11 年生时（施肥 2 年后）表现出 0.10 水平的相关性，其余年度 H_0 对树高生长无显著相关性，表明肥效能掩盖林地本身对树高生长的影响。综上可知，施肥对促进马尾松中龄林生长有显著的相关性，在肥效期内林木生长取决于施肥因素，而与立地质量本身无显著相关性。

表2-20　不同施肥处理对生长影响的偏相关分析（偏相关系数）

指标	处理	林龄／年						
		10	11	12	13	14	15	17
胸径	施肥处理	0.495*	0.596*	0.473*	0.546*	0.606*	0.515*	0.514*
	D_0	−0.190	−0.464*	−0.383*	−0.384*	−0.346*	−0.479*	−0.445*
	H_0	−0.004	0.261	0.160	0.155	0.115	0.308*	0.250
	r复相关系数	0.538	0.681	0.585	0.637	0.676	0.636	0.630
树高	施肥处理	0.318*	0.579*	0.648*	0.667*	0.649*	0.551*	0.612*
	D_0	0.014	0.001	0.156	0.292*	0.304*	0.065	0.155
	H_0	0.011	0.264	0.182	0.077	0.005	0.066	0.015
	r复相关系数	0.330	0.644	0.708	0.721	0.704	0.561	0.624
蓄积	施肥处理	0.586*	0.599*	0.574*	0.633*	0.667*	0.576*	0.556*
	D_0	0.082	0.035	0.150	0.154	0.289*	0.210	0.098
	H_0	0.340*	0.535*	0.424*	0.491*	0.376*	0.355*	0.352*
	r复相关系数	0.714	0.793	0.763	0.809	0.808	0.747	0.684

注：$r_{0.05}=0.273$，$r_{0.10}=0.231$，* 为显著相关。

（三）施肥处理对林下硬皮豆马勃菌生长的影响

马尾松的短根常与土壤中的某些真菌共生，形成菌根（外生菌根）。菌根的真菌从松树根中吸取养料，同时真菌菌丝又可产生各种酶和生长激素，促进松树根系的生长。覆盖在短根外面的菌丝还能代替根毛，起到吸收水分和无机盐的作用，从而扩大根的吸收面积，增强松树的抗旱能力，加速树体生长。因此改善菌根生长条件，或在播种育苗或造林时进行菌根接种，都有益于马尾松生长。在试验过程中发现，施肥3个月后，不同处理林下硬皮豆马勃子实体个数差异极显著，且第二年仍发现有这种规律。表2-21为施肥3个月后，不同处理林下硬皮豆马勃子实体个数，表明P肥处理林下硬皮豆马勃子实体个数最多，且有随施用量增加子实体个数增加的趋势。硬皮豆马勃是马尾松最常见的根菌之一，但施P肥是否能促进硬皮豆马勃生长进而促进马尾松的生长尚待进一步研究。

表2-21　不同施肥处理林下硬皮豆马勃子实体个数

处理	样方 / (个·m⁻²)					合计 / (个·m⁻²)	平均 / (个·m⁻²)
	1	2	3	4	5		
CK	0	0	0	0	0	0	0
K	0	0	0	0	0	0	0
N_1	0	1	0	0	3	4	0.09
N_1K	0	0	0	2	2	4	0.09
N_2	0	0	5	0	0	5	0.11
N_2P_2K	6	0	0	0	2	8	0.18
N_1P_1	7	0	7	0	0	14	0.31
P_1	0	0	8	11	5	24	0.53
P_1K	11	0	0	16	4	31	0.69
P_2	5	17	3	7	7	39	0.73
P_3	9	7	7	16	0	39	0.73
P_4	5	10	7	10	15	47	1.04
N_1P_3K	11	8	22	21	10	72	1.60

三、结论

8年的马尾松中龄林施肥试验表明，平衡施肥对促进马尾松中龄林生长有利，单施某一肥料效果不理想，单施N、K肥甚至产生负效应，施肥8年后最佳处理N_2P_2K（N 200kg·hm⁻²、P_2O_5 280kg·hm⁻²、K_2O 200kg·hm⁻²）的树高、胸径、蓄积比对照组分别高11.5%、15.6%、13.0%。肥效有一定的时效性。施肥处理是与林木生长密切相关的因子之一，甚至可以掩盖林地质量对林木生长的影响。施肥后期肥效减弱时，立地条件仍是与林木生长密切相关的因子。在本试验中，发现施肥3个月后不同处理林下硬皮豆马勃菌子实体个数差异显著，P肥处理林下子实体个数最多，且有随施用量增加子实体个数增加的趋势。

第四节　马尾松人工近熟林施肥试验

随着马尾松大径材市场需求的日益增长，林木的采伐年龄有所延长，因此很有必要开展马尾松近熟林施肥技术的研究，以便为马尾松人工大径材林培育关键技术提供科学依据。在马尾松南带产区 10～20 年生为马尾松人工林的材积速生期，因此选择 17 年生马尾松近熟林开展施肥试验，根据林分施肥后的连续观测材料，对不同施肥处理的林分生长效应进行定量分析。

一、材料与方法

试验林为 17 年生马尾松人工近熟林。前茬为杉树人工林，主伐炼山后进行块状整地，1 年生裸根苗定植造林，初植密度为 3600 株·hm^{-2}，先后在 10 年生与 15 年生进行 2 次间伐，施肥时调整为 525 株·hm^{-2}。林分平均胸径为 25.6cm，平均树高为 15.7m，平均蓄积为 198.1m^3·hm^{-2}。

试验方案采用正交设计，3 因素（肥种）4 水平，共 16 个处理，3 次重复，随机区组排列。试验小区面积为 20m×20m，在林木上坡方向开半环状小沟（深 10cm 左右），然后将肥料施入，覆土。施肥前及施肥后的每年年末对林木进行测定分析。试验林初始状况见表 2-22，各试验因素与水平见表 2-23。

表 2-22　试验林初始林分因子统计

林分因子	处理															
	1	2	3	4	5	6	7	8	9	10	11	12	13	14	15	16
胸径/cm	25.45	25.78	25.63	25.68	26.26	27.45	27.50	25.43	26.85	25.12	25.18	24.97	24.72	25.00	27.50	25.41
树高/m	15.62	15.67	15.21	16.14	15.95	15.77	16.38	15.39	15.62	15.41	14.92	15.84	16.10	15.17	16.46	15.59
蓄积/（m^3·hm^{-2}）	193.3	190.4	198.6	208.5	220.4	234.3	185.3	212.6	175.0	177.6	190.8	187.6	175.9	236.5	191.7	189.9

表 2-23　肥种及各水平施肥量　　　　单位：g·株$^{-1}$

肥种	水平			
	1	2	3	4
N	0	120	240	360
P$_2$O$_5$	0	90	180	270
K$_2$O	0	90	180	270

二、结果与分析

（一）不同施肥处理与不同肥种水平对马尾松近熟林定期生长量的影响

林木生长状况与林地质量密切相关，而施肥对林地质量的影响可以根据林木的生长变化来分析。根据林分定期生长量资料与正交试验设计的原理，对各试验因子水平的平均定期生长量进行了统计（表2-24）。统计数据分析表明，施肥4年后，以林分蓄积定期生长量为主要参考指标，增产效应最好的为2号处理（$N_1P_2K_2$），蓄积定期生长量为75.2$m^3 \cdot hm^{-2}$，比对照处理1号（$N_1P_1K_1$）高13.42%，最差施肥处理组合为7号处理（$N_2P_3K_4$），蓄积定期生长量为55.2$m^3 \cdot hm^{-2}$，比对照处理1号（$N_1P_1K_1$）低16.74%。通过表2-25的统计分析可知，各肥种效应最佳水平分别为N_1、P_2、K_2，4年蓄积定期生长量分别为70.23$m^3 \cdot hm^{-2}$、70.91$m^3 \cdot hm^{-2}$、71.23$m^3 \cdot hm^{-2}$。综合分析可知，施N肥对马尾松近熟林生长不利，而施用适量的P肥与K肥对促进马尾松近熟林生长有利，但施用过量则有负作用。

表2-24　不同施肥处理的定期生长量统计

生长期	项目	施肥处理															
		1	2	3	4	5	6	7	8	9	10	11	12	13	14	15	16
1年		1.3	1.4	1.6	1.4	1.5	1.9	1.5	1.3	1.5	1.7	1.4	1.6	1.2	1.6	1.5	1.5
2年	胸径	1.8	1.9	2.1	1.8	2.1	2.2	1.6	1.8	1.7	2.0	1.9	2.2	1.7	2.1	1.6	1.6
3年	/cm	2.2	2.3	2.4	2.2	2.6	2.5	1.8	2.2	2.0	2.3	2.3	2.8	2.2	2.5	1.7	1.8
4年		2.5	2.8	2.8	2.7	3.1	2.6	2.0	2.7	2.2	2.6	2.7	3.2	2.5	2.9	1.8	2.0
1年		0.6	0.8	0.7	0.7	0.9	0.6	0.8	0.7	0.7	0.8	0.7	0.9	0.8	1.1	0.7	0.9
2年	树高	1.6	1.4	1.4	1.4	1.7	1.3	1.5	1.4	1.5	1.5	1.4	1.5	1.8	1.8	1.5	1.6
3年	/m	1.9	1.9	1.6	1.8	2.0	1.5	1.7	1.7	2.0	1.6	1.7	1.8	2.1	2.1	1.7	2.0
4年		2.4	2.1	2.0	1.9	2.3	1.9	2.1	2.0	2.0	2.2	2.0	2.2	2.3	2.4	2.1	2.2
1年		26.8	34.0	32.1	30.5	31.9	35.3	32.0	23.7	31.1	33.1	27.8	30.0	28.8	33.6	29.3	28.8
2年	蓄积/	40.4	48.2	46.0	43.9	43.6	46.5	36.5	38.3	41.8	44.5	43.3	48.5	44.7	47.9	41.6	39.3
3年	（$m^3 \cdot$	54.4	62.1	59.0	56.7	55.4	57.7	48.8	51.9	52.1	55.4	59.5	63.7	60.6	61.5	53.7	51.2
4年	hm^{-2})	66.3	75.2	72.1	68.3	66.2	68.5	55.2	64.3	63.1	65.3	69.7	75.1	69.8	74.6	66.8	61.9

表 2-25　不同肥种水平的马尾松近熟林定期生长量统计

肥种	水平	胸径 /cm				树高 /m				蓄积 / ($m^3 \cdot hm^{-2}$)			
		1年	2年	3年	4年	1年	2年	3年	4年	1年	2年	3年	4年
N	1	1.44	1.88	2.27	2.70	0.71	1.46	1.81	2.10	30.84	44.61	58.22	70.23
	2	1.56	1.87	2.27	2.58	0.74	1.46	1.72	2.05	30.70	40.72	53.94	64.38
	3	1.55	1.96	2.34	2.67	0.80	1.46	1.86	2.10	30.50	44.52	57.68	68.50
	4	1.45	1.76	2.06	2.29	0.89	1.70	1.98	2.27	30.13	43.40	56.74	68.25
P	1	1.37	1.81	2.23	2.58	0.78	1.63	1.70	2.05	29.64	42.62	55.65	66.34
	2	1.66	2.03	2.40	2.82	0.84	1.51	1.85	2.15	33.98	46.77	59.17	70.91
	3	1.51	1.75	2.04	2.32	0.74	1.44	1.69	2.03	30.31	41.36	55.76	66.45
	4	1.46	1.87	2.28	2.63	0.78	1.49	1.83	2.09	28.25	42.48	55.81	67.61
K	1	1.52	1.86	2.18	2.44	0.71	1.49	1.78	2.12	29.67	42.39	55.70	66.61
	2	1.50	1.94	2.36	2.74	0.82	1.53	1.85	2.18	31.30	45.48	58.71	71.23
	3	1.52	1.92	2.27	2.64	0.81	1.52	1.87	2.10	30.11	43.49	56.12	68.44
	4	1.46	1.75	2.13	2.42	0.80	1.53	1.86	2.13	31.09	41.88	55.18	65.16

（二）不同肥种水平对马尾松近熟林生长效应的影响及其肥效持续性分析

林分初始胸径与树高为非试验因素，采用协方差分析方法可排除其对试验结果的影响，从而正确分析施肥试验因素及各水平的作用。以参数 C 表示试验的基础值，即当各施肥试验因素取 1 水平（对照），非试验因素初始树高、胸径取 0 时试验的平均值，效应值为各试验因子水平比基础值 C 增大多少。经表 2-26 分析可知，一是 N 肥对胸径生长起正效应，但效应微弱，对树高的生长在第 3 年开始表现出负效应，N_2、N_4 水平对蓄积生长量产生的效应值为负，这表明施 N 肥短期内对马尾松近熟林生长不利；二是 P 肥各水平的效应值，P_2 水平对林木生长有利，P_3 及 P_4 水平短期内对树高与蓄积生长呈负效应，这表明适当的 P 肥用量能促进马尾松近熟林生长，过量却有负作用；三是 K 肥各水平与对照组 K_1 相比，K_2 及 K_3 水平对胸径、树高、蓄积生长表现出正效应，但 K_4 水平在短期内对胸径、蓄积生长均产生负效应，这表明施适量 K 肥能促进马尾松近熟林生长，过量则有负作用。综合各肥种水平的效应值与营林成本分析，最佳处理组合为 $N_1P_2K_2$，即每株混施 N 0g，P_2O_5 90g，K_2O 90g。

初始胸径值 D_0 对胸径、树高、蓄积生长均表现出负效应，这表明施肥对小径阶木的生长有利（效应值 $\Delta = D_0 \times \beta$，$\beta$ 为单位效应值，$\beta < 0$ 时，D_0 小则效应值大）。树高

初始值 H_0 对胸径、树高、蓄积生长的效应值均为正效应。因树高初始值 H_0 对林地质量有良好的指示作用，表明林木生长与林地本身质量密切相关。

表2-26　不同肥种水平对马尾松近熟林生长的效应值统计

因子	水平	胸径 /cm				树高 /m				蓄积 / ($m^3 \cdot hm^{-2}$)			
		1年	2年	3年	4年	1年	2年	3年	4年	1年	2年	3年	4年
N	1	0	0	0	0	0	0	0	0	0	0	0	0
	2	0.05	0.01	0.01	0.01	0.07	0.06	−0.08	−0.19	−1.63	−4.07	−3.15	−2.26
	3	0.11	0.07	0.12	0.15	0.09	0.01	0.01	−0.24	0.41	0.81	0.60	0.49
	4	0.01	−0.13	0.10	0.11	0.17	0.24	−0.13	−0.72	−1.26	−1.98	−1.11	0.20
P	1	0	0	0	0	0	0	0	0	0	0	0	0
	2	0.28	0.24	0.28	0.39	0.07	0.12	0.11	0.06	5.31	5.61	4.88	4.31
	3	0.09	−0.04	0.10	0.13	−0.01	−0.15	−0.13	0.01	0.41	0.40	1.86	2.35
	4	0.11	0.05	0.10	0.12	−0.02	−0.17	−0.12	0.03	−0.78	−0.11	1.23	1.88
K	1	0	0	0	0	0	0	0	0	0	0	0	0
	2	−0.03	0.07	0.14	0.18	0.11	0.05	0.24	0.65	−0.15	0.94	1.82	1.99
	3	0.01	0.05	0.11	0.14	0.09	0.03	0.22	0.38	0.95	1.27	1.36	1.69
	4	−0.06	−0.12	0.13	0.13	0.06	0.02	0.11	0.17	−0.14	−3.06	1.22	1.14
D_0		0.05	−0.03	−0.03	−0.04	−0.05	−0.07	−0.08	−0.08	0.80	−0.78	−0.58	−0.53
H_0		0.01	0.03	0.04	0.05	0.03	0.03	0.02	0.02	3.10	4.61	4.84	5.10
基础值		−0.39	2.02	2.41	2.85	1.31	2.81	3.66	4.45	−39.77	−8.85	−6.65	−4.13

表2-27　各年度不同肥种水平效应值的方差分析（ F 值）

因子	胸径				树高				蓄积			
	1年	2年	3年	4年	1年	2年	3年	4年	1年	2年	3年	4年
N	0.35	0.54	1.51	1.86	0.73	1.45	1.39	1.65	0.67	0.75	0.09	0.34
P	1.69	1.10	4.11*	4.47*	0.24	0.70	1.89	1.03	5.52**	3.44*	3.69*	2.40
K	0.10	0.58	0.75	1.52	0.33	0.04	0.94	1.65	0.18	0.66	0.45	0.22
D_0	1.11	0.15	3.01	2.32	0.82	1.38	1.77	2.55	1.27	0.27	0.88	1.22
H_0	0.02	0.08	2.67	0.16	0.14	0.08	1.97	2.83	6.81*	3.48	2.08	2.09

注：* 表示差异显著，** 表示差异极显著。

从表2-27的方差分析可知（临界值 F_α 取0.05水平），施肥后4年内 N 肥与 K 肥对马尾松近熟林生长基本无显著影响。P 肥对树高生长影响不显著，但对胸径与蓄积有显著影响，因 P 肥为缓效肥，后续效果有待进一步观测。对初始值 D_0、H_0 进行协方差分析表明，在施肥后 4 年内，初始值 D_0、H_0 对林木生长各指标无显著影响，说明试验林立地质量基本相近。

（三）试验因素对生长影响的偏相关分析

通过偏相关分析可区别不同试验因素对林木生长影响的密切程度。偏相关分析表明，施肥措施与马尾松近熟林生长效应呈显著相关性。

从表 2-28 偏相关分析结果可知：短期内 N 肥对胸径的生长无显著相关性，但对树高、蓄积的生长却表现出显著相关性，表明 N 肥对近熟林树高生长产生的负效应是明显的，短期内这一现象与中龄林施肥效果相似；P 肥对各项生长指标均表现出显著相关性，表明 P 肥的施放及用量对马尾松近熟林的生长影响差别明显；K 肥在施肥 2 年后对林分树高、蓄积的生长有显著相关性，但对胸径的生长无显著相关性，表明适量的 K 肥能改善立地质量，促进马尾松近熟林的生长。

初始胸径值 D_0 短期内对各项生长指标表现出相关系数为负值，表明施肥能促进小径阶木的生长。初始树高值 H_0 在施肥后 4 年内对胸径、树高生长无显著相关性，对蓄积生长相关性 2 年后迅速减小。因初始树高值 H_0 对林地质量有一定的指示作用，表明前期林地本身质量是与林分生长密切相关的因子，在施肥 2 年后肥效显著时可掩盖林地质量对生长的影响。从表 2-28 中 r 复相关系数变化可知，5 种相关因子对马尾松近熟林生长的综合效应是明显的。

表 2-28　各试验因素对生长影响的偏相关分析（偏相关系数）

因子	胸径				树高				蓄积			
	1 年	2 年	3 年	4 年	1 年	2 年	3 年	4 年	1 年	2 年	3 年	4 年
N	0.22	0.27	0.30	0.34	0.31*	0.42**	0.52**	0.49**	0.30	0.32	0.36*	0.43*
P	0.45*	0.37*	0.45*	0.46*	0.19	0.30	0.52**	0.16	0.47**	0.42*	0.35*	0.52**
K	0.12	0.28	0.27	0.23	0.21	0.08	0.26	0.46**	0.16	0.30	0.43*	0.39*
D_0	0.27	-0.10	0.24	0.31	-0.24	-0.32*	0.28	0.48**	0.29	-0.13	-0.45**	-0.48**
H_0	0.03	0.07	0.06	-0.20	0.10	0.07	0.25	0.30	0.55**	0.43**	-0.04	0.17
r 复相关系数	0.56**	0.50**	0.68**	0.62**	0.46*	0.57**	0.67**	0.86**	0.80**	0.58**	0.74**	0.75**

注：* 表示显著相关，** 表示极显著相关。

三、结论

（1）综合分析表明，在南方红壤地区，施 N 肥对马尾松近熟林生长无促进作用，施适量的 P、K 肥对林木生长有显著的促进作用，过量却有负作用。施肥对小径阶木生长有利。

（2）以林分蓄积定期生长量为主要参考指标，根据各肥种水平效应值综合分析，得出最佳处理组合为 $N_1P_2K_2$，即每株混施 N 0g、P_2O_5 90g、K_2O 90g，其 4 年蓄积定期生长量比对照组高 13.42%。

（3）相关分析表明，施肥措施能改善林地质量，短期内显著促进马尾松近熟林生长。林地质量是林木生长的决定性因子，但肥效高峰期能掩盖林地本身质量对林木生长的影响。

第五节　马尾松中龄林施肥试验的经济收益分析

关于马尾松营林措施的效益评价，国内相关专家开展过研究。本次研究采用项目投资的财务效益评估手段，对马尾松中龄林平衡施肥的经济收益进行了分析，旨在为我国热带、亚热带马尾松人工林的经营、投资提供决策参考。

一、材料与方法

见马尾松人工中龄林平衡施肥试验材料与方法（第二章第三节）。

二、结果与分析

（一）评价指标的确定及营林投资成本的构成

1. 评价指标的确定

对马尾松人工林施肥效益的评价，选用产量、产值、成本、税费及财务经济评价指标。产量等于蓄积量乘出材率，平均胸径为 10cm、12cm、14～16cm、18cm、20cm 的马尾松综合出材率分别为 46.4%、62.4%、67.5%、67.7%、67.8%；产值按马尾松综合材市价乘出材量，平均胸径 10cm、12～14cm、16～20cm 的林分主伐综合材分别为 340 元·m^{-3}、450 元·m^{-3}、540 元·m^{-3}，平均胸径为 10cm、12～14cm 的林分间伐材分别为 340 元·m^{-3}、420 元·m^{-3}、450 元·m^{-3}（按广西凭祥市中国林业科学研究院热带林业中心马尾松木材近年均价）；税费"两金一费"，按马尾松木材售价的 20% 计。

2. 营林投资成本的构成

因马尾松施肥试验投入成本均发生在 20 世纪 80—90 年代，相对现时用工、物价成本变化巨大，本着更为真实、可靠、可比的会计原则，客观地反映马尾松施肥营林的投资收益，本研究采用更新重置成本法，按广西凭祥市中国林业科学研究院热带林业中心及周边地区近年营林的平均成本计算（表2-29）。

表2-29 17年生马尾松平衡施肥处理投资成本构成   单位：元

处理	营林	修路与维护	其他	采运	税费	总投资
1（N_1）	23062.5	525.0	300.0	14038.7	16642.8	54569.0
2（N_2）	23490.3	525.0	300.0	14415.8	17224.3	55955.4
3（P_1）	23303.4	525.0	300.0	14706.0	17281.2	56115.6
4（P_2）	23971.2	525.0	300.0	14114.8	16759.2	55670.2
5（P_3）	25307.1	525.0	300.0	14216.0	16811.0	57159.1
6（P_4）	27379.5	525.0	300.0	14485.3	17246.7	59936.5
7（K）	23427.6	525.0	300.0	13163.9	15614.7	53031.2
8（N_1P_1）	23730.5	525.0	300.0	14676.9	17221.7	56454.1
9（N_1K）	24054.5	525.0	300.0	14153.3	16947.9	55980.7
10（P_1K）	24295.6	525.0	300.0	14547.6	17208.3	56876.5
11（N_1P_3K）	25976.4	525.0	300.0	13452.1	15846.3	56099.8
12（N_2P_2K）	26018.8	525.0	300.0	14714.1	17333.5	58891.4
13（CK）	22035.9	525.0	300.0	13557.3	15980.0	52398.2

注：尿素、钙镁磷肥、氯化钾每吨分别为1900元、650元、2200元；追肥用工由施肥量定（小于 $500kg \cdot hm^{-2}$ 为 15 工，$500 \sim <1000kg \cdot hm^{-2}$ 为 20 工，$1000 \sim <1500kg \cdot hm^{-2}$ 为 25 工，$1500 \sim <2000kg \cdot hm^{-2}$ 为 30 工，$2000 \sim 3000kg \cdot hm^{-2}$ 为 35 工，大于 $3000kg \cdot hm^{-2}$ 为 40 工），40元／工，基肥施肥费为0元。

（二）马尾松中龄林平衡施肥效益分析

以马尾松营林近年的历史投入成本为基础，从项目投资的角度，采用财务经济指标对马尾松中龄林平衡施肥经济收益进行分析。

1. 各施肥各处理经济分析

根据表2-30，从静态的经济分析角度可知：各处理经济净收益由高到低的排序为 $P_1 > N_2 > N_1P_1 > P_1K > N_1K > N_1 > P_2 > N_2P_2K > CK > P_3 > P_4 > K > N_1P_3K$，不同施肥处理均有净收益，且最低年均净收益为1360.7元·hm^{-2}；各施肥处理与CK相比，经济收益差异明显，如最优的处理 P_1、最差的处理 N_1P_3K 与CK净收益的差值分别为2788.1元·hm^{-2}、−4370.5元·hm^{-2}。从资金时间价值的动态投资角度分析，施肥处理中仅有CK、N_1、N_2、P_1、N_1P_1、N_1K、P_1K 处理经营投资方式可赢利，但赢利能力皆较弱，每公顷对应净现值分别仅有46.8元、125.6元、399.5元、722.0元、465.1元、168.9元、85.1元，抗风险性亦差（最高内部收益率仅有8.43%），动态投资回收期差异较小。

表2-30 17年生马尾松中龄林平衡施肥处理收益构成

处理	净收益 /(元·hm^{-2})	年均净收益 /(元·hm^{-2})	净现值 /(元·hm^{-2})	年均净现值 /(元·hm^{-2})	内部收益率 /%	年均利润率 /(元·hm^{-2})	动态回收期 /年
1（N$_1$）	28645.0	1685.0	125.6	7.4	8.08	3.09	17.0
2（N$_2$）	30166.5	1774.5	399.5	23.5	8.23	3.17	17.0
3（P$_1$）	30290.9	1781.8	722.0	42.5	8.43	3.18	16.9
4（P$_2$）	28126.1	1654.5	−230.7	−13.6	7.86	2.97	+∞
5（P$_3$）	26896.1	1582.1	−807.2	−47.5	7.52	2.77	+∞
6（P$_4$）	26297.6	1546.9	−1487.8	−87.5	7.13	2.58	+∞
7（K）	25042.9	1473.1	−1067.8	−62.8	7.34	2.78	+∞
8（N$_1$P$_1$）	29654.4	1744.4	465.1	27.4	8.28	3.09	17.0
9（N$_1$K）	28758.7	1691.7	168.9	9.9	8.10	3.02	17.0
10（P$_1$K）	29165.8	1715.6	85.1	5.0	8.05	3.02	17.0
11（N$_1$P$_3$K）	23132.3	1360.7	−1675.2	−98.5	6.92	2.43	+∞
12（N$_2$P$_2$K）	27776.7	1633.9	−610.8	−35.9	7.64	2.77	+∞
13（CK）	27502.8	1617.8	46.8	2.8	8.03	3.09	17.0

2. 各施肥处理内时间序列分析

林分各种施肥处理在不同年度的经济效益如何，施肥处理的木材增益与其经济收益的关系如何，这些都是经营、投资者重点关注的问题。为探索上述问题，本研究选用净现值、内部收益率的财务指标，结合表2-30对马尾松不同施肥处理的时间序列收益、蓄积增产与经济增值进行了分析，其结果见表2-31。

由表2-31分析可知：15年生前马尾松施肥各处理的净现值均小于0，此后，15年生时CK、N$_2$、P$_1$、N$_1$P$_1$处理开始赢利，每公顷净现值分别为130.4元、547.1元、592.6元、229.1元；17年生时，赢利的处理为CK、N$_1$、N$_2$、P$_1$、N$_1$P$_1$、N$_1$K、P$_1$K；各处理（除CK、N$_2$处理外）的净现值、内部收益率均随林龄的增长而增加。从林龄9～17年生期间蓄积、净现值增量分析表明，蓄积增产量各施肥处理均大于CK，但就净现值增值而言，各施肥处理大于CK的仅有N$_1$、N$_2$、P$_1$、P$_2$、N$_1$P$_1$、P$_1$K处理（即实现了增产增收），其余处理则虽增产但并未增收。综合分析表2-29不难得出增产歉收的原因，即营林中肥料及追肥用工成本投入过多所致，故投资者在营林中不能盲目施肥，应尽量选择合适的肥种、肥量、施肥时间，这样才能获得较高的经济收益。综合分析表明，马尾松中龄林施肥经济效益以P$_1$处理为最佳，N$_1$P$_1$次之。

表 2-31　不同施肥处理时间序列收益分析

林龄/年	指标	处理												
		CK	N_1	N_2	P_1	P_2	P_3	P_4	K	N_1P_1	N_1K	P_1K	N_1P_3K	N_2P_2K
9	净现值/(元·hm⁻²)	-8840.8	-8952.2	-9004.3	-8819.9	-9190.6	-9050.8	-8365.8	-9436.4	-8935.7	-8712.1	-9269.8	-9604.5	-8833.1
10	净现值/(元·hm⁻²)	-4240.7	-4729.1	-4846.5	-4732.3	-5813.6	-6188.3	-6350.5	-8114.7	-4856.3	-4968.8	-6003.5	-11704.6	-5909.5
11	净现值/(元·hm⁻²)	-3315.6	-3902.9	-3946.0	-3408.8	-4881.1	-5094.0	-6361.5	-5753.8	-3742.1	-3811.5	-4680.2	-6804.6	-4801.4
12	净现值/(元·hm⁻²)	-2949.9	-2477.2	-2489.4	-2075.7	-4350.8	-4671.1	-5780.2	-4783.0	-2207.0	-2654.9	-4111.8	-6241.5	-3268.8
13	净现值/(元·hm⁻²)	-1770.4	-2292.4	-2077.2	-1666.1	-3088.5	-3575.1	-4392.8	-3614.8	-1851.6	-2268.4	-2855.4	-4999.7	-2769.7
14	净现值/(元·hm⁻²)	-1827.1	-2240.8	-1910.8	-1517.6	-2750.9	-3204.3	-4269.0	-3340.1	-1514.9	-2131.2	-2467.3	-4741.0	-2556.4
15	净现值/(元·hm⁻²)	130.4	-132.1	547.1	592.6	-607.0	-1160.6	-1950.4	-1380.4	229.1	-174.5	-337.9	-2707.2	-553.5
15	内部收益率/%	8.09	7.91	8.37	8.40	7.58	7.20	6.66	7.01	8.16	7.88	7.77	6.05	7.63
17	净现值/(元·hm⁻²)	46.8	125.6	399.5	722.0	-230.7	-807.2	-1487.8	-1067.8	465.1	168.9	85.1	-1675.2	-610.8
17	内部收益率/%	8.03	8.08	8.23	8.43	7.86	7.52	7.13	7.34	8.28	8.10	8.05	6.92	7.64

3.施肥效益分析

中龄林施肥配比处理经济分析表明：适量的 P 肥增产、增收效益最为明显；前 17 年生，马尾松营林投资的净收益、年均净现值、内部收益率均随林龄的增长而增加，即马尾松仍未达到经济成熟期。中龄林施肥经济分析综合表明：单肥种施肥处理中以 P 肥经济效益最好，混合肥种以 P、N 肥收益最佳；在营林施肥投资中增产歉收较为常见，故只有选择合适的肥种、肥量、施肥时间，才能获得较高的经济收益。作为具有明显经济外部性、长周期性的马尾松营林产业，在营林的过程中不仅可向当地居民提供大量的劳动就业机会，且具有固碳释氧、涵养水源、净化大气等生态功能。但长周期的马尾松营林产业收益率相对较低（部分原因为营林税费较短周期速生林高 10%），需政府出台相应政策适当降低以马尾松为代表的长周期树种的营林税费，这对改善我国南方大面积的单一树种结构体系、构建良好稳定的森林生态结构体系具有重要作用。

三、结论

马尾松中龄林施肥经济分析表明：林龄前 17 年生（施肥后 8 年），马尾松营林投资的净收益、年均净现值、内部收益率均随林龄的增长而增加，即马尾松仍未达到经济成熟期；单肥种施肥处理中以 P 肥经济效益最好，混合肥种以 P、N 肥收益最佳；在营林施肥投资中增产歉收较为常见，故只有选择合适的肥种、肥量、施肥时间，才能获得较高的经济收益。

第三章

马尾松人工林密度控制技术研究

关于林分密度效应与控制问题，国外林业科技工作者进行了大量的研究工作。Kramer 于 1930—1974 年对挪威云杉的间伐试验结果分析指出，采用高度下层抚育间伐法效果较好，其次是中度下层抚育间伐法和高度上层抚育间伐法，低度下层抚育间伐法最差；同时对比试验表明，抚育间伐同样可以影响优势木的生长。Hamilton 在 1967—1974 年对美国的西加云杉、欧洲赤松、南欧黑松等进行了各种形式的行状抚育间伐试验，其目的是查明不同形式的行状抚育间伐对保留木生长的影响。日本川奈、斋藤等人对 10 年生柳杉幼龄林采用下层抚育间伐的方法进行了不同间伐强度的试验，结果表明间伐强度越大越能提高单株木的生长量，但有可能影响单位面积的出材量。

国内许多学者也开展了这方面的研究，树种包括马尾松、杉树、桉树、樟子松等。关于马尾松人工林密度控制技术方面的研究不多，如丁贵杰综合全国各产区的调查资料，系统地进行了人工林密度变化规律与密度调控模型的研究，并在全国生产工作中进行了推广运用。为了探明南亚热带栽培区适宜的马尾松造林密度，从 1989 年开始，中国林业科学研究院热带林业实验中心在伏波实验场设置了造林密度试验、中龄林与近熟林间伐密度调控试验。本研究根据 33 年的观测材料对不同造林密度与间伐密度试验林的林分生长、材种出材量、经济效益进行定量分析，为生产部门根据培育目标选择相应的造林密度和不同时期的保留密度提供科学依据。

第一节　马尾松造林密度效应研究

一、试验材料与方法

试验林设在广西凭祥市中国林业科学研究院热带林业实验中心伏波实验场，东经 106° 50′，北纬 22° 10′，海拔 130 ～ 1045m，地形以低山为主，年平均气温 21℃，年均降水量 1500mm，属南亚热带季风气候区，土壤为花岗岩发育成的红壤，土层厚度在 1m 以上，马尾松立地指数 20，前茬为杉树。

试验地于 1988 年主伐杉木清理后，明火炼山，块状整地，于 1989 年 1 月用 1 年生马尾松裸根苗定植。造林当年成活率在 99% 以上。试验采用随机区组设计，设 A（2m×3m）、B（2m×1.5m）、C（2m×1m）、D（1m×1.5m）4 个处理，重复 4 次，小区面积为 20m×30m，实行定时（每年年底）、定株、定位观测记录。测定内容包括胸径、树高、冠幅、枝下高、林木生长状况等，其中胸径全测，其他因子每个试验区样本数不少于 50 株。用胸高断面积平均法求林分平均胸径，采用 Logistic 曲线拟合胸径与树高关系并计算林分平均高，其他测试指标均采用实测法计算平均值。单株材积按广西马尾松二元材积公式求算。利用原木材积公式和马尾松树干削度方程计算材种出材量，并进行效益评价。用 IBM SPSS24.0 软件进行统计分析。

二、结果与分析

各试验处理、不同年份林分生长过程及各主要指标均值差异性见表 3-1。

（一）不同造林密度对林木生长的影响

造林密度的选择是人工林培育的重要措施，对林分在不同时期的林木种群数量有决定性作用，从而影响林分结构与生产力，直接影响培育目标能否实现及经营者的经济效益。为了比较不同造林密度的生长差异情况，本研究根据逐年调查资料进行方差分析（表 3-1）。

1. 不同造林密度对林分后期密度的影响

从表 3-1 的数据与图 3-1 曲线变化趋势的分析可知，各处理试验地的密度均随林龄的增长呈下降趋势，下降的速率与造林密度呈正相关。从图 3-1 的变化趋势可知，各处理随林龄增长林分密度有趋向一致的趋势。因林分 6 年生郁闭后生长竞争剧烈，6～11 年生高密度的 B、C、D 处理下降速度比低密度的 A 处理均要快；11～16 年生各处理的密度均减缓了自然稀疏速度，原因是经过幼龄林期的剧烈竞争淘汰，中龄林期后进入一个相对稳定的缓冲期，但 16 年生后又进入第二个稀疏高峰期。16～25 年生林分密度范围从 1550～4668 株·hm^{-2}，下降至 850～1084 株·hm^{-2}。25 年生时，除低密度的 A 处理外，B、C、D 密度几乎相同，约为 1000 株·hm^{-2}，并且各处理自然稀疏速度相近且平缓；到 33 年生时，A 处理为 500 株·hm^{-2}，B、C、D 处理分别为 667 株·hm^{-2}、633 株·hm^{-2}、650 株·hm^{-2}。这一规律说明初植密度差异并不能改变马尾松人工林最终的林分密度，单位面积的立木株数与林龄有显著的相关性。

2. 不同造林密度对树高生长的影响

密度对林分平均树高的影响比较复杂，相关研究得出的结论也不同。有些研究表明密度对树高生长有影响，但影响较小，在相当宽的一个中等密度范围内无显著影响。从树高生长资料与方差分析可知，密度对马尾松林分的平均树高生长无显著影响。33 年生时，A、B、C、D 密度处理的平均树高分别为 20.3m、19.6m、19.7m、20.0m。

表3-1　林分生长过程及各主要指标均值差异性

指标	处理	林龄/年								
		6	9	11	16	19	21	25	29	33
密度/(株·hm⁻²)	A	1650	1634	1584	1550	1384	1234	850	783	500
	B	3234	3067	2801	2717	2117	1784	1084	867	667
	C	4868	4351	3784	3617	2767	2017	1050	884	633
	D	6451	5684	4801	4668	3184	2217	1017	867	650
胸径/cm	A	9.7±1.1a	14.0±0.9a	15.6±0.8a	18.2±0.5a	20.6±0.7a	21.8±0.9a	25.8±1a	27.0±0.8a	29.6±1.2a
	B	7.8±0.6b	11.1±0.5b	12.6±0.5b	14.7±0.6b	17.4±0.6b	18.5±0.6b	22.9±1.5b	24.3±1.4b	27.6±1.1ab
	C	7.3±0.7bc	10.0±0.4c	11.3±0.5c	12.9±0.6c	15.3±0.8c	17.0±1.0c	21.4±1.2b	22.9±1.4b	25.7±0.8b
	D	6.8±0.3c	9.1±0.3d	10.4±0.4d	11.7±0.5d	14.5±1.0c	16.5±1.3c	21.6±1.8b	23.1±1.7b	26.2±1.6ab
树高/m	A	5.6±0.6a	8.2±0.9a	9.9±1.0a	13.2±1.1a	14.5±0.9a	15.6±0.8a	18.4±0.8a	18.7±0.7a	20.3±0.2a
	B	5.2±0.3a	8.0±0.4a	9.7±0.4a	12.8±0.2a	14.1±0.3a	15.3±0.4a	17.9±0.6a	18.2±0.4a	19.6±0.7a
	C	5.5±0.5a	8.2±0.5a	10.1±0.5a	12.9±0.7a	14.3±0.8a	15.6±0.7a	18.2±0.5a	18.5±0.6a	19.7±0.8a
	D	5.5±0.4a	8.2±0.4a	9.9±0.5a	12.9±0.5a	13.9±0.5a	15.5±0.5a	18.2±0.9a	18.5±0.6a	20.0±0.8a
单株材积/m³	A	0.024±0.007a	0.066±0.014a	0.095±0.017a	0.165±0.018a	0.227±0.023a	0.269±0.03a	0.426±0.044a	0.471±0.038a	0.603±0.045a
	B	0.015±0.002b	0.042±0.005b	0.063±0.006b	0.107±0.01b	0.162±0.012b	0.195±0.015b	0.335±0.052b	0.378±0.05b	0.509±0.05b
	C	0.014±0.003b	0.035±0.004bc	0.053±0.006bc	0.086±0.01c	0.129±0.017c	0.169±0.024c	0.299±0.04b	0.342±0.047b	0.452±0.041b
	D	0.012±0.002b	0.029±0.003c	0.044±0.005c	0.071±0.008c	0.113±0.018c	0.159±0.025c	0.306±0.059b	0.349±0.054b	0.476±0.068b
蓄积/(m³·hm⁻²)	A	39.2±12.6a	107.9±23.7a	151.5±30.6a	255.0±36.6a	312.3±32.2a	329.4±26.7a	357.4±39.0a	367.2±49.8a	298.4±60.1a
	B	47.2±8.1a	127.8±17.1ab	175.0±16.7ab	290.0±17.3ab	340.1±20.5ab	345.3±15.5a	354.1±5.4a	326.5±38.7a	341.2±43.5a
	C	66.7±15.4b	152.1±16.9b	200.9±17.4b	308.6±19.7b	352.1±19.9b	332.9±8.9a	306.7±41.0ab	294.3±46.9a	284.8±63.9a
	D	75.8±12.8b	164.4±16.5b	211.4±18.1b	328.1±22.5b	349.0±21.6b	339.5±37.4a	298.5±18.5b	292.9±27.5a	299.5±32.6a

注：同列数据后不同小写字母表示差异显著（$P < 0.05$）。

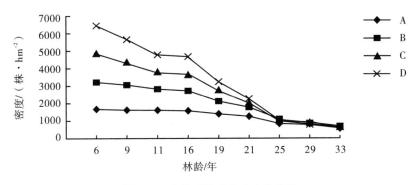

图 3-1　各处理林分密度变化曲线

3.不同造林密度对胸径生长的影响

直径是产量密度效应的基础，同时又是材种规格的重要指标。密度对直径的影响显著，这一点林学界普遍认同，但这个密度对直径的效应规律在林分进入成熟林后并不相符。本试验研究表明，林分郁闭后不同密度间胸径生长量一直表现出极显著差异，尤其是 10～20 年生处于胸径生长差异高峰期。但是 21 年生后除 A 处理外，B、C、D 3 个处理已无统计学上的差异，且随着林龄的增长差异逐步缩小；33 年生后 A 与 B、D 已无统计学差异，A、B、C、D 胸径值分别为 29.6cm、27.6cm、25.7cm、26.2cm。对 21 年生后胸径的实际数据进行分析，虽各处理胸径值差异在缩小，且 B、C、D 处理无统计学上的差异，但仍然存在实际数据的差距，因单株材积是胸径平方的函数，自然会影响单株材积的差异。根据图 3-2 胸径生长曲线趋势可知，不同初植密度林分后期胸径值逐步趋同。如果是培养长周期的大径材林，可以降低造林密度或减小间伐强度与减少间伐次数，以节约营林成本。

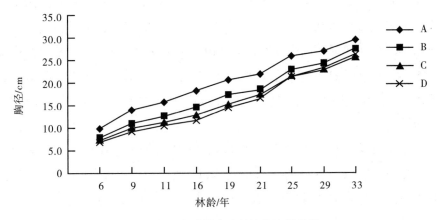

图 3-2　不同造林密度的胸径生长曲线

4.不同造林密度对单株材积生长的影响

立木的材积取决于胸径、树高、干形3个因子，而密度对这3个因子均有一定的影响。分析各处理逐年生长资料（表3-1）得知，不同造林密度单株材积在21年生前虽然表现出统计学上的差异，但差异随林龄的增长逐步缩小，主要表现在A、B与C、D之间。21年生时除A处理外，B、C、D处理已无统计学上的差异，同时实际数据也接近，A、B、C、D处理平均单株材积分别为0.269m³、0.195m³、0.169m³、0.159m³；33年生时仍然保持这种趋势，A、B、C、D处理平均单株材积分别为0.603m³、0.509m³、0.452m³、0.476m³，B、C、D处理的单株材积差异幅度从22.6%缩小至12.6%，A与B、C、D单株材积差异幅度从69.2%缩小至33.4%。根据图3-3单株材积曲线趋势可知，随着林龄的增长，后期不同密度处理的单株材积逐步趋同，表现出与胸径生长相似的规律。

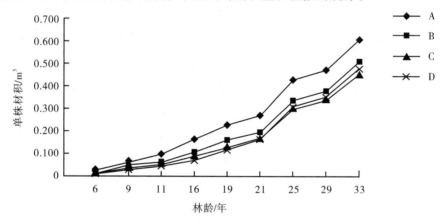

图3-3　不同初植密度的单株材积生长曲线

由表3-1分析可知，21年生前不同密度处理的蓄积生长差异显著，表现出与密度的正相关性。差异主要表现在A、B与C、D及A与B、C、D之间，但随着林龄的增长差异逐步缩小，21年生时不同密度处理的蓄积已无统计学上的差异，蓄积差异幅度从9年生时的53.3%缩小至21年生时的4.9%。21年生后虽然不同密度处理的蓄积表现出统计学上的无差异，但实际蓄积值发生了规律性的波动。这主要是林分发生了强烈的自然稀疏作用而引起。

根据图3-4的蓄积生长曲线变化趋势可知，前期各密度处理的蓄积随着林龄的增长而增大，后期A、B、C、D处理分别在29年生、25年生、19年生、19年生时达到峰值后出现下降的趋势。这是因为C、D均属于高密度，自然稀疏效应比低密度A、B处理来得快，蓄积的密度效应易于提前表达。这种林木蓄积对密度的反应规律，说明前期高密度林分并不能提升后期的木材蓄积量。

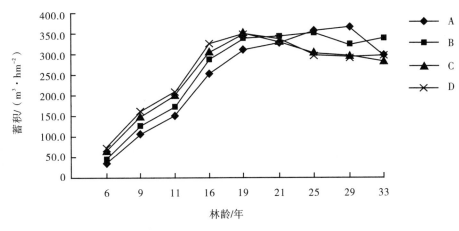

图 3-4　不同造林密度的蓄积变化曲线

5. 造林密度对冠幅生长的影响

许多研究表明树冠大小与直径紧密相关。从本研究逐年生长资料可知（表 3-2），林龄相同时冠幅随密度的增大而减小，但随着林龄的增长，16 年生后各密度的冠幅差异开始变小。同一密度级的冠幅有随林龄的增长而增大的趋势，但从 6 年生开始，因林分充分郁闭，出现自然整枝，使冠幅大小出现一定的波动，在 11 年生后各密度冠幅均有逐步变小并趋于稳定的趋势。方差分析表明，各处理间冠幅生长差异显著，11 年生前主要表现在 A 与 B、C、D 及 B 与 C、D 之间，11 年生后主要表现在 A 与 C、D 之间。

由逐年生长资料可知，同一密度级林分在郁闭后（5 年生后）重叠度变化与冠幅一样有一定的波动，7 年生前重叠度随密度的增大而增大，7 年生后规律不明显。经方差分析发现，重叠度在 4～7 年生时不同造林密度间差异明显，7 年生后差异不显著，这可能是在一定的营养空间内，林分郁闭后其树冠面积总和趋向一定的饱和值所致。

6. 造林密度对干形的影响

营造用材林时选择的密度应有利于自然整枝、干形通直饱满和较小的冠高比，林龄相同时冠高比愈小愈好。经资料分析发现，同一密度级林分随林龄的增长冠高比减小，林龄相同时冠高比随密度的增大而减小，但随林龄的增长冠高比差异变小。表 3-3 方差分析表明，冠高比在 4 年生以后一直表现出显著差异，主要表现在 A 与 B、C、D 之间，11 年生后冠高比差异开始变小，21 年生时已无显著差异。

立木的高径比是林木的重要形质指标之一，与木材的质量与经济效益密切相关。林分郁闭后同一密度级的高径比随林龄的增长而增大，林龄相同时，高径比随密度的增大而增大。方差分析表明，各处理间的高径比差异两两间均显著。因此，对于工业用材应适当密植，以降低树干尖削度。

表3-2 不同造林密度马尾松林分形质指标变化过程

指标	处理	林龄/年												
		2	3	4	5	6	7	8	9	10	11	16	19	21
冠幅/m	A		1.53	2.17	3.17	3.34	3.47	3.09	3.70	3.08	4.04	2.86	2.71	2.86
	B		1.25	1.79	2.69	2.87	2.66	2.66	3.16	2.68	3.02	2.30	2.47	2.59
	C		1.35	1.80	2.66	2.46	2.43	2.04	3.00	2.49	2.78	2.39	2.08	2.31
	D		1.27	1.68	2.48	2.52	2.29	1.93	2.47	2.26	2.50	2.11	2.19	2.44
重叠度	A			0.56	1.26	1.40	1.52	1.19	1.73	1.19	2.02	0.88	0.69	0.74
	B			0.76	1.75	2.00	1.68	1.72	2.33	1.66	2.02	0.88	0.84	0.85
	C			1.18	2.60	2.21	2.12	1.54	3.04	1.99	2.27	1.21	0.69	0.75
	D			1.35	2.97	3.15	2.48	1.77	2.76	2.25	2.33	1.10	0.80	0.88
冠高比	A			0.89	0.88	0.76	0.80	0.73	0.67	0.56	0.50	0.39	0.29	0.23
	B			0.87	0.87	0.69	0.73	0.65	0.55	0.49	0.44	0.32	0.27	0.27
	C			0.86	0.82	0.63	0.68	0.61	0.49	0.47	0.41	0.31	0.23	0.25
	D			0.83	0.79	0.62	0.67	0.58	0.49	0.46	0.41	0.29	0.22	0.21
高径比	A			69.50	62.80	58.90	59.20	58.80	60.00	62.40	64.70	74.23	72.09	71.09
	B			77.50	72.60	70.70	69.30	74.10	74.60	78.30	79.40	90.98	83.71	83.15
	C			79.90	77.80	79.20	79.70	84.50	86.00	88.70	91.60	103.32	97.26	94.17
	D			81.70	83.70	86.20	88.80	93.40	95.60	97.60	99.40	114.65	101.31	96.78
胸径变动系数	A		0.34	0.31	0.30	0.21	0.26	0.27	0.27	0.28	0.26	0.31	0.28	0.26
	B		0.37	0.37	0.36	0.35	0.35	0.36	0.35	0.34	0.33	0.38	0.31	0.29
	C		0.34	0.33	0.34	0.35	0.35	0.35	0.33	0.31	0.30	0.36	0.32	0.29
	D		0.33	0.32	0.33	0.36	0.36	0.35	0.35	0.34	0.32	0.39	0.35	0.31

表3-3　不同造林密度马尾松林分生长指标方差分析

指标	林龄/年						
	2	3	4	5	6	7	8
胸径变动系数		0.52	0.85	2.1	2.27	3.80*	4.06*
冠幅			21.74**	5.79*	10.86**	16.16**	13.67**
重叠度			29.23**	13.38**	10.08**	8.23**	1.25
冠高比			13.90**	38.97**	13.64**	14.10**	11.91**
高径比			7.46**	34.04**	131.92**	146.55**	122.39**

指标	林龄/年					
	9	10	11	16	19	21
胸径变动系数	4.07*	3.65*	6.02**	11.10**	8.49**	1.97
冠幅	4.40*	5.20*	34.12**	5.98**	6.91**	3.96*
重叠度	2.43	1.4	1.15	2.32	1.16	1.13
冠高比	9.34**	4.99*	10.11**	3.56*	6.64**	1.15
高径比	142.55**	126.61**	126.37**	86.14**	43.05**	32.36**

注：＊表示显著水平，＊＊表示极显著水平。

7. 造林密度的起始间伐期

林分直径和断面积连年生长量的变化能明确反映出林分的密度状况，因此直径和断面积连年生长量的变化可以作为是否需要进行第1次间伐的指标。本研究材料表明，初始间伐期随着密度的增大而提前。从表3-4可知，C、D两种密度从第6年开始胸径与断面积的连年生长量已明显下降，所以在该立地条件下，若培育建筑材，可将第7～8年定为C、D两种密度的初始间伐期。同样，B密度第7年时断面积连年生长量开始明显下降，可将第8～10年作为B密度的初始间伐期。A密度第10年开始胸径与断面积的连年生长量已明显下降，可将11年作为A密度的初始间伐期（图3-5、图3-6）。

表3-4　不同造林密度的胸径与断面积连年生长量

指标	处理	林龄/年					
		3	4	5	6	7	8
胸径/cm	A	1.77	2.58	2.43	2.27	1.56	1.38
	B	1.60	2.22	2.02	1.69	1.34	0.94
	C	1.72	2.08	1.77	1.27	1.01	0.73
	D	1.70	1.99	1.54	1.13	0.89	0.61
断面积/cm²	A	4.21	14.95	23.63	30.45	25.62	25.85
	B	2.56	10.21	16.02	18.32	17.71	14.11
	C	3.48	10.42	14.21	13.23	12.33	9.91
	D	3.34	9.67	11.75	10.99	10.07	7.62

续表

指标	处理	林龄/年					
		9	10	11	12～16	17～19	20～21
胸径/cm	A	1.34	0.70	0.92	0.67	0.76	0.45
	B	1.09	0.64	0.82	0.67	0.77	0.33
	C	0.96	0.76	0.57	0.55	0.83	0.41
	D	0.77	0.63	0.69	0.58	0.91	0.54
断面积/cm²	A	27.96	15.73	21.84	18.21	24.02	15.35
	B	18.10	11.49	15.67	15.00	20.85	9.81
	C	14.30	12.35	9.86	11.03	20.21	11.01
	D	10.45	9.24	10.84	10.89	21.02	14.09

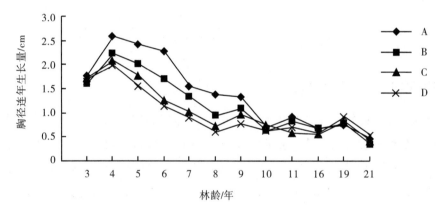

图3-5 马尾松胸径连年生长量变化曲线

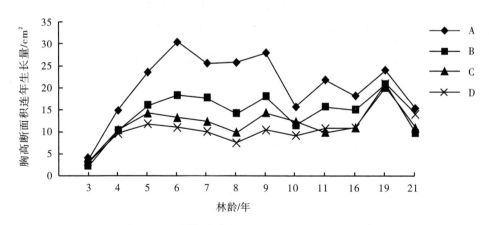

图3-6 马尾松胸高断面积连年生长量变化曲线

（二）造林密度对林分结构与出材量的影响

造林密度对林分生长各时期的保存密度有着决定性的影响，进而影响林分不同时期的自我调控力与林分生产力。生产中应选择适宜的造林密度，以利于林分结构的优化与林分生产力的提高。

1. 密度对径阶株数分布的影响

因密度影响林分直径生长，自然也影响林分的直径结构规律，探讨密度对径阶株数分布的影响对营林工作十分有益。各处理株数按径阶分布情况见表3-5。

综合表3-5与图3-7、图3-8分析可知，各处理前期林木以中小径材为主，但随着林龄的增长，各处理的林木密度趋同并逐步向胸径26cm以上的大径材聚集。

表3-5　各处理株数与蓄积按径阶分布情况

林龄/年	处理	径阶株数 /（株·hm⁻²）				合计	径阶蓄积 /（m³·hm⁻²）				合计
		6～16	18～24	26～28	≥30		6～16	18～24	26～28	≥30	
16	A	717	717	100	17	1551	61.8	159.2	35.2	6.5	262.7
	B	1917	717	33	17	2684	135.7	146.4	14.0	4.3	300.4
	C	3051	483	17	0	3551	210.2	101.5	6.3	2.2	320.2
	D	4017	467	17	0	4501	237.9	95.5	3.5	2.0	338.9
19	A	483	633	217	67	1400	49.0	151.4	84.7	34.8	319.9
	B	1150	834	83	33	2100	105.7	188.0	32.7	22.5	348.9
	C	2017	683	50	17	2767	173.5	159.7	21.2	12.3	366.7
	D	2450	650	67	17	3184	182.4	149.9	24.2	7.3	363.8
21	A	300	583	250	100	1233	34.2	144.7	105.7	51.7	336.2
	B	783	834	117	50	1784	81.2	198.7	42.5	30.0	352.4
	C	1250	667	67	17	2001	131.5	164.2	30.8	13.2	339.7
	D	1450	667	100	17	2234	136.7	162.5	39.2	11.0	349.4
25	A	67	367	183	233	850	7.5	106.5	88.5	161.2	363.7
	B	217	567	183	117	1084	28.8	162.7	85.2	86.2	362.9
	C	283	533	150	83	1049	38.3	148.7	68.7	57.5	313.2
	D	267	550	117	100	1034	34.5	152.9	53.0	66.0	306.4
29	A	33	333	167	267	800	4.0	99.5	78.5	192.9	374.9
	B	83	450	200	150	883	12.0	126.9	94.5	101.4	334.8
	C	183	450	150	83	866	25.2	127.4	76.8	72.0	301.4
	D	167	467	117	133	884	22.5	136.7	52.8	88.4	300.4
33	A	17	150	100	250	517	1.7	51.2	46.7	205.0	304.6
	B	0	267	200	200	667	0.7	82.7	95.7	169.0	348.1
	C	67	283	117	167	634	11.0	85.5	62.5	135.5	294.5
	D	33	317	133	167	650	6.2	99.7	66.8	133.4	306.1

21 年生前林木保存密度与初植密度呈正相关性，林木以胸径 24cm 以下的中小径材为主，21 年生后因自然稀疏密度趋同，为保留下来的林木提供了相似的生长空间，导致各处理的大径阶林木株数逐步接近。25 年生时，A、B、C、D 处理密度分别为 850 株·hm^{-2}、1084 株·hm^{-2}、1049 株·hm^{-2}、1034 株·hm^{-2}，胸径 26cm 以上的林木株数分别为 416 株·hm^{-2}、300 株·hm^{-2}、233 株·hm^{-2}、217 株·hm^{-2}，到 33 年生时变为 350 株·hm^{-2}、400 株·hm^{-2}、284 株·hm^{-2}、300 株·hm^{-2}，其中 B 处理的株数超过 A 处理，而且 A、B 处理处于 18～24cm 的林木分别为 150 株·hm^{-2}、267 株·hm^{-2}，后期 B 处理有较多的林木向上生长进级。综合分析，A、B、C、D 处理密度 30 年生后林木密度与林木规格出现趋同的规律。

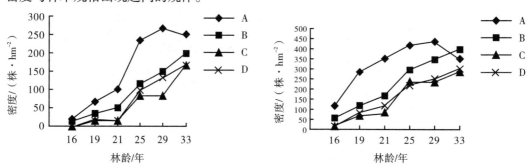

图 3-7　各处理胸径 30cm 以上优势木密度变化曲线　图 3-8　各处理胸径 26cm 以上优势木密度变化曲线

2. 造林密度对出材量的影响

计算出材量时应采取密切联系生产的方法，以南方普遍采用的 2m 原木检尺长为造材标准，利用马尾松削度方程求出从地面开始每上升 2m 处的去皮直径，即该 2m 处的小头检尺径，先分径阶求出林分各径阶规格材种出材量，再把各径阶规格相同的材积相加，得到林分各径阶规格材的材积，最后把所有材种材积相加，得出林分总出材量，具体见表 3-6。

表 3-6　不同造林密度林分的材种出材量　　　　　单位：m^3·hm^{-2}

林龄 /年	处理	原木径阶 /cm						合计
		4～6	8～12	14～18	20～24	26～28	≥ 30	
16	A	10.1	63.0	97.8	42.9	2.4	0.0	216.2
	B	26.1	105.5	95.4	19.7	1.8	0.0	248.5
	C	40.8	138.6	76.7	10.2	0.5	0.0	266.8
	D	59.7	146.4	68.1	8.7	0.9	0.0	283.8

续表

林龄 /年	处理	原木径阶 /cm						合计
		4～6	8～12	14～18	20～24	26～28	≥30	
19	A	8.0	56.9	109.2	81.6	10.5	2.4	268.6
	B	16.1	96.3	125.6	45.8	6.0	1.8	291.6
	C	26.6	135.8	112.2	30.2	4.2	0.6	309.6
	D	34.4	135.3	103.5	29.9	2.4	0.6	306.1
21	A	7.1	49.7	112.4	98.6	14.9	3.8	286.5
	B	13.8	87.0	129.8	56.9	9.3	2.0	298.8
	C	17.3	108.6	118.1	39.9	4.2	1.4	289.5
	D	21.0	116.6	115.7	40.7	3.3	1.4	298.6
25	A	4.4	30.5	94.5	118.8	51.5	19.7	319.4
	B	6.8	48.0	119.9	102.6	24.6	14.9	316.8
	C	7.2	54.0	111.0	77.1	16.8	7.7	273.8
	D	6.8	51.2	110.3	73.1	20.3	6.3	268.0
29	A	3.9	26.7	84.9	124.2	58.8	31.8	330.3
	B	4.7	34.8	98.4	105.2	32.4	18.0	293.5
	C	5.7	41.1	98.3	84.5	22.5	12.3	264.4
	D	5.3	39.3	99.6	81.5	28.1	9.8	263.6
33	A	2.3	16.2	52.8	86.6	54.3	60.8	273.0
	B	3.5	22.4	76.8	114.8	51.2	40.7	309.4
	C	3.8	25.1	74.7	91.7	35.1	32.3	262.7
	D	3.5	24.5	78.6	96.9	37.5	32.1	273.1

主要计算公式如下：

削度方程：

$$d/D_{0.1} = C_0(1-h/H) + C_1(1-h/H)^2 + C_2(1-h/H)^3 \tag{1}$$

$$D_{0.1} = 0.99276\ D_g^{0.98183937}\ H^{0.02268117} \tag{2}$$

式中，d 为某一材种的小头去皮直径；h 为地面到 d 处的树高（此处 h 分别为 2m、4m、6m……）；$D_{0.1}$ 为 1/10H 处的去皮直径；H 为树高；D_g 为胸径；$C_0 = 2.242861$；$C_1 = -1.744034$；$C_2 = 0.5417106$。

根据胸径（D_g）和树高（H），首先由（2）式计算出 $D_{0.1}$，然后将相应指标回代到（1）式，便可求出 h 处的 d，进而由原木材积公式便可计算各段原木材积。

原木材积公式：

$$V_1=0.7854L\left(D+0.45L+0.2\right)^2/10000\left(4cm\leqslant D\leqslant 12cm\right)$$

$$V_2=0.7854L\left[D+0.5L+0.005L^2+0.000125L\left(14-L\right)^2\left(D-10\right)\right]^2/10000\left(D\geqslant 14cm\right)$$

式中，V 为材积；D 为检尺径；L 为检尺长。

根据表 3-6 及图 3-9 至图 3-12 分析可知，21 年生前各处理以中小径材为主，21 年生后 26cm 以上的大径材产量逐步增加，大径材产量与密度呈负相关性；但 29 年生后低密度的 A 处理产量增加速度逐步低于高密度的 B、C、D 处理，大径材产量差距逐步缩小。各处理 20cm 径阶以下的小径材 21 年生后产量逐步减少并趋同，高密度的 B、C、D 处理几乎相等。20～24cm 的中径材也表现出同样的趋同规律。

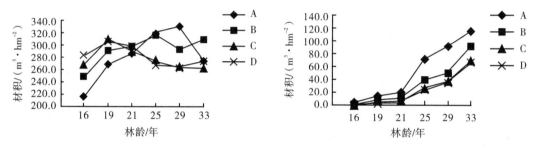

图 3-9　各处理林分总出材量变化曲线　　　图 3-10　各处理 26cm 以上大径材总出材量变化曲线

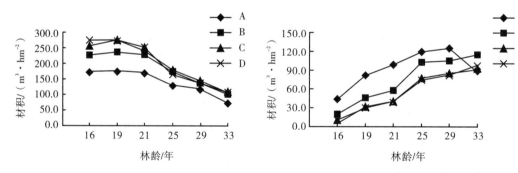

图 3-11　各处理 ≤ 18cm 径阶原木材积曲线　　图 3-12　各处理 20 ～ 24cm 径阶原木材积曲线

（三）造林密度对林分经济效益的影响

根据不同规格的马尾松木材市价核算木材产值，见表 3-7。由表中数据与图 3-13 分析可知，随着林龄的增长各处理的木材产值同步增长，21 年生前木材产值总体上与密度呈正相关性，C、D 处理产值在 19 年生左右达到峰值后有所下降；A 处理在 29 年生左右达到峰值后有所下降，21～29 年生低密度 A 处理产值一直保持最高；29 年生前 C、D 处理产值接近，29 年生时产值相同。这一点与木材产量及规格的变化规律相符合，说明增大初植密度并不能提高后期的经济效益。

表3-7　不同密度处理的木材产值①　　　　　　　　　单位：万元·hm⁻²

处理	林龄/年					
	16	19	21	25	29	33
A	13.7	17.8	19.3	22.8	24.0	20.7
B	14.8	18.3	19.0	21.7	20.6	22.7
C	15.2	18.6	17.9	18.3	18.1	19.0
D	15.9	18.2	18.3	18.0	18.1	19.8

注：①木材单价：检尺径 4～6cm 450 元/m³、8～12cm 550 元/m³、14～18cm 650 元/m³、20～24cm 750 元/m³、26～28cm 800 元/m³、30～34cm 900 元/m³、≥36cm 1000 元/m³。

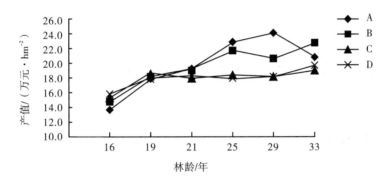

图3-13　各处理≤18cm 径阶原木材积曲线

结合马尾松间伐试验材料可知，培育31年生后林分已进入过熟状态，林分的产值增长量极小，因此30年生后马尾松人工林密度保存在600～650株·hm⁻²之间后期经济效益较好，但具体造林密度还应考虑培育目标与工艺成熟龄。

三、结论

（1）不同初植密度的林分密度均随林龄的增长呈下降并且有趋向一致的趋势，林分6～11年与16～25年为自然稀疏高峰期，随后各处理稀疏速度相近且平缓，这一规律说明初植密度差异并不能改变马尾松人工林最终的林分密度。密度对马尾松林分的平均树高生长无显著影响。

（2）21年生前不同密度间胸径生长量一直表现出极显著差异，但是21年生后随着林龄的增长差异逐步缩小。不同初植密度林分后期胸径值逐步趋同，如果是培养长周期的大径材林，可以降低造林密度或减小间伐强度与减少间伐次数，以节约营林成本。不同造林密度单株材积21年生前与密度呈负相关性，后期单株材积逐步趋同，表现出与胸径相似的规律。林分蓄积21年生前表现出与密度的正相关性，然后蓄积逐步趋同，说明前期高密度林分并不能提升后期的木材蓄积量。

（3）各处理30年生前林木以中小径材为主，随着林龄的增长，30年生后林木密度与林木规格出现趋同的规律，同时林分的产值增长量极小，因此30年生后马尾松人工林密度保存在600～650株·hm^{-2}之间后期经济效益较好。这说明增大初植密度并不能提高后期的经济效益，具体造林密度还应考虑培育目标与工艺成熟龄。

（4）综合林分生长状况与效益评价，可知高密度造林后期很难提高出材量与经济效益。因此，在营林生产中应根据培育目标选择科学的造林密度。从发展的观点来看，培育短周期工业用材（如纸浆材、纤维原料材）时造林密度可选取2200～2500株·hm^{-2}，有利于缩短轮伐期，培育大、中径材时造林密度宜选择1800～2200株·hm^{-2}。

第二节　马尾松中龄林间伐研究

一、材料与方法

试验林设在广西凭祥市中国林业科学研究院热带林业实验中心伏波实验场，东经106°50′，北纬22°10′，海拔130～1045m，以低山地形为主，年均气温21℃，年均降水量1500mm，属南亚热带季风气候区。试验林为1983年春营造，西南坡向，中部坡位，造林密度3600株·hm^{-2}。1991年（8年生）林分保存密度平均为3400株·hm^{-2}，平均树高为8.11m，平均胸径为9.7cm，平均蓄积为115.12m^3·hm^{-2}。该年春季设置不同间伐强度的对比试验，分高度、中度、低度3种间伐强度与对照4种处理，分别标记为A、B、C、D，同时设置B$_1$、C$_1$、D$_1$处理，保留密度与对应的B、C、D处理相同，随机区组排列，重复4次，共28个试验小区，每小区面积为600m^2。为保证试验环境的一致性，同一重复区组的试验小区尽量保持在同一等高线上。17年生时根据生长情况对B$_1$、C$_1$、D$_1$按25%、35%、40%的间伐强度进行第2次间伐，但A、B、C、D处理不间伐，保持自然稀疏状态，以此观测间伐1次与2次对林分生长影响的差异，一直连续观测到35年生。具体试验林保存密度情况见表3-8。

表3-8　间伐试验保存密度

间伐次数	林龄/年	密度/（株·hm^{-2}）						
		A	B	C	D	B$_1$	C$_1$	D$_1$
第1次	8	1200	2000	2800	3400	2000	2800	3400
第2次	17	1134	1850	2450	2767	1484	1784	1767

实行定时（每年年底）、定株、定位观测记录，测定内容包括胸径、树高、冠幅、枝下高、林木生长状况等。按广西马尾松二元材积公式求算单株材积，利用马尾松削度方程和原木材积公式计算各规格材种的出材量，用 IBM SPSS24.0 软件进行统计分析。

二、结果分析

（一）间伐对林分密度的影响

表3-9　林分密度变化过程 单位：株·hm⁻²

处理	林龄 / 年										
	9	11	13	15	17	20	22	25	28	32	35
A	1167	1167	1167	1150	1134	1134	1067	1034	884	733	650
B	2000	1990	1984	1934	1850	1817	1634	1434	1167	884	767
C	2834	2801	2784	2684	2450	2350	1817	1684	1350	1017	917
D	3389	3355	3317	3234	2767	2417	1834	1717	1484	1117	967
B_1	2017	2017	2017	1984	1484	1401	1350	1267	1167	934	834
C_1	2834	2817	2767	2701	1784	1644	1434	1400	1284	1034	900
D_1	3234	3217	3151	3001	1767	1621	1400	1367	1334	1067	884

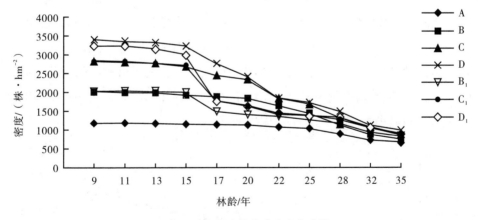

图3-14　各处理林分密度变化曲线

从表3-9的数据与图3-14曲线变化趋势的分析可知，在9～16年生间各处理的密度均随林龄的增长呈下降趋势，在17年生时 B_1、C_1、D_1 处理第2次间伐后，17～35年生间其密度下降趋势对比 B、C、D 均更平缓；但各处理随林龄的增长林分密度有趋向一致的趋势，从28年生开始，除 A 处理外，其他6个处理的密度已非常相近。17年生间伐后林分密度范围为 1134～2767 株·hm⁻²，35年生时缩小至 650～967 株·hm⁻²。

这一规律与其他相关研究结论类似，说明有限强度的间伐对林分进行干预并不能改变马尾松人工林最终的林分密度，单位面积的立木株数与林龄有显著的相关性。

(二) 间伐对林分生长的影响

1.间伐对树高生长的影响

根据表 3-10 分析可知，除 A 处理因初次间伐强度大、保留木树高有一定的优势外，其他处理的平均树高整体趋势无显著差异性。22 年生时各处理均无统计学方面的差异，树高范围为 15.1～15.8m。后期除 A 处理外，其他处理均无显著差异，35 年生时平均树高范围为 18.4～19.9m。由此可知，有限强度的间伐对树高无显著影响。

2.间伐对林分胸径生长的影响

根据表 3-10 与图 3-15 可知，各处理 28 年生前胸径值差异显著，大都与密度呈负相关性，但至 28 年生时，除 A 处理外，其他 6 个处理胸径值总体趋于相近，大部分处理的胸径平均值在统计学方面已无显著差异。

值得注意的是，32 年生时，A 处理胸径为 28.4cm，B、C、D 处理胸径分别为 26.2cm、25.3cm、24.5cm，B_1、C_1、D_1 处理胸径分别为 24.8cm、24.2cm、24.3cm，除 A 处理外，大部分处理的胸径值虽然没达到统计学方面的差异，但经过第 2 次间伐的 B_1、C_1 处理胸径值已小于对照的 B、C，并且 D_1 胸径平均值与间伐 1 次的对照 D 几乎相等。结合表 3-9 的密度数据材料，在林分密度基本接近的情况下胸径值出现这种现象，说明人工间伐 2 次选择保留的目标树胸径生长量不如早期只间伐 1 次的林木。

各林龄阶段的胸径定期生长量曲线图（图 3-16）也表现出相应的变化规律，B_1、C_1、D_1 在 17 年生间伐后，胸径定期生长量显著大于对应的 B、C、D，但 22 年生后 B_1、C_1、D_1 的生长量已小于对应的 B、C、D。

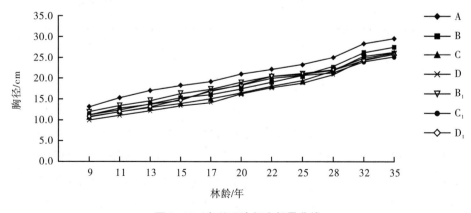

图 3-15　各处理胸径生长量曲线

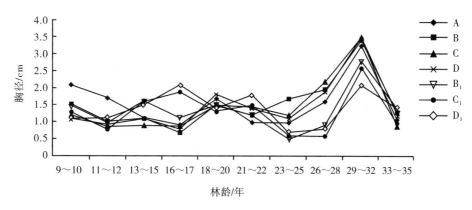

图 3-16 各处理胸径定期生长量曲线

3.间伐对单株材积的生长影响

根据表 3-10 与图 3-17 的单株材积数据分析可知，8 年生与 17 年生间伐后，各处理间的单株材积差异随着林龄的增长逐步缩小。第 1 次间伐生长至 15 年生时，除 A、B_1 处理外，B、C、D、C_1、D_1 已无显著差异，此时 A 处理单株材积为 $0.157m^3$，B、C、D 处理分别为 $0.104m^3$、$0.092m^3$、$0.081m^3$，对应的 B_1、C_1、D_1 单株材积分别为 $0.108m^3$、$0.093m^3$、$0.089m^3$。B_1、C_1、D_1 处理在 17 年生第 2 次间伐后，22 年生前与对照的 B、C、D 单株材积差异显著，但生长至 22 年生时单株材积除 A、D_1 处理外，B、C、D、B_1、C_1 处理已无显著差异。32 年生时单株材积表现出与胸径值相似的变化规律，B_1、C_1、D_1 处理单株材积已小于对照的 B、C、D，证明在后期林分密度相近的情况下，间伐 2 次后选择保留的目标树与间伐 1 次的林分或自然竞争选择保留的林木相比，并无单株材积生长的优势。

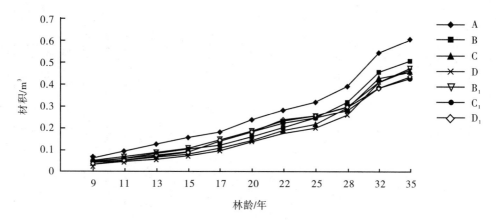

图 3-17 各处理单株材积生长曲线

表3-10　林分生长过程及各指标均值差异性

指标	处理	林龄/年 9	11	13	15	17	20	22	25	28	32	35
树高/m	A	9.0±0.3a	10.4±0.3a	11.2±0.3a	12.4±0.5a	13.1±0.3a	14.7±0.8a	15.8±0.8a	16.2±0.9a	17.6±0.6a	19.6±0.8a	19.9±1.3a
	B	8.2±0.8b	9.6±0.6ab	10.4±0.9ab	11.9±0.6ab	12.4±0.8a	13.6±0.8b	15.1±0.7a	15.6±0.6ab	16.9±0.4ab	18.9±0.9ab	19.2±0.5ab
	C	8.3±0.5ab	10.0±0.5ab	10.5±0.5ab	12.1±0.6ab	12.5±0.6a	14.0±0.5ab	15.6±0.6a	15.9±0.8ab	17.0±0.4ab	18.5±0.8b	18.8±0.4ab
	D	8.3±0.2ab	9.8±0.4ab	10.2±0.2b	11.7±0.2ab	12.1±0.2b	13.6±0.2b	15.1±0.4a	15.6±0.9b	16.4±0.5b	18.2±0.6b	18.4±1.2b
	B_1	8.1±0.6b	9.4±0.7b	10.1±0.6b	11.5±0.7b	12.3±0.6a	13.7±0.9b	15.2±1.2a	15.9±0.7ab	17.2±0.8ab	18.8±0.5ab	19.6±0.8a
	C_1	8.3±0.4ab	9.7±0.4ab	10.2±0.5b	11.4±0.6b	12.5±0.5a	14.0±0.5ab	15.2±0.5a	15.6±0.7ab	16.8±0.7ab	18.6±0.8ab	19.0±1.0ab
	D_1	8.2±0.6ab	9.5±0.7b	10.2±0.6b	11.4±0.5b	12.8±0.8a	14.1±0.5ab	15.4±0.8a	15.4±0.6ab	16.8±0.6ab	18.2±0.6b	18.4±0.3b
胸径/cm	A	13.1±0.3a	15.3±0.4a	17.1±0.6a	18.3±0.6a	19.3±0.7a	21.1±0.8a	22.2±1.1a	23.3±1.7a	25.0±1.9a	28.4±2.2a	29.6±2.3a
	B	11.2±0.8bc	12.8±0.7b	13.9±0.9bc	15.1±0.8c	15.9±0.6c	17.5±0.7c	18.8±0.9c	20.6±1.1b	22.7±1.2b	26.2±1.6b	27.6±1.5b
	C	10.7±0.3c	12.0±0.3c	13.0±0.4cd	14.0±0.3d	15.0±0.4d	16.5±0.4d	18.1±0.3c	19.4±0.3c	21.7±1.2bc	25.3±1.8bc	26.3±1.4bc
	D	10±0.3d	11.2±0.5d	12.2±0.5d	13.4±0.6d	14.3±0.4d	16.2±0.3d	17.7±0.6c	18.9±0.8c	20.9±0.8c	24.5±1.2c	25.8±1.0c
	B_1	11.8±0.2b	13.4±0.2b	14.5±0.2b	16.2±0.5b	17.4±0.3b	19.0±0.4b	20.3±0.2b	20.9±0.3b	21.9±0.3b	24.8±0.8b	26.3±1.5bc
	C_1	11.1±0.1c	12.5±0.1c	13.4±0.2c	15.1±0.2c	17.1±0.3b	18.5±0.3bc	20.1±0.4b	20.8±0.3b	21.5±0.5bc	24.2±0.9c	25.3±1.0c
	D_1	10.8±0.5c	12.0±0.5c	13.2±0.5c	14.8±0.6cd	17.0±1.0b	18.5±1.2bc	20.4±1.0b	21.2±0.8b	22.1±0.5bc	24.3±0.8c	25.8±0.7c
单株材积/m^3	A	0.064±0.003a	0.096±0.006a	0.127±0.009a	0.157±0.014a	0.184±0.016a	0.241±0.029a	0.283±0.035a	0.322±0.054a	0.393±0.067a	0.548±0.096a	0.607±0.122a
	B	0.045±0.008bc	0.065±0.009bc	0.083±0.013bc	0.104±0.016bc	0.124±0.0104c	0.163±0.017bc	0.202±0.022c	0.248±0.029b	0.320±0.034b	0.460±0.066b	0.512±0.055b
	C	0.041±0.004c	0.058±0.005c	0.073±0.006c	0.092±0.007c	0.111±0.007cd	0.147±0.010c	0.192±0.012c	0.222±0.012b	0.292±0.034bc	0.427±0.065b	0.463±0.055b
	D	0.036±0.002c	0.051±0.005c	0.064±0.004c	0.081±0.006c	0.100±0.006d	0.140±0.006c	0.178±0.014c	0.203±0.022c	0.265±0.024c	0.394±0.045c	0.438±0.071b
	B_1	0.048±0.004b	0.068±0.005b	0.087±0.005b	0.108±0.005b	0.145±0.007b	0.187±0.012b	0.232±0.016bc	0.257±0.010b	0.299±0.014bc	0.413±0.029b	0.476±0.047b
	C_1	0.044±0.002bc	0.061±0.002bc	0.075±0.005c	0.093±0.005b	0.141±0.011b	0.182±0.011b	0.227±0.012bc	0.249±0.013b	0.283±0.017bc	0.388±0.038b	0.430±0.041b
	D_1	0.042±0.005bc	0.057±0.007c	0.074±0.008c	0.089±0.009c	0.143±0.020b	0.182±0.026b	0.237±0.029b	0.257±0.027b	0.300±0.022bc	0.385±0.033b	0.436±0.033b

续表

指标	处理	林龄/年										
		9	11	13	15	17	20	22	25	28	32	35
蓄积/(m³·hm⁻²)	A	73.8±2.3c	111.2±5.7b	147.1±8.0b	179.6±13.3b	208.7±13.5b	270.7±24.8b	298.8±29.3a	329.7±50.2a	344.4±46.0a	396.2±67.1a	389.0±58.1a
	B	89.5±15.4bc	129.2±19.8b	164.5±27.4b	201.8±39.2b	229.8±41.6b	294.8±40.9b	329.3±50.7a	356.3±50.4a	374.9±50.7a	403.0±52.0a	390.2±43.5a
	C	116.9±10.5ab	162.9±13.0ab	204.1±20.0ab	244.2±25.9a	271.8±20.4a	345.4±21.0a	347.4±26.8a	341.6±85.5a	389.2±13.0a	425.7±32.0a	420.0±19.0a
	D	122.0±7.6a	171.1±6.6a	212.1±4.0a	252.0±6.8a	275.6±5.4a	335.8±38.2ab	325.6±35.2a	345.4±49.9a	389.2±37.5a	435.7±52.4a	417.1±48.8a
	B₁	96.7±7.7b	137.5±10.7b	174.3±8.4b	205.1±8.4b	214.6±25.3b	282.1±32.7b	311.5±32.7a	321.9±49.2a	344.8±51.9a	384.7±62.6a	390.4±70.3a
	C₁	125.4±6.5a	172.8±6.6a	207.5±10.5ab	242.0±12.3ab	250.6±4.6ab	325.1±8.9ab	324.9±9.9a	348.9±14.0a	362.2±18.0a	400.6±41.4a	387.8±37.0a
	D₁	137.4±31.7	183.8±39.7a	234.1±46.4a	257.7±45.8a	253.4±31.1a	326.1±42.4ab	331.8±45.3a	350.8±47.9a	397.8±45.4a	410.4±71.0a	382.8±66.6a

注：同列数据后不同小写字母表示差异显著（P＜0.05）。

4. 间伐对蓄积的生长影响

林分密度与单株材积决定了林分蓄积，结合表3–9、表3–10与图3-18分析可知，20 年生前蓄积与林分密度呈正相关性，但随着林龄的增长，林分密度与单株材积差异逐步缩小，从而导致各处理的蓄积差异逐步缩小。在 22 年生时虽然各处理的蓄积还有一定的差异，但已无统计学方面的差异，说明林分生长到一定的年龄后，林分密度、单株材积、单位面积蓄积量都体现出相似的趋同性。因 20 年生左右马尾松人工林处于自然稀疏剧烈的中龄林及近熟林期，高密度的 C、D 处理分别在 22 年生与 25 年生蓄积少量减少，但不影响蓄积整体趋同的规律。这说明在营林生产工作中前期的密度与后期的蓄积无明显的正相关性，培养大、中径材林时减小造林密度以及减少间伐次数与减小间伐强度可以节省营林投入。35 年生时林分蓄积除 B_1 处理外，其余 6 个间伐处理的蓄积生长量均已呈现负增长，说明自然稀疏造成枯损，林分已达过熟状态。

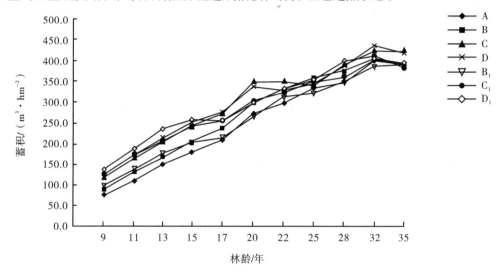

图 3-18　各处理蓄积生长曲线

（三）间伐对林分材种规格与效益的影响

1. 间伐对林分结构的影响

各间伐处理的林木株数与蓄积按胸径径阶分布见表 3–11。

表3-11　各间伐处理的林木株数与蓄积按胸径径阶分布统计

林龄 /年	参数	处理	径阶 /cm				
			6～8	10～16	18～24	26～28	≥ 30
20	株数占比 /%	A	1	0	23.5	58.8	13.2
		B	2	4.6	49.5	38.5	6.4
		C	3	4.9	58.2	31.2	4.3
		D	4	5.5	59.3	31.0	2.8
		B_1	5	0	42.8	46.2	7.7
		C_1	6	0	44.4	49.1	5.6
		D_1	7	1.9	39.8	52.8	4.6
	蓄积占比 /%	A	0	10.7	58.5	20.8	10.0
		B	0.8	29.1	51.7	15.2	3.2
		C	1.2	37.9	46.9	10.1	3.9
		D	1.1	39.2	48.1	6.7	4.9
		B_1	0	24.5	53.1	14.5	8.0
		C_1	0	26.5	59.7	12.3	1.5
		D_1	0.4	23.1	65.7	9.5	1.4
25	株数占比 /%	A	0	14.6	53.2	16.1	16.1
		B	1.2	33.7	45.3	10.5	9.3
		C	1.1	43.0	40.9	9.7	5.4
		D	1.9	45.6	41.7	5.8	4.9
		B_1	0	25.0	57.9	10.5	6.6
		C_1	0	22.6	60.7	13.1	3.6
		D_1	0	17.1	64.7	14.6	3.7
	蓄积占比 /%	A	0	5.7	43.2	20.7	30.4
		B	0.2	14.3	45.6	18.2	21.7
		C	0.1	20.3	45.1	18.7	15.7
		D	0.2	23.6	50.4	12.4	13.4
		B_1	0	12.1	55.2	17.5	15.3
		C_1	0	12.3	59.0	21.2	7.5
		D_1	0	7.5	60.8	24.6	7.2

续表

林龄/年	参数	处理	径阶 /cm				
			6～8	10～16	18～24	26～28	≥ 30
35	株数占比 /%	A	0	0	28.2	25.6	46.2
		B	0	4.3	37.0	21.7	34.8
		C	0	10.9	38.2	21.8	29.1
		D	0	8.6	44.8	20.7	25.9
		B_1	0	4.0	50.0	22.0	24.0
		C_1	0	5.6	48.1	27.8	18.5
		D_1	0	5.7	45.3	26.4	22.6
	蓄积占比 /%	A	0	0.2	14.5	21.0	64.3
		B	0	1.2	22.4	21.2	55.3
		C	0	3.1	25.2	21.8	49.9
		D	0	2.8	30.3	21.8	45.2
		B_1	0	1.2	33.3	23.2	42.4
		C_1	0	1.7	34.7	32.2	31.3
		D_1	0	2.0	29.3	30.4	38.4

25 年生前株数密度差异较大但蓄积相近，间伐效果主要考虑对材种规格的影响。根据表 3-11 的林木株数与蓄积按胸径径阶分布统计可知，25 年生前经 2 次间伐处理的 B_1、C_1 及经过 1 次间伐处理的 D_1，胸径 26cm 径阶以上的蓄积占比与对照组 B、C、D 相近。

在 25 年生后，胸径 30cm 以上大径材 B_1、C_1、D_1 的株数与蓄积占比明显比对照组 B、C、D 低。结合表 3-10 的数据分析，说明第 2 次间伐后各处理的胸径平均值与蓄积虽无统计学上的差异，但早期只间伐 1 次或自然稀疏选择保存的优势木大径阶林木比例高，导致材种规格存在差异，在蓄积相近的情况下也会导致产值不同。

2. 间伐对林分材种规格的影响

根据表 3-12 与图 3-19、图 3-20 可知，20 年生时各处理的材种结构比例相似，但 20 年生后经 2 次间伐处理的 B_1、C_1、D_1 处理中、小径材比例明显比对照组 B、C、D 高。25 年生时，B_1、C_1、D_1 处理原木检尺径小于 26cm 的中、小径材比例为 92.7%、96.8%、96.3%，对应的 B、C、D 处理为 90.0%、92.5%、94.2%，A 处理为 84.8%；35 年生时，B_1、C_1、D_1 处理原木检尺径小于 26cm 的中、小径材比例为 75.4%、81.8%、80.2%，对应的 B、C、D 处理为 67.1%、70.1%、73.9%，A 处理为 59.5%。这说明第 2 次间伐后各处理的胸径平均值与蓄积虽然无统计学上的差异，但早期只间伐 1 次或自然稀疏选择保存的优势木大径阶林木比例高，导致材种规格存在差异，从而也会导致产值不同。

表 3-12　各间伐处理的材种出材量　　单位：$m^3 \cdot hm^{-2}$

林龄 /年	处理	原木径阶 /cm						合计
		4～6	8～12	14～18	20～24	26～28	≥30	
20	A	6.5	45.2	101.7	63.5	8.9	1.2	227.0
	B	12.9	80.7	103.5	44.1	2.7	1.2	245.1
	C	19.4	111.6	113.9	39.5	4.7	0	289.1
	D	19.4	115.5	107.1	32.7	4.5	0	279.2
	B_1	9.0	68.1	102.8	45.6	6.9	1.2	233.6
	C_1	11.1	86.1	127.1	43.7	2.0	0	270.0
	D_1	11.1	81.3	135.8	41.6	1.5	0	271.3
25	A	5.6	39.8	102.3	92.1	32.0	11.1	282.9
	B	9.2	64.2	117.2	83.3	26.4	4.2	304.5
	C	10.8	75.0	111.0	72.8	16.2	5.7	291.5
	D	11.9	81.9	121.7	60.0	13.8	3.2	292.5
	B_1	7.4	56.6	123.6	66.8	15.5	4.4	274.3
	C_1	8.1	62.4	142.1	73.5	8.3	1.2	295.6
	D_1	7.4	55.5	140.4	83.0	9.2	1.8	297.3
35	A	3.2	20.1	66.9	116.7	71.6	69.3	347.8
	B	3.9	25.8	84.0	118.5	64.5	49.5	346.2
	C	5.1	34.5	96.6	124.4	60.0	51.2	371.8
	D	5.3	35.6	105.9	124.5	57.6	38.3	367.2
	B_1	4.4	30.3	103.8	122.7	46.7	38.6	346.5
	C_1	5.1	33.2	114.3	127.5	40.7	21.5	342.3
	D_1	4.7	30.9	100.8	133.7	50.9	15.6	336.6

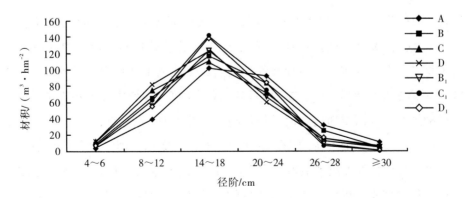

图 3-19　25 年生各处理材种分布

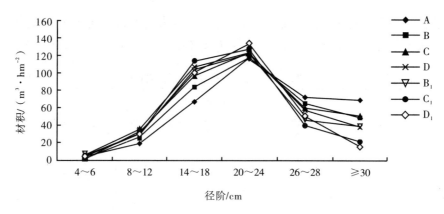

图 3-20　35 年生各处理材种分布

3. 间伐对林分经济效益的影响

根据不同规格的马尾松木材市价核算木材产值，具体见表 3-13。

表 3-13　各间伐处理的木材产值　　　　　　　　　　单位：万元·hm⁻²

处理	林龄 / 年						
	17	20	22	25	28	32	35
A	10.81	15.01	17.29	19.77	21.52	26.90	27.09
B	11.27	15.40	17.94	20.45	22.56	26.37	26.18
C	13.15	17.77	18.82	19.20	22.96	27.58	27.76
D	13.09	17.02	17.29	18.92	22.31	27.47	27.00
B_1	10.64	14.95	17.23	18.21	20.09	24.31	25.47
C_1	12.24	16.94	17.67	19.36	20.66	24.64	24.56
D_1	12.48	17.04	18.20	19.68	23.01	25.33	24.31

从表中数据分析可知，随着林龄的增长，各处理的木材产值同步增长，但经第 2 次间伐后，B_1、C_1、D_1 处理的产值在 25 年生后逐步低于对照组 B、C、D 及 A 处理，这一点与木材产量及材种规格的变化规律相符合，说明增加间伐次数并不能提高经济效益。17 年生第 2 次间伐后，C_1、D_1 处理因降低了密度，短期内显著提高了单株材积生长量与材种规格，因而短期内产值增长量高于对照组 C、D 处理，到 25 年生后总体趋势为 B_1、C_1、D_1 处理的产值均小于对照组 B、C、D 及 A 处理。32 年生后各处理的产值增长量极小且部分处理出现负值，表现出与蓄积量变化相同的规律，说明 32 年生后林分已进入过熟状态。因此，为取得较好的经营效益，马尾松人工林采伐林龄应小于 32 年。

三、结论与讨论

（1）相关研究表明，林分的蓄积及材种规格与密度调控的关系十分密切，但因树种的生物学特性与经营措施的不同，依然存在不同的规律。已有的马尾松研究一般总结出增大间伐强度与增加间伐次数能提高材种规格与效益，但因其间伐试验处理的缺陷及其观测研究林龄大部分小于 25 年，无法得出后期的密度效应规律。

（2）本研究经过对不同间伐处理的马尾松人工林 35 年生资料的总结分析发现，马尾松人工林随着林龄的增长，其林分密度、单株材积、单位面积蓄积量均有趋同性，前期有限强度的间伐干预并不能改变最终的林分密度与蓄积。

（3）经过第 2 次间伐的林分虽各处理的蓄积在后期无统计学上的差异，但人工间伐 2 次选择保留的林木，其单株材积与材种规格不如早期只间伐 1 次或自然稀疏选择保存的优势林木，说明增加间伐次数并不能提高经济效益，反而有一定的减少。在不影响郁闭成林的情况下，减小造林密度以及减少间伐次数与减小间伐强度可以节省营林投入。

（4）32 年生后各处理的蓄积与产值增长量极小且部分处理出现负值，说明林分已进入过熟状态，出现了较大的枯损量。因此，为取得较好的经营效益，马尾松人工林采伐林龄不应超过 32 年。

（5）综合效益核算、材种出材量与马尾松人工林生长规律：进入中龄林期后（10 年生左右），培育短周期工业用材林宜采用的保存密度为 1800～2200 株·hm^{-2}，培育大、中径材宜采用 1500～1800 株·hm^{-2} 的保存密度；16 年生左右，培育短周期工业用材林宜采用的保存密度为 1500～1800 株·hm^{-2}，培育大、中径材宜采用 1200～1500 株·hm^{-2} 的保存密度。

第三节　马尾松近熟林间伐研究

目前市场对大径材的需求日益增大，针对不同树种在近熟林期内通过密度调控，提高材种规格与产量，是林业科技人员面临的新问题。用材林的中龄林期与近熟林期为树干材积的主要速生阶段，但国内过去很长一段时间内对林分密度调控技术的研究多以幼龄林与中龄林为主，对于近熟林林分密度调控技术的研究不多，且观测年限有限，涉及的树种主要为落叶松、杉树、马尾松。其主要研究结论：在近熟林期进行强度间伐获取间伐材的同时，能提高林分杆材的材积、生物量与材种规格，从而提高经济效益。但用材林以大径材林为培养目标，培养周期比一般用材林要长，进入近熟林期及成熟林期后林木会对密度调控表现出什么样的响应需要长期的定位观测数据进行分析。本研究根据林分生长规律结合经济效益评价，为不同用材树种提供科学的培育技术规程。

在马尾松南带高产区，大部分林分 16 年生后进入近熟林期。经对马尾松中龄林间伐的密度效应进行研究，结果表明中低密度的大径阶材种比率逐年提高，从而提高了经济效益。但对近熟林密度进行人工调控，保存多大密度合适，尚无试验证明。如果能在近熟林期通过密度调控提高林分材种规格与产量，达到提高经济效益的目的，这对于培育马尾松大径材林有着重要的理论指导意义。为此，广西凭祥市中国林业科学研究院热带林业实验中心在伏波实验场设置了 16 年生马尾松近熟林的间伐试验，根据 16～31 年生林分观测材料，对不同间伐保存密度的林分生长效应、材种出材量、经济效益做了定量分析，现将结果总结如下。

一、材料与方法

试验地位于广西凭祥市大青山林区，东经 106° 50′，北纬 22° 10′，属南亚热带季风气候区，年均气温 21℃，年均降水量 1500mm。试验林为 1991 年春营造，西南坡向，中部坡位，海拔 130～1045m，土壤为由花岗岩发育成的红壤，土层厚度在 1m 以上，初植密度 3600 株·hm^{-2}，5 年生时进行 1 次卫生清理抚育，林分保存密度平均为 1500 株·hm^{-2}，2001 年（10 年生）进行第 1 次间伐，林分保存密度平均为 1050 株·hm^{-2}。2006 年年底（16 年生）进行样地布设，并进行间伐前林分调查，平均胸径 19.90cm，树高 14.92m，蓄积 209.12m^3·hm^{-2}，平均密度为 1036 株·hm^{-2}。2007 年初设置不同间伐强度的对比试验，设 A、B、C、D 4 种间伐强度与对照 E 共 5 种处理，保存密度分别为 A 450 株·hm^{-2}、B 600 株·hm^{-2}、C 750 株·hm^{-2}、D 900 株·hm^{-2}、E 1036 株·hm^{-2}，重复 3 次，共 15 个试验小区，每小区面积为 600m^2。为保证试验条件的一致性，同一重复的试验小区尽量保持在同一水平位置。

每年年底对试验林进行观测记录，测定因子包括树高、胸径、枝下高、冠幅等。采用 Logistic 曲线拟合胸径与树高关系并求算林分平均高，用胸高断面积平均法求林分平均胸径，其他测树指标均采用实测法计算平均值。单株材积按广西马尾松二元材积公式求算，累计各径阶材积得蓄积量。利用原木材积公式和马尾松树干削度方程计算材种出材量，并进行效益评价。用 IBM SPSS24.0 软件进行统计分析。

二、结果与分析

（一）不同间伐强度对马尾松近熟林生长效应的影响

为了比较不同间伐强度对马尾松近熟林生长的影响差异，对试验林逐年调查资料进行统计和方差分析（表3-14）。

1. 不同间伐强度对林分密度的影响

从表3-14的数据与图3-21曲线变化趋势的分析可知，各处理的密度均随林龄的增长呈下降趋势，下降的速率与保留密度呈正相关。17～31年间A、B、C密度下降趋势比D、E要平缓，但各处理随林龄的增长林分密度有趋向一致的趋势。17年生间伐后林分密度范围为450～1017株·hm^{-2}，31年生时缩小至383～667株·hm^{-2}。这一规律与其他相关研究结论类似，说明有限强度的间伐对林分进行干预并不能改变马尾松人工林最终的林分密度，单位面积的立木株数与林龄有显著的相关性。

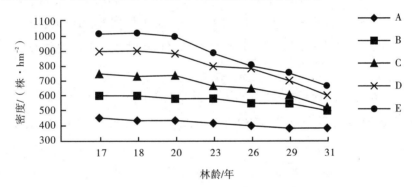

图3-21 各处理林分密度变化曲线

2. 不同间伐强度对树高生长的影响

根据表3-14分析可知，除间伐初期因A、B选优强度大，保留木树高有一定的优势外，其他处理的平均树高观测数据整体趋势无显著差异性，17年生树高范围为14.4～16.1m。20年生后各处理的平均树高基本上无统计学方面的差异，31年生时平均树高范围为21.1～22.5m。由此可知，有限强度的间伐对树高无显著影响。

3. 不同间伐强度对胸径生长的影响

直径与密度的相关性调节是用材林培育的重要环节，关系到林分的工艺成熟林龄与效益核算，因而受到许多研究人员的关注。本试验研究表明，在间伐后短期内，胸径生长与密度呈显著负相关性，后期生长量与前期密度呈正相关性。由表3-14可知，间伐后17～26年生内各处理间胸径均表现出显著差异，但26年生后各处理间胸径差异逐步缩小，29年生后除高强度间伐的A处理外，B、C、D、E处理间已无显著差异，31年生时平均胸径范围为30.0～34.8cm。根据间伐后各处理的胸径定期生长量统计可知，A、B、C、D与对照组E的17～26年生定期生长量分别为6.6cm、6.1cm、5.9cm、5.2cm、5.3cm，整体上表现出与密度处理的负相关性，26年生前间伐措施能显著提高直径生长量，缩短林分的工艺成熟期；26～31年生定期生长量分别为3.1cm、3.0cm、2.7cm、3.6cm、3.7cm，整体上表现出与密度处理的正相关性，高密度的D处理与对照组E的定期生长量最大，其原因是26年生后高密度林分因自然稀疏释放了生长空间，促进保留木的胸径生长。综合分析可知，间伐措施应根据培养目标确定间伐强度与次数，基于营林成本考虑，对于大径材林培育应考虑减少间伐次数。

4. 不同间伐强度对单株材积生长的影响

立木的材积取决于胸径、树高、形数3个因子，而密度对这3个因子均有一定的影响。由表3-14数据分析可知，17年生近熟林间伐后一定时期内各密度处理的单株材积差异显著，但26年生后差异逐步缩小，29年生时除A处理外，B、C、D、E处理间已无显著差异。单株材积主要相关因子是胸径，其随林龄的变化表现出与胸径密切相关的变化规律。

由表3-14可知，间伐后在17～26年生的生长期内，A、B、C、D、E各处理单株材积的10年定期生长量分别为0.2899m³、0.2888m³、0.2684m³、0.2196m³、0.2241m³，说明间伐显著提高了单株材积的生长量，而且定期生长量表现出与保留密度的负相关性；A、B、C、D、E各处理单株材积26～31年的定期生长量分别为0.2368m³、0.1977m³、0.1534m³、0.1806m³、0.1915m³，除低密度的A处理外，B、C、D、E各处理单株材积定期生长量基本接近，说明不同间伐强度对单株材积后期的生长差异影响逐步缩小。胸径26年生后定期生长量表现出与密度处理的正相关性，但26年生时胸径起始值不同，导致单株材积定期生长量差异不大。

5. 不同间伐强度对木材蓄积生长的影响

根据表3-14的木材蓄积数据变化分析可知，17年生林分间伐后，随着林龄的增长，各处理的蓄积量与间伐的保留密度呈正相关性，但差异逐步缩小，26年生时除A处理外，B、C、D、E处理的蓄积已无显著差异，并且与A处理的蓄积差异也逐步缩小；31年生时A与C、D间蓄积已无显著差异，A、B、C、D、E各处理的蓄积量分别为334.6m³·hm⁻²、403.7m³·hm⁻²、370.4m³·hm⁻²、381.2m³·hm⁻²、436.1m³·hm⁻²，B、C、D、E虽无统计学上的差异，但蓄积量还是表现出与保留密度的正相关性。

表 3-14　林分生长过程及各指标均值差异性

指标	处理	林龄/年						
		17	18	20	23	26	29	31
密度/（株·hm⁻²）	A	450	433	433	417	400	383	383
	B	600	600	583	583	550	550	500
	C	750	733	733	667	650	600	517
	D	900	900	883	800	783	700	600
	E	1017	1017	1000	883	800	750	667
树高/m	A	16.1±0.1a	16.3±0.2a	16.9±0.1a	18.2±0.8a	19.2±0.3a	20.9±0.6a	22.4±1.2a
	B	16.1±0.3a	16.3±0.8a	16.9±0.5a	18.7±1.5a	20.2±1.0a	21.2±1.0a	22.5±1.4a
	C	15.4±0.8ab	15.9±0.3ab	16.9±0.1ab	18.3±0.7a	19.9±0.3a	20.1±0.8a	21.7±0.4a
	D	14.4±0.5b	14.9±0.1b	15.8±0.1b	17.8±0.6a	18.9±0.6b	20.2±0.6a	21.1±0.7a
	E	15.1±0.5b	15.4±0.2ab	16.3±0.3b	18.2±0.9a	19.4±0.9ab	20.0±0.4a	21.7±0.4a
胸径/cm	A	25.1±0.5a	26.0±0.5a	27.1±0.3a	29.6±0.3a	31.7±0.7a	33.2±0.4a	34.8±0.5a
	B	24.0±0.7a	24.9±0.8a	25.8±0.8b	28.2±0.6b	30.1±1.3ab	31.4±1.1ab	33.1±1.6ab
	C	22.7±1.0b	23.3±1.1b	24.3±1.0c	26.7±0.5c	28.6±1.0b	29.9±0.8b	31.3±0.9b
	D	21.2±0.5c	21.7±0.5c	22.5±0.5d	24.8±0.6d	26.4±0.8c	28.3±1.2b	30.0±1.3b
	E	21.2±0.2c	21.7±0.3c	22.6±0.3d	24.8±0.6d	26.5±0.7c	28.1±0.8b	30.2±1.5b
单株材积/m³	A	0.361±0.016a	0.377±0.012a	0.424±0.005a	0.546±0.022a	0.651±0.035a	0.764±0.026a	0.888±0.041a
	B	0.332±0.024a	0.351±0.036a	0.390±0.030a	0.511±0.057a	0.620±0.074ab	0.698±0.073ab	0.818±0.116ab
	C	0.288±0.035b	0.302±0.026b	0.340±0.026b	0.450±0.011b	0.556±0.042b	0.609±0.039b	0.709±0.047b
	D	0.236±0.016c	0.255±0.009c	0.287±0.011d	0.384±0.016c	0.455±0.030c	0.551±0.055b	0.636±0.068b
	E	0.246±0.013c	0.261±0.011bc	0.293±0.011c	0.3938±0.032c	0.470±0.043b	0.537±0.018b	0.662±0.053b
蓄积/（m³·hm⁻²）	A	164.6±3.7a	165.7±5.2a	186.3±10.1a	227.1±10.1a	265.0±43.1a	288.7±37.6a	334.6±15.3a
	B	199.2±14.3b	208.8±20.2a	230.0±20.8b	294.7±25.3b	342.9±20.0b	378.1±12.3b	403.7±6.8b
	C	214.5±26.2b	222.0±19.7ab	249.9±24.9b	299.9±33.9b	357.1±56.8b	363.4±67.3b	370.4±63.3ab
	D	212.2±14.4b	229.8±8.5b	255.4±11.3b	307.8±11.3b	353.6±17.4b	380.8±26.2b	381.2±30.3ab
	E	250.8±12.0c	265.5±10.4c	293.5±14.3c	349.6±21.1c	376.0±38.3b	402.7±18.3b	436.1±6.7b

注：同列数据后不同小写字母表示差异显著（$P < 0.05$）。

根据图 3-22 曲线图变化趋势，说明林分生长到一定的林龄后，林分密度、单株材积、单位面积蓄积都表现出相似的趋同性。这说明在营林生产工作中前期的密度与后期的蓄积无明显的正相关性，培养大、中径材林时减小造林密度以及减少间伐次数与减小间伐强度可以节省营林投入。

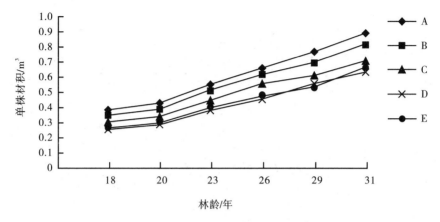

图 3-22　各处理单株材积生长曲线

由表 3-14 及图 3-23 可知，A、B、C、D、E 各处理 17～31 年间蓄积定期生长量分别为 170.0m³·hm⁻²、204.5m³·hm⁻²、155.8m³·hm⁻²、169.0m³·hm⁻²、185.3m³·hm⁻²，A、B、C、D、E 各处理 17～26 年间蓄积定期生长量分别为 100.4m³·hm⁻²、143.7m³·hm⁻²、142.6m³·hm⁻²、141.5m³·hm⁻²、125.2m³·hm⁻²，基本上与间伐保留密度呈正相关性；A、B、C、D、E 各处理 26～31 年间蓄积定期生长量分别为 69.6m³·hm⁻²、60.8m³·hm⁻²、13.2m³·hm⁻²、27.5m³·hm⁻²、60.1m³·hm⁻²。

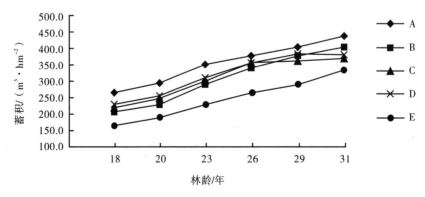

图 3-23　各处理林分蓄积变化曲线

根据各处理的单株材积与蓄积变化规律，说明马尾松近熟林期（16～25 年生）B、C、D、E 间伐密度处理均为适生密度，但结合间伐强度对直径生长的影响规律及材种规格考虑，取 B～D（600～900 株·hm⁻²）间的间伐保存密度为好。

（二）林分密度对林分结构与材种出材量的影响

许多相关研究表明，对现实林分密度进行人工调控，使林分结构优化，是实现培育目标的关键措施。

1.密度对径阶株数分布的影响

因密度影响林分直径生长，所以密度自然会影响林分的直径结构规律，探讨密度对径阶株数分布的影响，对营林工作十分有益。

综合表3-15与图3-24、图3-25分析可知，不同密度处理的林木株数按径阶分布规律不同，间伐后早期中小径材株数与密度呈正相关性，大径材与密度呈负相关性，后期大径材株数逐步接近。

26年生时林木胸径基本都已大于18cm，18～24cm、26～28cm两个径阶范围内的林木株数基本上与保留密度呈正相关性，30cm径阶以上每公顷林木株数A、B、C、D、E各处理分别为267株、283株、267株、217株、250株；31年生时18～24cm、26～28cm两个径阶内的株数分布仍然与保留密度呈正相关性，但各处理的林木株数已大幅减少，而各处理达到30cm径阶以上的林木株数随林龄的增长而增大，并且各处理的株数大体接近，表现出各处理林木径阶整体随林龄的增长向上推移的规律。因为各处理后期30cm径阶以上株数相近，且平均胸径相近，因此30cm径阶以上的木材蓄积也相近。26年生时，A、B、C、D、E各处理30cm径阶以上林木的平均胸径分别为34.52cm、34.24cm、33.77cm、32.51cm、33.16cm，每公顷30cm径阶以上林木的蓄积分别为211.4m^3、234.7m^3、205.7m^3、157.2m^3、184.5m^3；31年生时，A、B、C、D、E各处理30cm径阶以上林木的平均胸径分别为36.06cm、35.99cm、35.26cm、34.01cm、35.19cm，每公顷30cm径阶以上林木的蓄积分别为312.4m^3、317.2m^3、268.9m^3、245.5m^3、288.4m^3。26年生开始，30cm以上大径材蓄积B处理超过A处理，随着林龄的增长，C、D、E均可能接近或超过A处理。因此，对于培育大径材林前期应尽量减少对密度的干预，依靠自然稀疏选择优良个体并充分利用生长空间。可见，在营林工作中应根据不同的培育目标在不同的生长阶段选择相应的林分保留密度与调控措施。

表3-15　各处理株数与蓄积按径阶分布情况

林龄/年	处理	径阶株数/（株·hm^{-2}）				合计	径阶蓄积/（m^3·hm^{-2}）				合计
		10～16	18～24	26～28	≥30		10～16	18～24	26～28	≥30	
	A	0	183	200	50	433	0	51.7	84.4	30.8	166.9
18	B	0	350	150	100	600	0	94.0	59.3	56.8	210.1
	C	50	467	117	83	717	6.5	120.2	50.3	47.8	224.8

续表

林龄/年	处理	径阶株数/（株·hm⁻²）				合计	径阶蓄积/（m³·hm⁻²）				合计
		10～16	18～24	26～28	≥30		10～16	18～24	26～28	≥30	
18	D	117	583	167	33	900	14.0	137.4	66.2	15.5	233.1
	E	150	633	150	67	1000	19.2	151.2	62.0	37.0	269.4
20	A	0	133	167	133	433	0	37.5	71.8	78.2	187.5
	B	0	300	167	117	584	0	87.5	69.2	74.8	231.5
	C	50	400	167	117	734	6.2	109.0	70.0	68.0	253.2
	D	100	550	167	50	867	13.2	142.9	71.2	31.2	258.5
	E	117	617	183	83	1000	16.2	155.9	76.5	47.5	296.1
23	A	0	83	117	217	417	0	26.0	49.7	152.9	228.6
	B	0	200	167	200	567	0	66.2	78.5	151.9	296.6
	C	17	250	200	200	667	1.2	77.0	84.4	141.4	304.0
	D	33	400	217	133	783	5.7	116.0	100.4	88.2	310.3
	E	33	500	167	183	883	5.5	144.4	76.8	127.0	353.7
26	A	0	50	83	267	400	0	17.3	39.3	211.4	268.0
	B	0	117	133	283	553	0	43.2	67.2	234.7	345.1
	C	0	200	183	267	650	0	66.8	89.0	205.7	361.5
	D	33	300	217	217	767	4.3	89.4	106.9	157.2	357.8
	E	17	367	167	250	801	2.0	116.5	77.8	184.5	380.8
31	A	0	17	50	317	384	0	4.3	22.2	312.4	338.9
	B	0	33	133	333	499	0	12.3	76.0	317.2	405.5
	C	0	100	133	283	516	0	38.2	68.8	268.9	375.9
	D	0	150	167	300	617	0	53.5	85.4	245.5	384.4
	E	0	167	183	317	667	0	59.3	94.2	288.4	441.9

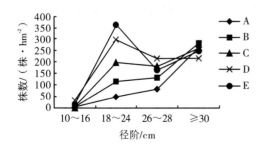

图 3-24　26 年生各处理林木株数按径阶分布

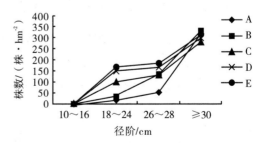

图 3-25　31 年生各处理林木株数按径阶分布

2. 林分密度对材种出材量的影响

按照我国南方普遍采用的 2m 长的原木制材标准，对各处理的材种出材量进行统计（表 3-16）。

由表 3-16 分析可知，从 20 年生开始，随着林龄的增长，除低密度的 A 处理外，各处理的总出材量逐步接近。23 年生前出材量以 14～24cm 径阶的中小径材为主，大径材比例较小，23 年生后随着林龄的增长，26cm 径阶以上的大径材逐步增多。31 年生 A、B、C、D、E 各处理 14～24cm 径阶的中小径材分别为 108.2m³·hm⁻²、161.0m³·hm⁻²、167.2m³·hm⁻²、196.1m³·hm⁻²、207.1m³·hm⁻²，表现出与密度的正相关性；26cm 径阶以上的大径材分别为 189.6m³·hm⁻²、191.0m³·hm⁻²、155.4m³·hm⁻²、129.1m³·hm⁻²、168.2m³·hm⁻²，其中 B 处理 26cm 径阶以上的出材量已超过 A 处理。另外，31 年生各处理 30cm 径阶以上的大径材出材量分别为 115.2m³·hm⁻²、112.8m³·hm⁻²、83.4m³·hm⁻²、57.2m³·hm⁻²、88.7m³·hm⁻²，根据林木随林龄增长的变化趋势，后期其他间伐密度处理的大径材产量均有可能接近或超过 A 处理。

从 20～31 年生的材种结构与总出材量情况来看，随着林龄的增长各处理的总出材量逐步接近，说明间伐措施并不能提高大径阶木材的产量，早期反而减少了中小径材的产量。

表 3-16　不同间伐保存密度林分的材种出材量　　单位：m³·hm⁻²

林龄/年	处理	原木径阶/cm						合计
		4～6	8～12	14～18	20～24	26～28	≥30	
20	A	2.0	11.4	45.3	73.8	20.3	8.6	161.4
	B	2.9	16.2	68.4	79.2	25.2	6.9	198.8
	C	3.6	24.9	78.2	85.8	21.8	2.3	216.6
	D	4.5	32.6	98.3	72.3	9.2	2.4	219.3
	E	5.4	38.3	108.3	83.0	14.3	3.2	252.5
23	A	1.8	11.0	38.4	79.7	50.4	19.1	200.4
	B	2.9	17.7	61.1	105.2	48.0	26.1	261.0
	C	3.2	21.6	72.2	106.5	45.5	17.0	266.0
	D	3.9	29.0	92.3	109.7	27.9	6.9	269.7
	E	4.7	34.5	110.3	102.6	42.6	14.6	309.3
26	A	1.8	10.2	33.9	77.0	65.9	49.4	237.9
	B	2.7	15.3	56.1	108.6	61.8	63.6	308.0
	C	3.2	20.0	70.5	122.7	63.5	41.7	321.5
	D	4.2	27.2	86.1	125.9	50.7	20.7	314.8
	E	4.2	28.5	100.1	114.9	60.3	29.0	337.0

续表

林龄/年	处理	原木径阶/cm						合计
		4～6	8～12	14～18	20～24	26～28	≥30	
29	A	1.5	10.2	30.2	76.1	66.2	78.6	262.8
	B	2.6	16.1	54.2	112.7	72.0	86.1	343.7
	C	2.9	17.3	61.2	115.4	68.4	61.8	327.0
	D	3.6	23.1	80.7	128.9	69.8	35.0	341.1
	E	3.8	24.8	85.2	129.6	65.6	56.1	365.1
31	A	1.4	9.8	29.6	78.6	74.4	115.2	309.0
	B	2.4	14.7	43.7	117.3	78.2	112.8	369.1
	C	2.3	15.5	52.7	114.5	72.0	83.4	340.4
	D	3.0	17.4	65.4	130.7	71.9	57.2	345.6
	E	3.5	21.2	73.1	134.0	79.5	88.7	400.0

3. 间伐对林分经济效益的影响

根据不同规格的马尾松木材市价核算木材产值，具体见表3-17、图3-26。从表中数据分析可知，随着林龄的增长各处理的木材产值同步增长，木材产值总体上与密度呈正相关性，高密度E处理产值一直保持最高，26年生前B、C、D处理产值接近，但26年生后B处理产值高于C、D处理，这与木材产量及规格的变化规律相符合，说明增大间伐强度并不能提高经济效益。

结合马尾松中龄林间伐试验结论，31年生后林分已进入过熟状态，林分的产值增长量极小。因此，16～20年生马尾松人工林间伐密度保存在750～1000株·hm⁻²时其后期经济效益较好，具体保留密度还应考虑培育目标与工艺成熟龄。

表3-17 各间伐处理的木材产值① 单位：万元·hm⁻²

处理	林龄/年				
	20	23	26	29	31
A	11.61	14.97	18.43	20.80	24.97
B	14.06	19.17	23.52	26.64	29.24
C	14.99	19.17	23.86	24.78	26.39
D	14.75	18.84	22.66	25.12	26.15
E	17.03	21.69	24.35	27.17	30.64

注：① 木材单价：检尺径4～6cm 450元·m⁻³、8～12cm 550元·m⁻³、14～18cm 650元·m⁻³、20～24cm 750元·m⁻³、26～28cm 800元·m⁻³、30～34cm 900元·m⁻³、≥36cm 1000元·m⁻³。

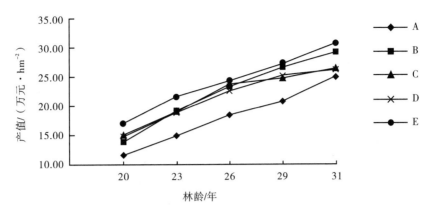

图 3-26　各间伐处理木材公顷产值变化曲线

三、结论与讨论

（1）各处理随林龄的增长林分密度有趋向一致的趋势，说明通过有限强度的间伐对林分进行干预并不能改变马尾松人工林最终的林分密度。有限强度的间伐对树高无显著影响。

（2）26 年生前间伐措施能显著提高直径生长量，缩短林分的工艺成熟期；26～31 年生直径定期生长量整体上表现出与密度处理的正相关性，高密度的处理定期生长量最大。近熟林间伐后一定时期内各密度处理的单株材积差异显著，但 26 年生后差异逐步缩小，表现出与胸径相似的变化规律。

（3）间伐早期木材蓄积量与间伐的保留密度呈正相关性，但差异逐步缩小，26 年生时虽无统计学上的差异，但蓄积量还是表现出与保留密度的正相关性。

（4）不同密度处理的林木株数按径阶分布规律不同，间伐后早期中小径材株数与密度呈正相关性，大径材与保留密度呈负相关性，后期大径材株数逐步接近。对于培育大径材林，前期应尽量减少对密度的干预，依靠自然稀疏选择优良个体并充分利用生长空间。可见，间伐措施并不能提高大径阶木材的产量，早期反而减少了中小径材的产量。根据产值评估，表明增大近熟林间伐强度并不能提高经济效益。

综合分析，林分生长到一定的年龄后，林分密度、单株材积、单位面积蓄积都表现出相似的趋同性。这说明在营林生产工作中前期的密度与后期的蓄积无明显的正相关性，培育大、中径材林时减小造林密度以及减少间伐次数与减小间伐强度可以节省营林投入。

结合马尾松中龄林间伐试验结论，31 年生后林分已进入过熟状态，林分的产值增长量极小。因此，17～20 年生马尾松人工林间伐密度保存在 1000～1200 株·hm^{-2} 时后期经济效益较好，具体保留密度还应考虑培育目标与工艺成熟龄。

第四节　马尾松人工林密度调控模型研究

　　密度是影响人工林生产力的三大主要因子（良种、立地与密度）之一，也是最容易人为控制的因子。密度调控的目的是加速林木生长，改善森林卫生状况，提高林木质量，从而提高林分的生态效益与经济效益。密度调控的理论基础是林分的不同生长发育时期的不同特点、林分的分化与自然稀疏规律、密度与林分生长的关系等内容，密度控制是否合理关系到林分结构与生产力，从而直接影响培育目标的实现及经济效益。

　　疏伐前林分密度对胸径、树高的影响及林分径阶结构状况，可通过建立未疏伐林分直径生长预估模型（或断面积预估模型）、树高曲线模型与株数按径阶分布模型加以反映。本研究根据多年的观测材料进行统计分析，已拟合出了准确实用的模型。现主要对马尾松南带产区的自然稀疏模型、最优林分密度模型，疏伐时间、强度的确定模型，间伐木及间伐后林分生长预测模型进行研究，为马尾松人工林定向培育提供理论指导。

一、研究材料

　　马尾松造林密度试验林、不同间伐强度的间伐试验林，其他试验数据材料包括马尾松专题成果等综合材料。

二、研究方法

（一）马尾松人工同龄纯林自然稀疏规律与自然稀疏模型研究

　　许多学者对不同树种人工林的密度效应与自然稀疏规律进行过研究，但许多研究材料均来自临时样地，缺乏时间上的连续性，取之以空间代替时间的研究方法，使许多结论与相关数学模型出现与实际林分生长不符的现象。为了探明马尾松人工同龄纯林的自然稀疏规律，为马尾松人工林的经营提供科学的密度控制技术资料，本书采用对固定标准地连续定位观测的方法，先后对不同初植密度与不同间伐保存密度的试验林进行了长达30年的观测，结合专题成果的其他综合材料，对马尾松人工同龄纯林的自然稀疏规律进行了总结分析。根据林分密度与时间的相关性拟合出了精度较高的自然稀疏模型，并采用聚类分析的方法对马尾松人工同龄纯林生长过程中林木个体分化规律进行了定量分析。利用该研究成果，可为马尾松人工林的密度调控提供科学的技术指导。

1. 自然稀疏过程中林木个体生长动态变化过程分析

林分密度调节的核心是自然稀疏，即不断减少林木株数，调节生长与繁殖。林分郁闭后由于个体间产生空间与资源的竞争，在生长发育过程中会产生林木个体分化，从而出现自然稀疏。

林木个体生长过程中树高生长分化的动态变化。对造林密度试验中效果较好的 B 处理（3300 株·hm^{-2}）4～10 年生材料与间伐试验中对照组 D（3400 株·hm^{-2}）11～17年生材料的林木个体的每木逐年调查材料进行统计分析，将林木个体按树高为第一聚类参考指标、胸径为第二聚类参考指标，用类间平方和爬山法进行逐步聚类，最终把林木个体分成劣等木、中等木、优势木 3 类，分别用数字 1、2、3 表示。按树高与胸径生长变化分别定期统计分析一次林木个体等级的动态变化状况，统计结果见表 3-18。

表 3-18　马尾松个体生长动态变化

指标	林龄[①]/ 年（A1～A2）	株数变化率 /%						胸径定期生长量 /m³		
		N12	N13	N21	N23	N31	N32	X1	X2	X3
树高	4～7	30.1	0	16.1	28.1	2.3	31.3	2.7	3.1	3.2
	7～10	29.2	0	12.3	17.2	0	32.1	2.1	2.8	3.0
	11～14	44.3	8.2	13.2	49.1	0	3.4	0.9	1.2	1.2
	15～17	29.1	3.2	20.5	15.3	0	20.3	0.6	0.9	1.4
胸径	4～7	20.1	1.5	10.1	16.1	1.5	26.3	3.2	5.3	6.8
	7～10	7.2	1.7	8.3	9.7	0	15.4	0.9	2.0	3.6
	11～14	4.1	0	6.2	4.5	0	10.7	0.6	1.4	2.2
	15～17	10.4	0	5.1	6.3	0	12.8	0.3	0.9	2.0

注：①A1～A2 表示生长期，N12 表示林分下层劣等木向中等木层移动的株数率，N13 表示劣等木层向优势木层移动的株数率，N21 表示中等木层向劣等木层移动的株数率，N23 表示中等木层向优势木层移动的株数率，N31 表示优势木层向劣等木层移动的株数率，N32 表示优势木层向中等木层移动的株数率；X1 表示劣等木定期生长量，X2 表示中等木定期生长量，X3 表示优势木定期生长量。

由表 3-18 分析可知：树高分化主要表现在幼龄林期的 4～7 年生阶段与中龄林期的 11～14 年生阶段。不同林龄阶段，林冠下层的劣等木有一定的概率进入中等木冠层，在 11～14 年生时最大，达 44.3%；但进入上冠层成为优势木的概率较小，最高仅为 8.2%。随着时间的推移，中等木中有少部分下降为被压木，一部分上升为优势木，上升变化率在 11～14 年生时最大，达 49.1%。这说明马尾松人工林进入速生阶段的中龄期后，林分群体中、下冠层的林木个体为争夺生存资源，竞争十分激烈。优势木在生长过程中退化为被压木的概率几乎为 0，退居中层木的概率在幼龄林期时为 30% 左右，进入中林期后的 11～14 年生间较稳定，15～17 年生时达 20.3%。

综合树高生长动态变化与定期生长量分析可知：树高生长竞争高峰第 1 次在幼龄林期的 4～7 年生阶段，第 2 次在中龄林期的 11～14 年生阶段。可见，在营林工作中，于幼龄林期清理被压木是可行的，即可淘汰劣等基因，节省生存空间资源；进入中龄林期后，第 1 次间伐强度不宜太大，以免损失一部分优良基因；进入近熟林期后，林木个体已充分分化，林分生长稳定，可按间伐强度采伐劣等木和一部分中等木。

林木个体生长过程中胸径生长分化的动态变化。对表 3-18 中胸径生长变化进行分析可知：胸径分化后变动的概率非常小，比较稳定。除幼龄林期 4～7 年生变化稍大点外，7 年生以后都比较稳定，林冠下层的劣等木进入中等木冠层的变化率均小于10.4%，因此在间伐时采伐小径阶木是可行的。

2. 林分密度对自然稀疏的影响

通过对不同密度试验林自然稀疏状况统计分析可知：不同密度级林分所表现出来的稀疏时间与强度有所不同，高密度的林分自然稀疏时间早，自然稀疏强度大。由表 3-19 造林密度试验林自然稀疏材料可知：同一密度级的总自然稀疏强度随林龄的增长而增大，林龄相同时，总自然稀疏强度随密度的增大而增大；11 年生时，A、B、C、D 4 种处理总稀疏强度分别为 5.2%、13.2%、25.5%、26.1%，林分保存密度分别为 1580 株·hm^{-2}、2893 株·hm^{-2}、3725 株·hm^{-2}、4927 株·hm^{-2}。

对连年稀疏强度分析可知：林分郁闭后一定时期内连年稀疏强度呈上升趋势，达到一定峰值后开始下降，大规模稀疏阶段通常是自然稀疏刚刚开始的一段时间内。这一规律与其他学者的结论类似。低密度的 A、B 处理 11 年生时尚未出现明显的稀疏高峰，高密度的 C、D 处理稀疏高峰出现在 8 年生左右。这主要是由于此时马尾松个体正进入生长速生时期，个体对营养空间的需要急剧增加，加之此时高密度处理的林分种群密度较大，因此加剧了种群的自然稀疏，使高密度处理林分种群个体间的竞争在此时表现最强烈，达到最大的淘汰率。此后，由于各处理的林木树冠生长竞争减缓、趋于稳定，可基本充分利用营养空间，故自然稀疏率降低。

表 3-19   不同造林密度对自然稀疏的影响

林龄 /年	总稀疏强度 /%				连年稀疏强度 /%			
	A	B	C	D	A	B	C	D
6	0	1.0	2.2	3.2	0	1.2	2.2	3.2
7	0	3.3	5.3	6.1	0	2.3	3.1	3.3
8	0	6.2	12.4	12.3	0	3.2	7.2	7.5
9	2.1	7.1	17.1	18.4	2.2	2.1	6.0	7.3
10	4.3	11.0	21.2	23.2	2.3	4.0	5.3	6.2
11	5.2	13.2	25.5	26.1	1.5	3.2	4.2	3.1

对表 3-20 不同间伐密度处理试验林的自然稀疏情况统计分析可知，同一密度级林分随林龄的增长，连年自然稀疏率逐步上升，出现一个峰值后开始下降。这种现象应该与间伐后林分恢复郁闭有关。

表 3-20 不同间伐密度对自然稀疏的影响

林龄 /年	总稀疏强度 /%				连年稀疏强度 /%			
	A	B	C	D	A	B	C	D
12	0	0	0.6	1.45	0	0	0.6	1.45
13	0	0.84	3.55	4.78	0	0.84	1.81	2.96
14	0	7.44	7.69	7.18	0	2.52	1.84	2.53
15	0	9.92	10.06	11.00	0	2.59	2.48	4.12
16	1.47	14.05	15.98	17.22	1.47	4.50	6.37	7.14
17	1.47	15.70	20.12	24.88	0	1.87	4.76	9.47
20	8.61	20.70	32.50	40.20	1.96	1.46	5.99	5.74
22	11.40	29.20	38.50	48.30	1.55	5.25	2.30	3.85
25	21.40	43.30	54.40	60.30	3.77	6.03	6.83	7.23

不同间伐密度处理出现稀疏峰值的时间有所不同，出现的时间依密度的减小而推迟，但 B、C、D 3 种处理出现稀疏峰值的时间基本接近。B、C、D 3 种处理的自然稀疏分别出现在 13 年生、12 年生、12 年生，A 处理 16 年生才出现稀疏现象。B、C、D 3 种处理第一个稀疏峰值时间分别出现在 16 年生、16 年生、17 年生，自然稀疏率分别为 4.50%、6.37%、9.47%，越过峰值时间后稀疏率有所下降。但林龄达 20 年生后，B、C、D 3 种处理稀疏强度又开始上升，25 年生时自然稀疏率分别为 6.03%、6.83%、7.23%，是否有第二个峰值时间有待进一步观测。从统计的总稀疏强度来看，总稀疏强度基本与密度正相关，A、B、C、D 4 种处理 20 年生时总稀疏强度分别为 8.61%、20.70%、32.50%、40.20%，25 年生时总稀疏强度分别为 21.40%、43.30%、54.40%、60.30%，可依据总稀疏强度为确定间伐强度提供可靠依据。

综合以上林木分化与自然稀疏规律可知：马尾松人工林的林木个体分化与自然稀疏高峰期主要出现在幼龄林郁闭后的一段时期内及进入中龄林速生期后的一段时期内，总稀疏强度与密度呈正相关。因此，在营林工作中，当幼龄林郁闭后及进入中林速生期后应及时进行抚育采伐，间伐小径阶被压木及部分中等木。间伐原则以留优去劣为主，适当照顾均匀。

3. 自然稀疏模型的研究

Clutter 等在研究林分株数随时间变化时采用的微分方程与其积分方程如下：

$$\frac{dN/dT}{N} = \alpha \cdot T^{\beta} \cdot N^{\gamma} \tag{1}$$

$$N_2 = \{ N_1^{-\gamma} - \alpha \cdot \gamma / (\beta+1) \cdot [T_2^{(\beta+1)} - T_1^{(\beta+1)}] \}^{(-1/\gamma)} \tag{2}$$

式（2）中，T_1、T_2 为林龄，N_1、N_2 分别为林龄 T_1、T_2 时每公顷的林木株数，α、γ、β 为参数。

国内学者引用后认为该数学模型拟合精度较高，且具有较好的生物学意义。因此，本书借鉴 Clutter 等对湿地松建立枯损函数的方法，并加以改善。研究表明，枯损不仅与现存株数（N）及林龄（A）有关，而且与立地条件有关，因此将立地因素引入微分方程。因为林分优势高（H_0）是立地指数（SI）、林龄（A）的函数，所以可通过引入变量 $T = A \cdot H_{0k}$ 来替代原微分方程中的变量 T，得如下方程（3）：

$$N_2 = [N_1^{C_0} + C_1 (A_1^{C_2} \cdot H_{01}^{C_3} - A_2^{C_2} \cdot H_{02}^{C_3})]^{1/C_0} \tag{3}$$

式（3）中，$C_0 = -\gamma$，$C_1 = \alpha \cdot \gamma / (\beta+1)$，$C_2 = (\beta+1)$，$C_3 = k \cdot (\beta+1)$，$H_{01}$、$H_{02}$ 为林龄 A_1、A_2 时的优势高。

用马尾松有关材料拟合方程后，求得如下参数：

$C_0 = -0.8067$，$C_1 = -8.0565E-07$，$C_2 = 1.5632$，$C_3 = 0.8588$

其中，相关系数 $r = 0.9956$，样本数 $N = 319$。

自然稀疏模型经过 F 检验与适用性检验，均符合统计要求。按建立的自然稀疏模型（3）拟合出 20 指数级马尾松自然稀疏情况（表3-21）。

表3-21　马尾松人工林自然稀疏情况[1]　　　　　　　　单位：株

造林密度 / （株·hm⁻²）	林龄 / 年												
	6	8	10	12	14	16	18	20	22	24	26	28	30
1500	1474	1433	1377	1310	1234	1154	1072	991	913	839	771	708	650
2000	1956	1888	1797	1689	1571	1448	1326	1209	1098	997	904	821	746
2500	2435	2334	2202	2048	1882	1714	1550	1396	1254	1126	1012	911	822
3000	2910	2771	2592	2387	2171	1955	1749	1559	1388	1236	1101	984	882
3500	3381	3200	2970	2710	2440	2176	1929	1704	1504	1329	1177	1045	932
4000	3849	3622	3336	3018	2693	2380	2091	1833	1606	1410	1242	1098	974
4500	4314	4036	3691	3312	2930	2568	2239	1949	1697	1482	1298	1143	1011
5000	4776	4443	4035	3593	3154	2743	2375	2054	1779	1545	1348	1182	1042
5500	5234	4844	4370	3863	3365	2906	2500	2150	1852	1602	1392	1217	1070
6000	5690	5238	4695	4121	3566	3059	2616	2237	1919	1653	1432	1248	1094

注：①为 20 指数级。

4. 最优林分密度的确定

确定林分在不同时期应保留株数的方法很多，其中通过动态规划方法建立优化密度控制模型，以确定林分在不同时期应保留株数的方法比较科学合理。本书也采用动态规划方法，依据单产密度二次效应模型，以收获量最大为目标函数，对文献中导出的优化密度模型（4）式进行拟合，形成了本林区马尾松密度控制模型。

$$N_i = C_0 \left(H_{i+1}^{C_1} - H_i^{C_1} \right) / \left[\left(2C_2 \left(H_{i+1}^{C_3} - H_i^{C_3} \right) \right) \right] \tag{4}$$

式中，N_i 为第 i 年时每亩应保留的株数；H_i 为第 i 年时林分平均优势高。

$C_0 = 1.708695E-05$，$C_1 = 3.455761$，$C_2 = 2.325435E-12$，$C_3 = 6.123525$，$r = 0.972256$，$n = 174$。

这样只要根据优势高生长方程便可求出林分在不同时期应保留的株数，从而求得最佳密度。

（二）疏伐时间、疏伐强度的确定

研究表明，培育马尾松用材林以中等疏伐强度 20%～35% 为好，故第 1 次疏伐时间是以造成林后的保留密度 N_1 为基础，通过与优化密度控制模型计算出的林龄阶段应保留的理想密度 N^* 相比来确定疏伐时间。从实际角度考虑，拟定当 $N_1 > N^* 10\%～15\%$ 时进行第 1 次疏伐，此时林龄 A_1 为第 1 次疏伐时间。为了保证每次疏伐有一定的间隔期，经济收益高，疏伐强度定为每次疏伐后保留的株数 N 小于理想密度 $N^* 15\%～20\%$，其疏伐强度为：

$$P = (N_1 - N^*) / N_1 \times 100\% \tag{5}$$

同样，当第 1 次间伐后保留的株数 N_1（A_1）大于 A_2 年时的 $N^* 10\%～15\%$ 时，进行第 2 次间伐，仍使伐后保留株数 N_2 小于该年理想密度 N^* 的 15%～20%。按此法推下去，直至主伐前 5～7 年不再疏伐。这种依据优化密度控制模型确定疏伐时间、强度的方法在生产实践工作中有很大的实用性，也便于在马尾松人工林经营模型系统中应用。

（三）疏伐木及间伐后林分生长预测模型研究

为了在模型系统中准确进行间伐效益评价，须对间伐木作出准确的预估。为此，根据试验材料及多年样地材料进行拟合，建立了疏伐木平均高预估方程。

$$H_{伐} = C_0 \times H_b^{C_1} \times P_n^{C_2} \tag{6}$$

式中，$H_{伐}$ 为间伐木平均高；H_b 为伐前林分平均高；P_n 为间伐株数比。

$C_0 = 0.2965104$，$C_1 = 1.453815$，$C_2 = 1.036577E-02$，$r = 0.92716$，$n = 68$。

根据伐前、伐后林分断面积的关系，推出间伐木平均断面积计算公式：

$$D_{伐} = \left[(D_b^2 \times N_b - D_a^2 N_a) / (N_b - N_a) \right]^{1/2} \tag{7}$$

式中，$D_{伐}$ 为间伐木平均胸径；D_b、D_a 为伐前、伐后林分平均胸径；N_b、N_a 为伐前、伐后公顷保留株数。

D_b、N_b、N_a 可从有关模型或造林密度、疏伐强度求出，D_a 可根据疏伐断面积与伐后断面积关系导出，见（8）式。

$$P_g = G_{伐}/G = (D_b^2 \cdot N_b - D_a^2 \cdot N_a)/(D_b^2 \cdot N_b) = 1 - (D_a/D_b)^2 \cdot (1 - N/N_b) = 1 - (D_a/D_b)^2 \cdot (1 - P_n)$$

所以 $D_a = D_b \cdot \left[(1 - P_g) / (1 - P_n) \right]^{1/2}$ \qquad (8)

式中，P_g 为疏伐断面积与伐前林分断面积之比；P_n 为疏伐株数与伐前林分株数之比。

为用（8）式预测 D_a，须建立 P_g 与 P_n 的关系式。Pienner 在 1979 年研究疏伐时，研究了二者的关系，并给出关系式：$P_n = P_g^a$，$P_g = P_n^b$。本研究根据实际得出：

$$P_g = a \cdot P_n^b \tag{9}$$

式中，$a = 0.710032$，$b = 1.235044$，$r = 0.92907$，$n = 38$。

将（9）式回代到（8）式，便可预测疏伐后林分平均胸径。依据 H_b、P_n 与伐后林分平均高（H_a）的关系，建立了 H_a 预测方程。此方程解决了下层间伐带来的非生长性增长问题；结合直径分布模型与材种出材量预测模型，可准确进行间伐经济效益评价。

$$H_a = C_0 \cdot H_b^{C_1} \cdot P_n^{C_2} \tag{10}$$

$C_0 = 1.119941$，$C_1 = 0.9678881$，$C_2 = 1.21233\text{E}-02$，$r = 0.99730$，$n = 68$。

本书从实用、方便、适用性等方面考虑，构建了间伐后林分平均胸径生长预测模型。

$$D_2 = C_0 \cdot D_1^{C_1} \cdot N_a^{C_2} H_{01}^{C_3} (1 + A_2 - A_1)^{C_4} \tag{11}$$

式中，D_2 为伐后某一时刻（A_2）待预估的断面积平均胸径；D_1 为伐后 A_1 时刻保留木的断面积平均胸径；N_a 为林分伐后每公顷保留的株数；H_{01} 为疏伐时的林分平均优势高；A_1、A_2 为林龄；C_0、C_1、C_2、C_3、C_4 为待定参数。

根据胸径与断面积的关系，导出疏伐后林分胸高断面积生长预测模型。

$$G_a = \pi C_0^2 \cdot D_1^{2C_1} \cdot N_a^{2C_2+1} H_{01}^{2C_3} (1 + A_2 - A_1)^{2C_4} / 40000 \tag{12}$$

（11）与（12）相容，参数可以互导。利用试验材料拟合（11）式，结果为：

$C_0=4.7455$，$C_1=0.7970$，$C_2=-0.0983$，$C_3=-0.1875$，$C_4=0.2436$，$r=0.974816$，$n=336$。

系统中各类模型均经过了 F 检验和适用性检验，精确率均符合要求。在生产应用中可根据不同培育目标选择相应的密度调控方式和最后的保存密度。

第五节　造林密度对马尾松林下植被与土壤肥力的影响

林下植被是人工林森林生态系统中的重要组成部分，在促进养分循环、维持森林生物多样性与生态系统功能稳定性等方面具有重要作用。植被与土壤紧密相关，一方面，土壤作为植物生长的载体，为植物的生长和发育提供养分，对植物群落结构和功能具有重要影响；另一方面，林下植被的缺失会引起地力衰退，进而影响到林地养分循环，二者通过相互协同作用维持森林生态系统的稳定。在研究植被与土壤的关系时，通常林分密度是主要考虑的因素。林分密度不仅影响林分的生长发育及林地生产力，还影响到森林植物群落中光、热、水分等生态因子的分配，从而改变林下环境，使得林下物种结构和多样性发生改变，最终影响林地土壤养分。造林密度是人工林培育中重要的技术环节，不仅影响林木生长，而且不同造林密度林分可通过自然稀疏或密度调控决定各时期的林分密度，从而对林下植被发育及土壤性质造成一定影响。因此，探讨造林密度长期影响下林下植被与土壤变化特征，对人工林森林经营管理具有重要意义。

马尾松是我国特有的乡土用材造林树种，具有分布广、适应能力强、耐干旱瘠薄、全树综合利用程度高等特点，在我国森林资源发展中不可缺少。以往关于不同密度对马尾松林下物种多样性及土壤特性影响的研究也有一些报道，但有关不同造林密度林下植被与土壤特性长期变化的研究报道较少，主要集中在造林密度的短期效应上，且在经营过程中往往还受到人为干扰，而在无人为干扰的自然状态下长时间连续监测研究不同造林密度对马尾松人工林森林生态系统的影响报道很少。为此，本书以 31 年生马尾松造林密度试验林固定样地为研究对象，探讨不同造林密度下马尾松人工林物种多样性和土壤特征变化，进一步阐明林下植被及土壤性质对不同造林密度的长期影响，为马尾松人工林长期可持续经营管理提供理论支撑。

一、材料与方法

（一）研究区概况

试验区位于广西凭祥市中国林业科学研究院实验中心伏波实验场，属于南亚热带季风气候区，光热条件极好，年均气温21℃，水量充沛，年均降水量1500mm，海拔130～1045m，地貌类型以低山为主，土壤类型以花岗岩发育的红壤为主，土层厚度在1m以上。灌木层植物主要有九节、三桠苦、毛稔、粗叶榕等，草本层植物主要有铁芒萁、卷柏、铁线蕨、淡竹叶等。

（二）样地设置及调查方法

该密度试验林于1989年1月采用1年生马尾松裸根苗定植，造林2年抚育补植后，再无任何人为干扰，属于长期固定监测试验样地。采用完全随机区组法分别设置4种初植密度，即A为1667株·hm^{-2}、B为3333株·hm^{-2}、C为5000株·hm^{-2}、D为6667株·hm^{-2}，每种密度处理下各重复4次，共16个固定试验样地，每个样地面积为600m^2。截至2020年，样地长期定位观测至林分31年生，不同密度林分基本状况见表3-22。

表3-22　样地基本概况

处理	造林密度 /（株·hm^{-2}）	现存密度 /（株·hm^{-2}）	海拔/m	坡向	平均胸径/cm	平均树高/m	郁闭度
A	1667	606	538	东	29.34±0.22a	20.8±0.81a	0.80
B	3333	678	512	东北	26.23±0.09b	21.12±0.07a	0.80
C	5000	678	531	东北	25.47±0.25bc	21.31±0.44a	0.85
D	6667	689	527	东北	25.28±0.99c	20.83±0.59a	0.90

注：同列数据后不同小写字母表示差异显著（$P < 0.05$）。

选取其中3个重复共12个样地，在每个样地内采用对角线法进行植物群落调查，沿对角线的两端和中心设置3个5m×5m的灌木样方，同时在每个样地4个角及中心共设置5个2m×2m的草本样方，调查并记录样方内每种植物的名称、株数或丛数、高度、盖度等。将样方内胸径小于5cm的小乔木记为灌木。

（三）样品采集与测定

土样采集是在每个样地内沿对角线等距离选择3个点，分别收集0～20cm和

＞20～40cm 土层的土壤，去除凋落物、石块等杂物后将同一土层土壤均匀混合，装入土壤袋并带回实验室，待自然风干后对其进行磨细、过筛处理，用于各土壤养分及酶活性指标的测定。土壤 pH 值、有机质、全氮、全磷、全钾等各土壤性质指标的测定方法均详细参考蔡琼等相关研究，土壤多酚氧化酶、脲酶、蔗糖酶和过氧化氢酶活性均是采用专业试剂盒进行测定。

（四）数据处理

林下灌、草物种重要值及各多样性指数计算公式如下：

$$重要值 = （相对密度 + 相对盖度 + 相对频度）/3$$

Margale 丰富度指数： $M = \dfrac{(S-1)}{\ln N}$

Simpson 优势度指数： $D = 1 - \sum_{i=1}^{S} (P_i)^2$

Shannon–Wiener 多样性指数： $H = -\sum_{i=1}^{S} (P_i \ln P_i)$

Pielou 均匀度指数： $J_{sw} = \left(-\sum_{i=1}^{S} P_i \ln P_i \right) / \ln S$

式中，P_i 为物种 i 的相对优势度，S 表示群落中所有物种数，N 表示所有物种个体数总和。

用 Excel 2016 进行数据整理与分析，用 SPSS25.0 进行单因素方差分析、Pearson 相关性分析和 Duncan 法多重比较（$P < 0.05$）。

二、结果与分析

（一）不同造林密度林下物种组成及重要值

表 3-23 表示不同密度马尾松人工林林下物种的组成。样地中植物种类共计 52 科 90 属 96 种，以樟科、茜草科、桑科、报春花科、禾本科、乌毛蕨科为主，其余物种大多为单科单属。其中，灌木层植物共 35 科 64 属 70 种，优势植物主要有九节（13.87%）、三桠苦（12.07%）、菝葜（8.08%）、毛楤（4.40%）等；草本层植物共 17 科 26 属 26 种，优势植物主要有铁芒萁（19.8%）、卷柏（13.95%）、淡竹叶（12.56%）、铁线蕨（9.7%）等。从表 3-24 可以看出，灌木层中物种数量明显多于草本层中物种数量。对不同密度马尾松林下物种组成及重要值研究发现，在长达 30 年后，不同造林密度处理间灌木层与草本层的优势种变化较小，优势种在不同处理间存在重叠现象，但重要值在不同处理间有一定差异。各处理灌木层中九节、三桠苦为共有种，九节在 A、B、C 密度下重要

值最大。草本层中共有植物为铁芒萁、卷柏，铁芒萁重要值在 A、B、D 密度下最大。以上结果表明，不同密度间马尾松林下优势种变化小，灌木层优势种以九节、三桠苦等为主，而草本层中优势种是以铁芒萁为主的蕨类植物。

表 3-23　不同密度马尾松人工林林下物种组成

密度	灌木层			草本层		
	科	属	种	科	属	种
A	24	36	39	11	15	15
B	22	30	34	12	14	14
C	24	33	37	14	20	20
D	24	35	38	12	18	18

表 3-24　不同密度马尾松人工林主要物种及重要值

层次	密度	主要物种	总重要值
灌木层	A	九节＋三桠苦＋菝葜＋罗伞树＋杉木	0.4574
	B	九节＋三桠苦＋菝葜＋毛桉＋酸藤子	0.4404
	C	九节＋柏拉木＋菝葜＋三桠苦＋金花茶	0.4500
	D	三桠苦＋九节＋小叶红叶藤＋土蜜树＋毛桉	0.4885
草本层	A	铁芒萁＋卷柏＋铁线蕨＋莪术＋双盖蕨	0.6192
	B	铁芒萁＋淡竹叶＋卷柏＋五节芒＋铁线蕨	0.7550
	C	卷柏＋淡竹叶＋铁芒萁＋铁线蕨＋金毛狗	0.6326
	D	铁芒萁＋五节芒＋铁线蕨＋卷柏＋淡竹叶	0.6261

（二）不同密度马尾松林下物种多样性

表 3-25 显示，不同造林密度间马尾松林下灌木层、草本层各多样性指数均无显著差异（$P > 0.05$），灌木层基本呈随造林密度的增加各项指数逐渐下降的趋势；草本层除丰富度指数（M）外，优势度指数（D）、多样性指数（H）、均匀度指数（J_{sw}）均随着林分密度的增大而逐渐下降，但在 D 密度时略有升高。灌木层、草本层中的各项指数均在 A 密度时最大。以上结果表明，经过 30 多年变化后，低密度造林下各多样性指数相对较高，有利于维持马尾松林下植物多样性。

表3-25　不同密度马尾松人工林物种多样性指数

层次	密度	M	D	H	J_{sw}
灌木层	A	$4.81 \pm 0.34a$	$0.93 \pm 0.03a$	$2.71 \pm 0.11a$	$0.90 \pm 0.06a$
	B	$4.23 \pm 1.11a$	$0.91 \pm 0.05a$	$2.57 \pm 0.43a$	$0.90 \pm 0.05a$
	C	$3.94 \pm 0.96a$	$0.88 \pm 0.04a$	$2.37 \pm 0.29a$	$0.85 \pm 0.03a$
	D	$4.40 \pm 1.58a$	$0.87 \pm 0.07a$	$2.39 \pm 0.45a$	$0.83 \pm 0.04a$
草本层	A	$2.71 \pm 0.37a$	$0.89 \pm 0.03a$	$2.08 \pm 0.16a$	$0.92 \pm 0.04a$
	B	$2.23 \pm 0.07a$	$0.82 \pm 0.07a$	$1.79 \pm 0.12a$	$0.84 \pm 0.10a$
	C	$2.64 \pm 0.49a$	$0.77 \pm 0.09a$	$1.78 \pm 0.27a$	$0.77 \pm 0.07a$
	D	$2.70 \pm 0.88a$	$0.87 \pm 0.06a$	$2.07 \pm 0.36a$	$0.88 \pm 0.03a$

注：同列数据后不同小写字母表示差异显著（$P < 0.05$）。

（三）不同造林密度马尾松人工林土壤养分及酶活性

如表3-26所示，不同造林密度马尾松人工林经过长时间的作用变化后，全氮、碱解氮、有效磷和土壤有机质含量在不同密度间存在显著差异（$P < 0.05$），但土壤pH值、全磷、全钾、速效钾含量无显著区别（$P > 0.05$）。除土壤pH值外，其余各项土壤养分指标均表现为下层（>20～40cm）低于上层（0～20cm）土壤，其中全钾含量在土层之间差异相对较小，且在A密度时达到最高，其余各土壤养分指标均以B密度最大，说明不同密度马尾松林下土壤养分含量在低密度下能保持良好状态，表层土壤养分含量明显高于土壤下层。

对马尾松林下4种土壤酶进行活性分析（表3-27），结果表明不同造林密度对土壤过氧化氢酶（CAT）、脲酶（UE）、多酚氧化酶（PPO）活性有显著影响（$P < 0.05$），但整体表现为随造林密度的增大先增加后减少再增加的变化趋势，3种土壤酶活性均以B密度最大；而造林密度对土壤蔗糖酶（SC）活性无显著影响（$P > 0.05$），但随密度的增加呈逐渐降低的趋势，在A密度时最大，说明在中低造林密度下土壤酶活性较高，有利于土壤肥力维持。

表 3-26 不同密度马尾松人工林土壤化学性质

土层/cm	密度	pH值	有机质/(g·kg⁻¹)	全氮/(g·kg⁻¹)	全磷/(g·kg⁻¹)	全钾/(g·kg⁻¹)	碱解氮/(mg·kg⁻¹)	有效磷/(mg·kg⁻¹)	速效钾/(mg·kg⁻¹)
0～20	A	4.38±0.13a	45.36±1.27ab	1.29±0.07b	0.24±0.01a	1.81±0.24a	45.28±3.41a	2.54±0.14a	14.75±2.99a
	B	4.36±0.02a	50.88±5.72a	1.56±0.19a	0.26±0.01a	1.67±0.10a	58.14±5.86a	2.76±0.37a	16.50±2.65a
	C	4.36±0.04a	42.37±3.76b	1.28±0.15b	0.25±0.03a	1.71±0.16a	50.42±4.90ab	2.15±0.09b	16.25±2.99a
	D	4.48±0.05a	47.25±1.56ab	1.38±0.10ab	0.26±0.01a	1.58±0.08a	48.71±7.70b	2.51±0.18a	16.00±3.27a
>20～40	A	4.83±0.04a	23.91±4.48ab	0.72±0.14b	0.21±0.01a	1.66±0.21a	29.50±4.23b	0.94±0.09ab	8.50±3.11a
	B	4.82±0.05a	26.15±2.33a	0.90±0.09a	0.20±0.01a	1.54±0.09a	38.41±5.07a	1.04±0.19a	8.25±1.26a
	C	4.79±0.06a	20.81±2.15b	0.69±0.09b	0.21±0.03a	1.60±0.27a	28.81±4.52b	0.75±0.13b	6.25±1.26a
	D	4.84±0.09a	24.78±0.73ab	0.79±0.05ab	0.22±0.00a	1.58±0.07a	33.10±3.28ab	0.92±0.06ab	7.75±1.26a

注：同列数据后不同小写字母表示差异显著（$P<0.05$）。

表 3-27 不同密度马尾松人工林土壤酶活性

土层/cm	密度	多酚氧化酶/(nmol·h⁻¹·g⁻¹)	过氧化氢酶/(μmol·h⁻¹·g⁻¹)	脲酶/(μg·d⁻¹·g⁻¹)	蔗糖酶/(mg·d⁻¹·g⁻¹)
0～20	A	232.94±11.18a	331.25±3.98c	306.41±5.37b	5.91±1.24a
	B	233.89±49.03a	363.10±7.75a	367.44±30.34a	5.34±0.91a
	C	213.58±26.52a	350.60±3.05b	248.42±24.15c	4.60±0.61a
	D	215.48±53.16a	362.20±6.68a	357.83±17.53a	4.60±0.84a
>20～40	A	146.64±6.09a	191.59±28.68c	130.30±36.54a	3.85±0.39a
	B	133.21±3.85ab	236.60±17.43ab	149.21±28.86a	3.71±0.37a
	C	108.77±1.52c	213.11±8.93bc	118.77±7.09a	3.15±0.59a
	D	115.61±23.78bc	258.08±15.60a	147.93±31.59a	3.56±0.08a

注：同列数据后不同小写字母表示差异显著（$P<0.05$）。

（四）马尾松林植物多样性与土壤养分的关系

从表 3-28 可以看出，在土壤上层中（0～20cm），土壤中的全钾含量与灌木层中丰富度指数以及各多样性指数呈极显著正相关（$P<0.01$），与草本层中优势度指数和均匀度指数呈显著正相关（$P<0.05$）。在>20～40cm 土层中，土壤全钾含量与草本层中优势度指数和多样性指数呈极显著正相关，与均匀度指数呈显著正相关，说明土壤中全钾含量与植物生长密切相关。除草本层中均匀度指数外，土壤 pH 值与全磷含量均与草本层的各多样性指数有显著相关关系，但两者都与灌木层不存在相关关系。土壤蔗糖酶在土壤下层中，除与草本层中多样性指数不相关外，与灌木层、草本层中的剩余各多样性指数都存在显著的相关关系。其余各土壤养分指标及各种土壤酶活性均与植物多样性无任何相关关系。总体来说，土壤中全钾含量、蔗糖酶活性与林下植物多样性相关性较强，其他土壤养分指标和土壤酶活性与植物多样性的相关性并不显著，说明全钾与蔗糖酶在一定程度上影响林下植物多样性。

表3-28　马尾松人工林下植物多样性与土壤性质相关系数

土壤性质	土层/cm	灌木层				草本层			
		M	D	H	J_{sw}	M	D	H	J_{sw}
TN	0～20	−0.241	−0.03	−0.069	0.168	−0.526	−0.338	−0.494	−0.253
	>20～40	−0.037	0.204	0.132	0.391	−0.270	0.214	−0.039	0.272
AN	0～20	−0.032	0.035	0.028	0.104	−0.273	−0.329	−0.333	−0.304
	>20～40	−0.041	0.157	0.124	0.297	−0.554	−0.004	−0.283	0.073
SOM	0～20	−0.085	0.031	0.010	0.109	−0.442	−0.073	−0.238	−0.053
	>20～40	0.148	0.388	0.323	0.495	−0.196	0.395	0.108	0.443
AP	0～20	0.142	0.332	0.305	0.466	−0.201	0.236	0.039	0.268
	>20～40	0.252	0.354	0.376	0.435	−0.291	0.310	0.033	0.387
AK	0～20	−0.054	−0.111	−0.099	−0.097	−0.087	−0.387	−0.254	−0.345
	>20～40	0.153	−0.119	0.002	−0.211	−0.041	0.263	0.268	0.251
TP	0～20	−0.364	−0.493	−0.478	−0.407	0.107	−0.404	−0.171	−0.348
	>20～40	0.365	0.118	0.225	−0.003	0.353	0.723**	0.667*	0.666*
TK	0～20	0.754**	0.840**	0.835**	0.747**	0.489	0.637*	0.564	0.665*
	>20～40	0.502	0.191	0.303	−0.011	0.509	0.729**	0.754**	0.652*
pH 值	0～20	0.151	−0.052	0.001	−0.175	0.649*	0.258	0.465	0.163
	>20～40	0.513	0.227	0.338	0.050	0.740**	0.532	0.705*	0.389
PPO	0～20	−0.333	−0.075	−0.122	0.187	−0.427	−0.056	−0.283	0.153
	>20～40	0.004	0.176	0.183	0.330	−0.440	0.216	−0.074	0.381
CAT	0～20	−0.261	−0.393	−0.350	−0.360	−0.309	−0.283	−0.288	−0.327
	>20～40	0.125	−0.177	−0.050	−0.289	0.213	0.108	0.228	0.056
UE	0～20	0.272	0.183	0.274	0.197	−0.072	0.399	0.257	0.476
	>20～40	0.584*	0.384	0.517	0.214	0.412	0.473	0.531	0.442
SC	0～20	0.127	0.243	0.270	0.300	−0.539	0.138	−0.170	0.310
	>20～40	0.530	0.594*	0.620*	0.583*	0.194	0.797**	0.541	0.786**

注：* 表示显著相关（$P < 0.05$），** 表示极显著相关（$P < 0.01$）。TN：全氮，AN：碱解氮，SOM：有机质，AP：有效磷，AK：速效钾，TP：全磷，TK：全钾。

三、讨论与结论

研究林下植物组成及多样性对于了解森林的结构与功能关系至关重要。本研究发现高造林密度下草本层中的物种数量高于低密度，这与孙千惠等研究得出随林分密度的增大林下物种数呈减少趋势结果不一致，可能是因为高密度林分自然稀疏过大，增强了林内光照，从而有利于喜阳性植物的生长。本实验还发现灌木层中植物种类要多于草本层，可能是因为灌木植物生长占据较大生态位，对草本植物的生长有一定的抑制作用，这也说明灌木层植物具有较好的生长优势，比草本层更适应当地马尾松林下环境。不同密度马尾松林下植被各多样性指数均无显著差异，这与舒韦维等研究结果一致，这可能与选取林分的林龄有关。本研究选取的密度试验林已接近成熟林（31 年生），经过 30 年的生长变化及自然稀疏过程，现在不同造林密度间林分保存密度与郁闭度都相差不大，林下环境逐渐趋同，因此导致不同密度马尾松林下植物多样性无明显差异。随着林龄继续增大，后期是否出现其他变化还有待进一步持续监测。尽管各多样性指数无显著差异，但在数值上仍存在一定变化趋势，尤其在 A、B、C 3 种密度下，各多样性指数随密度的增加呈现逐渐下降的趋势（即 A > B > C），这与张洋洋等研究结果一致。而在 D 密度时，灌木层、草本层中多样性指数有增大趋势，可能是因为最开始高密度下林分郁闭度较高，耐阴植物能够较早地进入有利环境中，随着林龄的增大，林分开始逐渐自然稀疏，并且高造林密度下的林分自然稀疏程度较大，从而导致林分密度降低，郁闭度变小，林内光照强度增大，故林下植物多样性指数会出现上升变化。不同造林密度林下植物各多样性指数均在 A 密度下有最大值，这说明就马尾松不同造林密度林下植被长期变化来看，低造林密度更有利于林下植物多样性的长期稳定发展。这与李明义等在对油松人工林植物多样性研究中得出当林分密度为 1675 株·hm^{-2} 时林下植物多样性发育状况较好的结果类似。

本研究中不同造林密度马尾松林下土壤有机质、全氮以及碱解氮存在显著差异，且 3 个土壤指标的含量均呈现相同变化趋势，并在 B 密度时达到最高，这与卜瑞瑛等的研究结果相似。氮素的产生主要依赖于土壤有机质的转化，因此二者变化一致。由于高造林密度下林木竞争比较激烈，对土壤养分的吸收和消耗量较大，加上林内光照和空间不足也使得林下植被稀疏，凋落物的分解速度也比较缓慢，所以高密度林分下土壤有机质含量相对偏低。本研究中土壤 pH 值表现为下层（>20～40cm）高于上层（0～20cm）土壤，而其余土壤养分指标则多为上层高于下层。土壤表层 pH 值较低，这是由于地面上的枯枝落叶发生分解，致使产生许多酸性物质停留在土壤表面；而土壤表层养分较高，是因为表层土壤中有着更强微生物活性及快速的有机物周转能力，这也证实了土壤养分的表聚性特点。本研究中土壤全钾与速效钾含量不存在显著差异，且随造林密度的增大无明显规律。尽管全钾随土层的加深相差不大，但其与速效钾含量均随着土层的加深呈现降低趋势，这很可能是因为高密度林分下自然稀疏导致光照增强，从而增加植物对钾的需求。此外，速效钾在土壤中主要以钾离子的形式存在，容易发生离子交换，故速效钾含量较低。土壤中全磷与有效磷二者含量均随土层的加深而下降，且其含量极低，这是因为在南方酸性土壤中游离铁离子与铝离子含量较高，容易与磷结合形成磷酸铝、磷酸铁沉淀物，因而土壤中磷含量较低。其余所测土壤养分和酶活性指标大多在 B 密度时最大，这与胡小燕、张勇强等对杉木人工林的研究结果一致。总的来说，低造林密度下更有利于土壤养分的积累。段爱国等对杉木人工林的 36 年跟踪研究也表明，初植密度在 3333 株·hm^{-2} 及以下更能维持土壤肥力。土壤蔗糖酶在土壤碳、氮转化中起着重要作用，蔗糖酶活性高说明人工林碳循环率高。

综上，通过对不同造林密度下 31 年生马尾松人工林林下物种组成、多样性及土壤特性长期变化研究发现，试验林经 30 年的演变后，灌木层、草本层物种数量在各密度间差异不显著，但灌木层物种种类明显多于草本层；不同造林密度马尾松林下植物多样性指数无显著差异，且灌木层与草本层各多样性指数均在 A 密度（1667 株·hm^{-2}）下达到最大；而不同造林密度下的土壤养分、酶活性指标大多在 B 密度（3333 株·hm^{-2}）下最高。林下物种多样性与土壤全钾、蔗糖酶相关性较强。尽管经过了长时间的变化，但仍表现为低造林密度 A 和 B 下更有利于马尾松人工林土壤肥力的长期维持和拥有较高的植物多样性。

第六节　马尾松人工林定向培育优化模式筛选

优化栽培模式是在一定立地条件下，根据培育目标，首先对各种营林技术措施进行合理组合，形成众多经营方案，然后采用经营模型系统对各方案逐年进行生长收获预测和经济分析，从中优化出每个培育方案的各类成熟年龄和合理采伐年龄，最后根据各方案采伐年龄的生长效应、收获量、经济效益等综合分析评价效果，依据优化原则，对各项营林技术措施和采伐年龄逐一进行优化，使其达到最佳组合，形成经济效益和生态效益均好的栽培模式。

一、马尾松建筑材林优化培育模式筛选

采用采伐年龄的确定方法，根据培育目标与广西的立地条件和具体生产实践，对栽培过程中其他主要栽培措施如密度（控制在 1600～6000 株·hm^{-2}，搜寻步长 200～300 株）、间伐次数（设 0～4 次）、间伐时间（第 1 次安排在 6～12 年生，第 2 次安排在 10～15 年生，第 3 次安排在 13～19 年生，搜寻步长为 1 年）、间伐强度（15%～50%，步长 5%）、中龄林施肥等策略进行组合，用马尾松专题组所建经营模型系统进行优化栽培模式的筛选，为不同立地指数级筛选出 1～2 种优化栽培模式。该优化模式可比传统经营模式内部收益率提高 1.6～2.8 个百分点。

二、马尾松纸浆材林优化培育模式筛选

根据纸浆材林年龄的确定方法，以培育纸浆材林为目标，结合马尾松专题组马尾松纸浆材林经营模型系统，筛选优化栽培模式（表 3-29、表 3-30）。具体方法：造林密度控制在 1600～6000 株·hm^{-2}，搜寻步长 100 株；施肥分中龄林施肥与不施肥 2 种处理；间伐次数设不间伐、间伐 1 次与间伐 2 次 3 种处理，第 1 次间伐时间控制在 8～12 年生，第 2 次控制在 11～13 年生，步长为 1 年；间伐强度为 10%～50%，步长为 5%。为主要立地指数级林地筛选出 2～3 种优化栽培模式，可比传统经营模式内部收益率提高 2～5 个百分点。

表3-29　南带马尾松建筑材林优化栽培模式

立地指数	培育目标	造林密度 /(株·hm⁻²)	间伐 林龄/年	强度/%	林龄/年	强度/%	林龄/年	强度/%	主伐 林龄/年	树高/m	胸径/cm	保留密度/(株·hm⁻²)	蓄积/(m³·hm⁻²)	间伐材积 1次	2次	3次	木材收获 小径材	中径材	大径材
14	小	3000	9	30	13	25	17	20	23	13.71	18.6	1134	197.0	5.0	10.0	14.1	150.6	18.6	
14	小	2500	11	25	15	20			23	13.56	17.6	1350	209.3	7.1	11.0		167.3	11.2	
16	小	2500	11	30	15	25			21	14.63	19.1	1181	229.4	14.0	20.4		169.2	28.3	
16	中	2000	12	30	16	25			25	17.02	22.8	945	292.0	16.9	22.9		154.2	86.7	14.7
16	中	1667	12	25	16	20			24	16.57	22.9	900	273.8	12.4	16.6		143.9	82.0	13.8
18	中	2000	12	30	16	25			22	17.47	23.3	945	314.3	23.6	30.0		153.9	101.4	20.0
18	中	1667	12	25	16	20			21	16.95	23.5	900	293.3	17.6	21.7		142.8	95.8	18.8
18	大	2000	11	30	15	25	19	25	27	20.82	28.1	709	391.8	18.6	25.6	38.4	105.9	150.9	87.8
20	中	2000	11	30	15	25			20	17.87	23.0	945	312.6	24.8	31.9		156.0	98.5	18.6
20	大	2000	11	30	15	25	19	25	26	22.41	28.2	709	425.7	24.8	31.9	46.0	109.1	160.7	103.0
20	大	1667	12	25	16	20	20	20	25	21.87	28.6	675	405.7	23.3	36.7	37.1	99.9	154.5	101.7
22	大	2000	11	30	15	25	19	25	25	23.75	28.4	709	453.7	31.5	38.3	53.6	111.5	168.3	115.9
22	大	1667	12	25	16	20	20	20	24	23.17	28.8	675	433.7	29.4	44.2	43.2	102.0	161.5	115.6

表 3-30　南带马尾松纸浆材优化栽培模式

立地指数	造林密度 / (株·hm⁻²)	间伐年龄 / 年	间伐强度 / %	保留密度 / (株·hm⁻²)	中林施肥	主伐年龄 / 年	保留密度 / (株·hm⁻²)	平均胸径 / cm	平均树高 / m	主伐蓄积 / (m³·hm⁻²)
14	3300	10		2877	施肥	17	2174	13.87	10.41	174.0
	3700	10	0.2	2548	施肥	19	1806	15.67	11.50	198.6
16	3100	8		2848	施肥	16	2101	14.75	11.37	204.3
	3100	8	0.2	2278	施肥	18	1615	17.18	12.68	230.3
18	3000	9		2666		15	2092	15.18	12.00	225.3
	3200	9	0.2	2261		16	1744	16.80	12.85	241.4
20	2800	10		2403		15	1935	16.42	13.38	266.1
	3000	10	0.2	2044		16	1612	18.12	14.27	282.4
22	2600	10		2232		15	1791	17.52	14.65	301.7
	2800	10	0.2	1907		16	1497	19.29	15.65	320.3

第四章

营林措施对林木营养特性的影响

养分供给是林木生长发育的物质基础，树体营养元素浓度与林木生长量、产量有密切的关系，它是林木施肥与营养诊断的理论基础。植物必须通过合理施肥，使树体营养元素浓度保持适当的水平与比例，才能实现稳产、高产的目标。在马尾松人工林的营林措施中，不同造林密度、不同抚育方式、不同整地方式对马尾松的养分状况无明显影响。因此，该研究主要检测分析不同施肥处理对马尾松养分状况与生物归还的影响。

第一节　施肥对马尾松针叶养分的影响

　　对马尾松人工林在"七五"和"八五"期间进行了一系列的施肥研究，并得出了可靠的结论，认为施肥能显著促进马尾松的生长，特别是对中龄林施用过磷酸钙，具有明显的增产效果。但是这一成果还不能广泛应用，因为施肥的肥效究竟是何因子的功用尚未清楚。同时在广西派阳山林场进行的马尾松中龄林施用磷肥品种试验，结果表明施用磷矿粉具有较好的效果。但磷矿粉是一种极其缓效的肥种，其中的磷不会很快被植物利用，因而对其施肥效用的原理有必要进行探讨。该研究从施肥后营养成分变化的角度，研究马尾松针叶 N、P、K、Ca、Mg 五大营养元素的变化状况，以达到了解施肥的效果及效用的目的。

一、材料与方法

　　主要研究施肥对马尾松针叶养分的影响。试验地前茬为杉木林，穴状整地。1983 年春造林，造林密度 4000 株·hm^{-2}。1991 年春设置试验地，施肥时林龄 9 年。保留密度 2250 株·hm^{-2}。平均树高 7.6m，平均胸径 10.3cm。各施肥小区为 20m×20m，重复内的处理沿等高线排在同一地形的坡面上，同一重复内的各小区立地条件、林相、密度保持一致。

　　试验采用随机区组排列，设 13 个施肥处理（表 4-1）。试验前各小区的土壤肥力特性见表 4-2。

表 4-1　试验各处理施肥量

肥种	施肥量 /（kg·hm^{-2}）												
	N_1	N_2	P_1	P_2	P_3	P_4	K	N_1P_1	N_1K	P_1K	N_1P_3K	N_2P_2K	CK
尿素	225	450	0	0	0	0	0	225	225	0	225	450	0
过钙镁磷	0	0	720	1440	2880	5760	0	0	0	720	2880	1440	0
氯化钾	0	0	0	0	0	0	360	360	360	360	360	360	0

表 4-2 土壤表层肥力特性

处理	pH 值	有机质	全 N	全 P	全 K	有效 N	速效 P	速效 K	交换性 Ca²⁺	交换性 Mg²⁺
		/ (g · kg⁻¹)				/ (mg · kg⁻¹)			/ [Cmol（M/2） · kg⁻¹]	
N₁	4.3	62.5	0.70	0.37	1.55	116.9	6.5	25.0	—	0.44
N₂	4.7	62.7	1.06	0.35	2.25	137.2	8.0	32.0	—	0.52
P₁	4.3	57.9	0.56	0.32	1.83	129.8	1.5	31.0	—	0.40
P₂	4.4	66.0	0.74	0.39	1.85	158.9	—	46.0	—	0.42
P₃	4.5	50.2	0.80	0.34	1.91	65.0	5.0	35.0	—	0.44
P₄	4.3	57.7	0.87	0.29	1.44	113.1	—	23.0	—	0.58
K	4.4	57.7	0.84	0.47	1.83	131.9	5.0	47.0	—	0.48
N₁P	4.3	63.1	1.39	0.43	2.62	164.2	4.0	37.0	—	0.44
N₁K	4.1	43.6	1.88	0.44	1.78	180.6	1.5	58.0	—	0.64
P₁K	4.5	53.6	0.69	0.39	1.44	112.4	3.0	32.0	—	0.46
N₁P₃K	4.5	56.7	0.74	0.36	1.52	141.4	4.5	50.0	—	0.32
N₂P₂K	4.4	106.2	1.77	0.46	1.66	162.0	6.5	53.0	—	0.42
CK	4.4	58.4	1.28	0.36	2.92	112.0	6.0	33.0	0.20	0.48

（一）材料采集

因为针叶树种对养分最敏感的营养器官为针叶，从马尾松中龄林随机区组施肥试验林 13 个不同处理的小区内，分部位、林木长势、针龄在不同季节、不同年份采集样品 400 份，用于研究施肥对针叶养分的影响。

（二）化学样品分析

样品经处理后，用 10∶1 的 H_2SO_4–$HClO_3$ 混合液湿法处理得系统分析液，N 用碱解扩散法，P 用钼蓝比色法，K 用火焰光度法，Ca、Mg 用 EDTA 络合滴定法测定。

（三）数据分析

数据材料分析主要采用方差分析的统计方法，分析不同施肥处理与施肥水平对林木营养影响的差异性。

二、结果与分析

（一）施肥后第 2 年内处理之间的养分状况

1993 年内每个小区 3 次取样，每次 7 个样品，计 21 个样品的平均值。施肥 2 年后马尾松针叶营养成分含量与方差分析见表 4-3。

表 4-3　施肥 2 年后马尾松针叶营养成分含量与方差分析

元素	处理 /（g·kg⁻¹）													F 值
	N_1	N_2	P_1	P_2	P_3	P_4	K	N_1P_1	N_1K	P_1K	N_1P_3K	N_2P_2K	CK	
N	14.6	15.1	13.6	12.1	12.6	12.2	13.2	12.2	13.1	11.9	13.3	11.9	10.6	5.14**
P	0.7	0.7	0.8	1.0	0.9	1.1	0.9	1.0	0.8	1.0	1.0	1.0	0.9	4.48**
K	5.7	7.4	6.1	8.2	6.6	6.1	7.5	6.9	8.4	7.9	7.8	8.4	7.7	4.50**
Ca	3.6	2.5	3.1	2.3	3.0	3.7	2.2	2.9	2.6	2.7	2.2	2.1	2.8	7.11**
Mg	1.9	1.9	2.4	2.2	2.2	2.3	1.8	2.3	2.1	2.3	2.0	1.9	1.9	4.18**

注：$F_{0.05}$=2.15；$F_{0.01}$=2.96。** 为极显著相关。

表 4-3 表明，施肥 2 年后马尾松针叶营养成分 N、P、K、Ca、Mg 均有显著的差异，经多重比较结果如下。

N 的变化表现：除 P_1K、N_2P_2K 处理与对照小区之间无显著差异外（其平均值仍高于对照），其余均达显著差异，而且 N_2 小区针叶含 N 量均显著超过其他小区（N_1 小区除外）。可见各施肥处理均能提高针叶 N 的含量，尤其以施用 N 肥更能提高针叶 N 的含量。

P 的变化表现：除 N_1、N_2、P_4 小区与对照小区之间显著差异外，其余均达不到显著差异。而从结果可以看出，施用 N 肥会显著降低针叶 P 的含量，而施用钙镁磷肥，只有施肥量达 5760kg·hm⁻² 时，才会显著提高针叶 P 的含量。

K 的变化表现：N_1、P_1、P_4 小区与对照小区之间的差异达到显著，其余各小区与对照之间均无显著差异。从这一结果可以看出，K 的变化除与施肥处理有关外，还与第 1 年土壤中速效 K 含量较低（见表 4-2）有关。由于本次试验施 K 肥量少，且土壤中总体的 K 贮量与其他类型的成土母质比较而言（特别是对照小区）相对较高。由此推知，该试验区土壤不缺 K，故针叶中 K 含量除取决于土壤中 K 的含量外，还与施肥处理有关。

Ca 的变化表现：N_1、P_2、P_4、K、N_1P_3K、N_2P_2K 小区与对照之间有显著差异，其中 P_4、N_1 2 小区值显著高于对照，其余均低于对照。从土壤中 Ca 含量来看，交换性 Ca^{2+} 几乎测不出来，表现出土壤缺 Ca；而施钙镁磷肥基本上均能提高针叶 Ca 的含量，单施 K 则显著降低 Ca 的含量，但针叶中 Ca 的含量与针叶含 K 量有极显著的负相关，尽管施用钙镁磷肥增强了土壤的供 Ca 能力，但由于针叶含 K 量高使得对 Ca 的吸收能力会减弱，因而表现出 P_2 小区针叶含 Ca 量极低，而 N_1 小区针叶含 Ca 量极高。

Mg 的变化表现：P_1、P_2、P_3、P_4、N_1P_1、P_1K 小区均具有比对照高的 Mg 含量，且单施 P 肥能显著提高针叶 Mg 的含量，单施 N 肥则 Mg 的含量未表现出差异，单施 K 肥则 Mg 的含量略下降。

（二）各施肥处理针叶逐年的养分状况

持续 4 年（于每年 4 月份）在每个小区采集 3 个针叶样品进行分析，平均结果见表 4-4。从表 4-4 可以看出，施肥后各小区的变化表现不一，有的仅 1 个元素含量发生改变，最多的有 3 个元素发生显著变化，多重比较结果表现如下。

N 含量的显著变化在 N_1P_1 小区表现为第 1、2 年高于第 3 年，N_1K 小区为第 1、2 年高于第 3 年，CK 小区（不施肥）为第 1 年（对照年）高于第 2 年，其余各小区均无显著差异，由这一结果可知施肥能显著提高针叶的含 N 水平。

P 含量的显著变化在 N_1 小区为第 4 年高于第 2 年，而与对照年无差异；P_4 小区表现为第 4 年高于第 1、2 年。

K 含量的变化在 P_1 小区表现为施肥后各年均显著高于第 1 年；P_2 小区显著差异为第 2、3、4 年高于第 1 年，且第 2 年还明显高于第 3 年；P_3 小区显著差异为第 2、4 年高于第 1 年；P_4 小区显著差异是第 2 年高于第 1 年；N_1P_1 小区多重比较不显著；P_1K 小区显著差异为第 3、4 年高于第 1、2 年；N_1P_3K 小区显著差异为第 3、4 年高于第 1、2 年；N_2P_2K 小区为第 2、4 年高于第 1 年；CK 小区显著差异为第 2、3 年高于第 1 年，第 2 年高于第 4 年。

Ca 含量的变化在 N_2 小区显著差异表现为第 4 年显著高于第 2 年；K 小区显著差异为第 1 年高于第 3 年；N_2P_2K 小区表现为第 4 年高于前 3 年。

Mg 含量的变化在 P_1 小区显著差异表现为施肥后各年显著高于对照年；N_1P_1 小区为第 3、4 年高于第 1 年；N_1K 小区显著差异为第 2、3、4 年高于第 1 年；P_1K 小区为第 2、3、4 年高于第 1 年；N_2P_2K 小区显著差异表现为第 4 年高于第 1 年。

表 4-4　不同施肥处理针叶的养分含量方差分析

元素	处理												
	N_1	N_2	P_1	P_2	P_3	P_4	K	N_1P_1	N_1K	P_1K	N_1P_3K	N_2P_2K	CK
N	0.9	2.61	1.09	1.71	4.6	1.14	1.88	8.20**	6.76*	3.57	1.77	3.61	5.53*
P	8.23**	1.97	0.08	0.78	3.98	6.06*	0.96	0.87	1.35	1.35	1.04	1.11	1.1
K	1.69	1.82	12.55**	29.58**	10.30**	6.04*	1.54	4.78*	2.89	14.91**	19.47**	7.59**	15.21**
Ca	1.05	5.50*	3.98	2.44	3.2	2.51	5.58*	1.61	0.49	2.38	1.79	14.54**	1.21
Mg	3.41	3.26	14.02**	1.04	0.86	0.53	0.38	6.77*	12.36**	10.21**	1.06	5.40*	2.38

注：$F_{0.05}=4.07$，$F_{0.01}=7.59$。* 为显著相关，** 为极显著相关。

（三）各施肥处理间养分元素差异状况

从表4-5不同施肥处理间针叶养分元素含量年度方差分析可以看出，1993年4月针叶N、P、Ca元素含量均达到0.05以上显著差异，1994年4月K、Ca、Mg有显著差异，1995年4月K、Mg仍保持显著差异。由结果比较可知，针叶K、Mg元素含量差异显著性表现略为推后，即1993年4月仍未表现出显著差异。但到1995年4月只有K、Mg元素有显著差异，其余元素已无显著差异。

表4-5　不同施肥处理间针叶养分元素含量年度方差分析

年度	元素				
	N	P	K	Ca	Mg
1993	3.80**	2.97*	1.95	7.10**	1.89
1994	1.43	1.78	5.32**	3.35**	3.23*
1995	0.73	1.22	3.29**	1.98	2.43*

注：$F_{0.05}$=2.18，$F_{0.01}$=3.03。* 为显著相关，** 为极显著相关。

多重比较结果如下。

N元素表现为1993年4月的差异除N_2P_2K小区外的其他小区含N量均显著高于CK小区；1994年、1995年含N量无显著差异；施肥对于针叶含N量的影响，主要表现在施肥后第1年。

P元素表现为1993年4月的差异是显著的，但经多重比较，结果差异不显著；1994年、1995年也无差异。

K元素表现为1993年4月的含量无显著差异；1994年4月则表现出P_1K、N_1P_1小区含量明显高于P_3、P_4、N_1小区，且P_1K小区的量还高于P_1、N_1K小区；1995年4月为P_1K小区K含量明显高于P_1、CK、P_4、N_1K小区；对K含量的影响，单施P表现为降低，而施用P与N或K配合均能显著提高针叶K含量。

Ca元素1993年4月的差异表现在P_4小区（施钙镁磷肥量为5760kg·hm^{-2}）含量显著高于除N_1、CK以外的其余小区，而N_1小区也含有高于N_2、P_2、N_1K、N_1P_3K、N_2P_2K小区的量，这是因为针叶含K与含Ca之间存在着拮抗作用，N_1小区含K量低，故而Ca含量高；1994年4月Ca的显著差异为P_4小区高于P_3、K、N_1P_1、P_1K、N_1P_3K、N_2P_2K、CK、N_2小区；1995年4月则无显著差异；如要增加针叶Ca含量，只有施用钙镁磷肥达5760kg·hm^{-2}以上或减少针叶K含量才能达到目的。

Mg元素表现为1993年4月无显著差异；1994年4月显著差异则表现在P_4小区高于K、N_2、N_1P_3K、P_3小区；1995年4月各小区间经多重比较结果为差异不显著。

（四）施肥后萌发的第一批针叶养分状况

1992 年 4 月施肥之后，1992 年 7 月始萌出第一批针叶，从针叶萌发到落下之间每90 天采一次样，计 6 次采样，结果见表 4-6。从表中可以看出，施肥后针叶的 N、Mg差异不显著，但各处理小区基本上均比对照小区含量高；而 P、K、Ca 则有显著变化，经多重比较，P 元素以 P_4 小区显著高于单施 N、K 小区；K 元素则在施用 K 肥的小区与施 N、P 的小区之间有显著差异（P_2 小区较为特殊）；Ca 则为施 P 处理的小区含量高，且与配合施用 N、K 或单施 K 的小区比较，差异显著；而对照小区与单施 K 肥小区比较也有显著差异。其结果可知，马尾松针叶含 Ca 量的多与少同含 K 量的少与多相一致，说明马尾松针叶中的 K 与 Ca 存在相互排斥的现象。

表 4-6　施肥后抽出的第一批针叶养分含量与方差分析

元素	处理 / ($g \cdot kg^{-1}$)													F 值
	N_1	N_2	P_1	P_2	P_3	P_4	K	N_1P_1	N_1K	P_1K	N_1P_3K	N_2P_2K	CK	
N	14.0	13.6	14.0	12.2	12.1	12.2	11.5	12.2	12.8	12.9	13.6	12.5	12.4	0.88
P	0.8	0.8	0.9	1.1	1.1	1.3	0.9	1.0	1.0	1.1	1.2	1.1	1.0	2.49[**]
K	3.4	4.4	4.7	7.2	4.8	4.6	5.2	5.1	5.9	5.5	5.8	6.7	6.1	4.65[**]
Ca	3.9	2.2	3.8	1.8	3.3	4.0	2.2	3.4	2.5	2.8	2.4	2.6	3.1	4.44[**]
Mg	1.3	1.2	1.5	1.6	1.6	1.8	1.5	1.4	1.8	1.7	1.3	1.2	1.1	1.04

三、结论

（1）通过对马尾松人工中龄林施肥后，连续 4 年针叶养分研究，结果显示，各施肥处理对 N、P、K、Ca、Mg 五大营养元素含量都有显著影响，1 年后，5 种营养元素均有显著的差异。具体表现：各施肥处理之间针叶养分含量的差异在各个元素上各具特点，施肥能显著提高针叶 N 含量，但只在 1 年内（即施肥 1 年后）N 元素有显著差异；针叶含 P 量的差异显著性同 N 元素一样，且只有施用最高量 P 肥时才具显著差异性，而单施N 则会显著降低针叶 P 含量；针叶 K 元素则以施 P 配合施 N 或施 K 能显著提高，单施P 会降低 K 含量；Ca、Mg 元素则以施用最高量钙镁磷肥才会显著提高针叶中的含量。

（2）施用尿素、钙镁磷肥、氯化钾肥均能显著影响针叶养分总含量，单施某一肥料均会显著增高或降低针叶中的某种或几种营养元素含量，而多元素平衡配合施用，则其供肥性能变化与对照差异不大。故而施肥时应进行诊断，以确定缺乏的元素，从而有目的地进行施肥，以达到最佳效果。针叶5种营养元素含量显著性持续时间为K、Mg达3年，而N、P、Ca只有1年。

第二节　施肥对马尾松人工中龄林生物归还的影响研究

林木在生长过程中，不断地与土壤环境进行物质与能量的交换，生物归还是其中的一个重要环节。国内外学者对此进行了大量的研究，但对施肥措施下马尾松生物归还的影响研究很少。已有相关研究表明，施肥对马尾松人工中龄林生长有显著效应，同时马尾松中龄期也是杆材生长的速生期。研究马尾松中龄林施肥条件下生物归还与养分供应特点，对于马尾松人工林生态系统的认识与营林技术的改善均有重要意义。

一、材料与方法

试验材料来源与处理方法同养分影响研究。

从马尾松中龄林随机区组施肥试验林中选择生长状况较为一致的试验区组（13个小区），每个小区内放置3个1m×1m的枯枝落叶纱网收集器，每隔2个月收集枯枝落叶并分为枝、叶及花杂，以小区为单位装袋，烘干后称重，得到单位面积上各类枯落物重量。将各小区样品充分混合，再随机采取部分样品作化学分析用。定位观测自1993年4月开始并持续进行1.5年，材料用于研究施肥对马尾松人工中龄林生物归还的影响。

二、结果分析

（一）不同施肥处理枯枝落叶归还特性

施肥1年后各处理的枯枝落叶量统计结果见表4-7。从表中可看出，对照小区总枯枝落叶量为4959.9kg·hm^{-2}，其中枯枝、落叶及花杂量分别占总枯枝落叶量的5.3%、82.4%、12.3%。而施肥可改变凋落物量及其分布，施肥后总枯枝落叶量最高可达5673.8kg·hm^{-2}。分析可知：

（1）枯枝量最高可达344.3kg·hm^{-2}（施P$_1$），最低则只有43.9kg·hm^{-2}（施N$_2$P$_2$K），方差分析显示为差异不显著。

（2）落叶量最高为4746.0kg·hm^{-2}（施N$_1$K），最低只有3162.1kg·hm^{-2}（施N$_2$P$_2$K）；

仅只施 N_2P_2K 显著降低落叶量（与对照比），达到 0.05 显著差异水平，其余与对照无显著差异；但施用 N_2、P_2、P_3、P_4、K、N_1P_1、N_1K 的落叶量显著高于施用 N_1P_3K、N_2P_2K。除此之外，施用 N_1K、K 的落叶量还显著高于施 P_1K 和 P_1，表明 N、P、K 配合施用具有显著降低落叶的作用；施 N_2P_2K 显著减少落叶量，对提高马尾松生长量的作用也较大，因此施 N_2P_2K 可以促进马尾松的生长。

（3）花杂最高可达 1183.5kg·hm^{-2}（施 P_3），最低仅为 370.3kg·hm^{-2}（施 N_1）。施用 N_2、P_3、N_1P_1 花杂量高，具有显著提高花杂归还量的作用（与对照比）；而施 N_1 小区花杂量少；N_2、P_1、P_3、P_4、N_1P_1、N_1K 与 N_1 间有显著差异；N_2 与 P_2、P_3、K、P_1K、N_1P_3K、N_2P_2K、CK 间有显著差异；P_3 与除 N_1P_1 外的其他小区间差异显著。

除枯枝外，施肥对落叶、花杂及总枯枝落叶量均有极显著的影响。

表 4-7　施肥后 1 年的枯枝落叶积累量与方差分析　　单位：kg·hm^{-2}（F 值除外）

处理	枯枝	落叶	花杂	总重
N_1	105.6a	3898.2abcd	370.3a	4374.4abcd
N_2	343.5a	4215.0cd	908.6e	5467.1e
P_1	344.3a	3579.0abc	790.4cde	4713.6abcd
P_2	189.1a	4406.6cd	593.2abcd	5188.7cde
P_3	222.4a	4229.5cd	1183.5f	5635.4e
P_4	134.7a	4440.4cd	855.4de	5430.7e
K	50.7a	4704.7d	559.3abc	5314.9de
N_1P_1	116.7a	4420.4cd	980.0ef	5527.5e
N_1K	196.4a	4746.0d	731.3bcde	5673.8e
P_1K	113.9a	3649.1abc	519.7ab	4282.5abc
N_1P_3K	168.2a	3229.7ab	620.8abcd	3998.7ab
N_2P_2K	43.9a	3162.1a	560.0abc	3766.2a
CK	262.7a	4086.1bcd	611.0abcd	4959.9bcde
F 值	1.24	2.77**	35.20**	3.43**

注：** 为极显著相关。同列字母表示差异显著性的多重比较结果，两两之间有相同字母为差异不显著。

（二）不同时间枯枝落叶归还特点

不同施肥处理的枯落物，不同时间归还总量均具有较为一致的归还规律。即 10—12 月归还量最大，12 月至翌年 2 月略低，而 4—8 月归还量略有差异；枯枝、落叶、花杂的规律也相似，汇总如图 4-1，可以看出不同时间的生物归还量差别较大。枯枝归还量最高在 4—6 月；落叶则差别较大，10 月至翌年 2 月的 4 个月间占全年总落叶归还量的

61.8%，加上2—4月的落叶量则可达80%。花杂的归还量为4—6月最多，占总归还量的38.2%，最低为10—12月。总量的归还大致与落叶的规律一致，但由于枯枝、花杂的加入而略有改变。枯枝落叶的归还规律可从图4-1反映出来：枯枝量4—6月最高，10—12月次高，表现为W型；落叶量以10—12月最高，表现为U型；花杂量以10—12月为最低，表现为倒S型；枯枝落叶总量则在枯枝的W型和落叶的U型基础上表现出的也是一个W型。

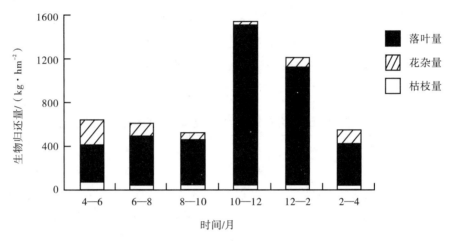

图4-1　不同时间枯枝落叶归还量

不同时间枯枝落叶归还量的结果见表4-8。从表中可以看出，枯枝各时间段间无显著差异。10—12月、12月至翌年2月间的落叶量与其他时间之间有显著差异，而6—8月与4—6月间的落叶量达到0.05差异水平，其余皆无显著差异。花杂量除4—6月与其他月份间差异极显著外，2—4月与10—12月、8—10月也有极显著差异，8—10月与10—12月间无显著差异。总量表现为10—12月、12月至翌年2月与其他各月间有极显著差异，4—6月与2—4月、8—10月间达到0.05差异水平，其余月份间无显著差异，说明生物归还的时间具有不均衡性。

表4-8　不同时间枯枝落叶归还量方差分析

枯落物	归还时间						F值
	4—6月	6—8月	8—10月	10—12月	12月至翌年2月	2—4月	
枯枝	50.8a	18.5a	23.3a	30.3a	28.9a	24.5a	1.31
落叶	326.2a	450.1b	408.0ab	1458.6d	1068.2c	377.9ab	178.16**
花杂	233.2d	113.0bc	60.0a	82.4ab	101.2bc	124.3c	29.94**
总量	610.2b	581.6ab	491.3a	1571.3d	1198.3c	526.7a	127.22**

注：$F_{0.05}=2.42$，同列字母表示差异显著性的多重比较结果，两两之间有相同字母为差异不显著。

（三）营养元素归还特点

根据对不同施肥处理下生物归还动态的研究，各施肥处理间的 N、P、K 和 Ca、Mg 均无显著差异（表 4-9），即归还的营养元素大致相当。1 年内元素的归还量：N 为 24.13～46.36kg·hm^{-2}，P 为 1.18～2.34kg·hm^{-2}，K 为 4.30～9.39kg·hm^{-2}，Ca 为 11.56～23.44kg·hm^{-2}，Mg 为 4.25～10.62kg·hm^{-2}。

表 4-9　施肥 1 年后各处理营养元素归还总量与方差分析

处理	元素 /（kg·hm^{-2}）				
	N	P	K	Ca	Mg
N$_1$	36.17	1.18	4.30	14.89	4.25
N$_2$	46.19	1.81	7.30	14.89	9.30
P$_1$	30.14	1.82	5.96	17.85	8.40
P$_2$	27.66	1.64	6.37	18.65	5.71
P$_3$	42.15	2.34	6.14	20.86	8.88
P$_4$	38.60	2.33	6.26	20.18	9.67
K	46.36	1.81	6.37	21.38	4.30
N$_1$P$_1$	34.67	2.16	7.45	21.98	6.91
N$_1$K	39.15	1.91	9.39	20.57	10.62
P$_1$K	24.13	1.42	5.40	16.16	7.11
N$_1$P$_3$K	31.86	1.63	5.94	15.61	5.95
N$_2$P$_2$K	28.59	1.41	5.85	11.56	4.55
CK	30.30	1.58	5.93	23.44	5.22
F 值	1.23	1.81	2.08	0.06	1.46

注：$F_{0.05}$=2.12。

不同枯落物养分归还量的分析结果见表 4-10。不同枯落物归还量有显著差异，落叶的各个元素归还量最大，占归还元素总量的 80.8%～87.6%；枯枝归还的元素量最少，占总量的 1.1%～4.6%。1 年内营养元素归还平均值 N 为 35.07kg·hm^{-2}、P 为 1.77kg·hm^{-2}、K 为 6.36kg·hm^{-2}、Ca 为 18.30kg·hm^{-2}、Mg 为 6.99kg·hm^{-2}。

营养元素以落叶归还所占比重最大，施肥后马尾松针叶所含营养元素各处理间均达到极显著差异水平，而 1 年内以枯枝落叶的形式返回到土壤的各营养元素的量在所有处理间均无显著差异，表明施肥后马尾松针叶吸收的养分在 1 年内基本保存在马尾松体内，从而增强了马尾松的营养供应，起到促进生长的作用。

表 4–10　不同枯落物的元素归还量与方差分析

枯落物	元素									
	N		P		K		Ca		Mg	
	归还量 /(kg·hm⁻²)	占总量 /%	归还量 /(kg·hm⁻²)	占总量 /%	归还量 /(kg·hm⁻²)	占总量 /%	归还量 /(kg·hm⁻²)	占总量 /%	归还量 /(kg·hm⁻²)	占总量 /%
枯枝	0.51	1.5	0.02	1.1	0.24	3.8	0.53	2.9	0.32	4.6
落叶	30.74	87.6	1.43	80.8	5.35	84.1	15.91	86.9	5.74	82.1
花杂	3.82	10.9	0.32	18.1	0.77	12.1	1.86	10.2	0.93	13.3
总量	35.07	100	1.77	100	6.36	100	18.30	100	6.99	100
F 值	260.62**		309.28**		447.09**		15.11**		104.30**	

注：** 为极显著相关。

三、结论与讨论

（1）马尾松 1 年内枯枝落叶总量达约 $5000 kg·hm^{-2}$，其中落叶最多，占总量的 75%～89%，枯枝最少。施肥对于枯枝归还量无显著影响，而不同施肥种类对于落叶、花杂、枯落物总量有极显著的影响。各施肥处理间不同时间的归还规律相似，而不同的枯落物种类其归还高峰期不同，枯落物总量以 10—12 月和 12 月至翌年 2 月所占比例最大。

（2）施肥对马尾松枯落物归还的营养元素量无显著影响，施肥后马尾松针叶吸收的养分在 1 年内基本保存在马尾松体内，从而增强了马尾松的营养供应，起到促进生长的作用。1 年内营养元素归还量以枯枝归还的营养元素量最少，而落叶归还的营养元素最多，占归还元素总量的 80.8%～87.6%。

第五章

营林措施对马尾松木材
主要性质的影响

木材材性是联结森林培育与森林利用方向的纽带，它直接影响木材加工利用的方向。随着人工林定向培育方针的实施，研究营林措施与木材性质的关系，已成为国内外学者关注的热点。木材密度、干缩率、生长轮、早晚材比率等是建筑材质量的重要指标；木材密度、早晚材比率、管胞形态等是纸浆纤维用材的重要指标。因此，研究营林措施对马尾松木材主要性质的影响，能为马尾松人工林的定向培育技术提供科学的理论依据。

马尾松是我国南方分布最广的工业用材树种，但对于马尾松木材性质的研究多见于天然林，人工林马尾松木材性质的研究刚刚起步，特别是造林密度对马尾松材性的影响。针对以往研究中存在的不足，本章主要研究造林密度与施肥措施对马尾松木材性质的影响，为培育马尾松优质高效用材林和特用林确定营林措施提供科学依据。

第一节　造林密度对马尾松木材主要性质的影响

一、材料与方法

（一）材料采集

试材采自贵州龙里林场 15 年生马尾松造林密度试验林。该试验设 5 个处理试验区，即 1111 株·hm^{-2}、2500 株·hm^{-2}、4444 株·hm^{-2}、10000 株·hm^{-2}、20408 株·hm^{-2}，分别以 A、B、C、D、E 表示。3 次重复，各试验地立地指数为 16。A、B、C、D、E 各处理试验区平均树高分别为 8.66m、9.62m、9.37m、10.18m、10.01m，平均胸径分别为 11.58cm、11.61cm、9.22cm、8.45cm、7.47cm。

在每个小区各取一株平均木（共 14 株）作为样木，伐倒后每一样木取厚度为 5cm 的胸径盘供生长轮特性和解剖特性分析用，同时各样木分别按 3：4：5（上部：中部：下部）截取木段，混合制样供木材基本密度测试用。

（二）材料处理方法

木材基本密度按 AS1301.IS–79 标准测定，采用排水法测定体积。

木材构造的测定。将胸径圆盘创光沿南北方向画一条直线，逐年测定生长轮宽度，计算南北平均值和晚材率。在胸径盘北向取 2cm 宽的木条，上、下一分为二，上部从外向内每隔一年轮（取奇数年轮），下部取完整年轮，上、下部均分别按早、晚材，制取火柴棍大小的木条，采用 Franklin 方法离析试样，用于测定管胞长度和宽度。将试样置于清水瓶中，放入 60～70℃ 的恒温箱中进行软化，常规切片，制成永久切片。在显微镜下，分别测定早、晚材径向腔径（简称"径腔"）、弦向腔径（简称"弦腔"）、管胞径向壁厚（简称"径壁"）、弦向壁厚（简称"弦壁"）。各随机读取 30 组数据，每一个年轮各测 60 次，计算相应的长宽比和壁腔比。根据称量法测定管胞、树脂道和木射线的组织比量。

数据材料分析主要采用方差分析的统计方法，分析不同密度处理对木材性质的影响。

二、结果与分析

（一）造林密度对木材基本密度的影响

经统计分析，不同造林密度的木材基本密度虽未达到统计学的差异显著水平，但却具有明显的规律性（表 5-1）。随着造林密度的加大，木材基本密度增加，但到一定造林密度后木材基本密度反而有所下降。此特点与其他针叶材相似。

（二）造林密度对生长轮宽度和晚材率的影响

造林密度对生长轮宽度影响极显著，对晚材率的影响显著（表 5-1）。造林密度与生长轮宽度呈负相关关系，与许多学者对其他树种的研究结果一致；与晚材率则基本呈正相关关系。

表 5-1 不同造林密度木材基本密度、生长轮宽度和晚材率

造林密度	木材基本密度 / (g·cm^{-3})	生长轮宽度 /mm	晚材率 /%
A	0.3425	4.13	27.35
B	0.3913	3.81	37.12
C	0.4000	3.01	29.12
D	0.4230	3.00	35.37
E	0.3940	2.50	40.09
F 值	1.84	7.48**	3.31*

注：* 为显著水平，** 为极显著水平。

不同造林密度马尾松逐年生长轮宽度的变化过程见图 5-1。图中既反映了不同造林密度在不同树龄时期生长轮宽度变化，又表现了各个树龄阶段不同造林密度树木生长轮宽度差异程度的不同。造林密度对马尾松生长轮宽度的影响在其树木生长过程中具有明

显的规律性。随着树龄的增长，马尾松生长轮逐年增宽，最晚到达9年时生长轮宽度达到最大。在此之前造林密度对生长轮宽度无影响。从第9年开始造林密度的影响明显增强，到15年时马尾松生长轮宽度趋于稳定。随树龄的增长，生长轮宽度呈现"增加—降低—平稳"的规律。但不同造林密度随树龄的增长，其生长轮宽度变化程度不同，A、B、C、D、E 5种造林密度下马尾松生长轮宽度径向变异F值分别为2.15、7.15、5.92、3.04、2.87，其中B、C造林密度生长轮宽度变化达显著水平，而较低或较高的造林密度，即A、D、E造林密度变化不显著。

在不同造林密度下生长轮宽度最大值出现的树龄不一致，这反映树木直径生长速率受造林密度的影响。造林密度大则马尾松生长轮宽度最大值出现早，造林密度小则马尾松生长轮宽度最大值出现较晚，即造林密度增大使树木生长高峰提前，直径生长减小。

造林密度对晚材率的影响与树龄关系密切，不同造林密度晚材率径向变异差异不显著（图5-2），但幼龄后期约9年时，即林分郁闭以后造林密度的影响开始显现，造林密度大的林分木材晚材率较大。图5-2表明晚材率随树龄的增长逐渐增加，但不同造林密度木材晚材率径向变异程度不同。D造林密度晚材率径向变异甚至达到统计学的差异显著水平。

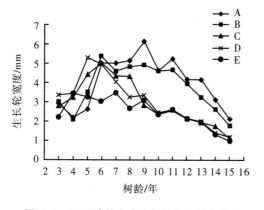

图5-1　不同造林密度生长轮宽度径向变异

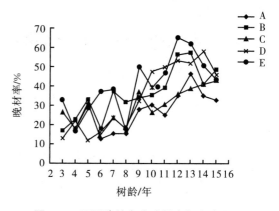

图5-2　不同造林密度晚材率径向变异

不同造林密度生长轮宽度、晚材率和木材基本密度变化说明，B造林密度的生长轮宽度和晚材率较大，具有一定的木材基本密度；C、D造林密度的木材基本密度较大，达到了生产纸浆的要求。因此，B造林密度可用于培育大径材，如建筑材等；C、D造林密度可用于培育纤维用材，如纸浆材等。造林密度小的林分比造林密度大的林分木材成熟期稍晚，故建筑材林轮伐期应比纸浆材林长一些。

（三）造林密度对木材解剖学特性的影响

1. 管胞形态

不同造林密度马尾松木材管胞总体平均指标（即各年综合平均值）差异不大（表5-2），差异均不显著，管胞壁厚与壁腔比随造林密度的增大有所增加。管胞长度径向变异受造林密度影响。表5-3和图5-3表明，同一处理的管胞长度随树龄的增长而增加的趋势相同，但造林密度不同其差异显著程度不同。表5-3生长轮管胞形态方差分析表明，A、B、C、D、E 5种造林密度，管胞长度径向变异 F 值分别为0.311、5.244、6.165、6.17、6.087，说明较低的造林密度管胞长度随树龄的增长而增长，且未达到显著水平。较高的造林密度如B、C、D、E各生长轮管胞长度径向变异程度逐年显著增长，15年生时达到最大。造纸用材适宜的管胞形态是管胞长，尤其是长宽比大，管胞壁薄，腔大，即壁腔比小（≤1）。各种造林密度的马尾松，15年生时管胞平均长度为3.024～3.220mm，长宽比为84～95，壁腔比为0.36～0.45。不同造林密度管胞形态虽差异不显著，但通过综合比较可以认为，培育纸浆林较为合适的造林密度是C。

表5-2　不同造林密度马尾松管胞形态

造林密度	指标	长度 /μm	直径 /μm	弦径 /μm	长宽比	腔径 /μm	弦腔径 /μm	径壁厚 /μm	弦壁厚 /μm	壁腔比
A	e	2864.06	38.61	36.67	79.81	30.33	28.13	2.66	2.75	0.17
	l	3183.31	27.83	33.14	100.53	15.23	19.39	4.79	5.36	0.55
	a	3023.69	33.22	34.91	90.17	22.78	23.76	3.73	4.05	0.36
B	e	3053.77	40.75	35.38	87.66	29.98	26.23	2.94	2.91	0.19
	l	3384.74	27.38	33.27	02.53	14.78	19.71	4.84	5.40	0.56
	a	3219.25	34.07	34.33	95.10	22.38	22.97	3.89	4.16	0.37
C	e	2893.69	39.60	36.24	80.97	32.66	30.53	3.02	3.10	0.20
	l	3201.72	26.11	34.61	92.26	16.12	23.04	4.88	5.87	0.57
	a	3047.71	32.86	35.42	86.62	24.39	26.78	3.95	4.49	0.39
D	e	2913.34	39.64	36.61	77.76	32.66	30.18	3.47	3.34	0.24
	l	3255.80	28.81	35.19	91.14	17.85	23.28	5.69	6.11	0.66
	a	3084.52	34.22	35.91	84.45	25.25	26.73	4.58	4.73	0.45
E	e	2906.60	41.24	34.01	86.07	33.13	27.32	2.90	2.73	0.18
	l	3270.60	28.93	32.94	99.99	16.18	19.93	5.39	5.51	0.59
	a	3090.85	35.11	33.52	93.11	24.73	23.67	4.14	4.12	0.39
F 值	e	1.215	1.165	0.838	1.438	1.339	1.327	1.935	1.583	1.938
	l	1.324	1.056	1.246	1.072	1.672	1.902	1.516	1.483	1.020
	a	1.271	1.056	1.021	1.260	1.495	1.568	1.787	1.552	1.520

注：$F_{0.05}=2.42$。

表 5-3　各生长轮管胞形态方差分析

造林密度	指标	长度	直径	弦径	长宽比	腔径	弦腔径	径壁厚	弦壁厚	壁腔比
A	e	0.280	0.790	0.220	0.490	0.480	0.240	0.250	0.360	0.660
	l	0.350	0.200	0.220	0.660	0.400	0.150	0.870	0.770	1.480
	a	0.311	0.240	0.220	0.570	0.430	1.990	0.580	0.590	1.000
B	e	5.073*	2.030	0.890	1.120	2.710	2.670	1.150	0.620	6.370
	l	4.987*	0.400	2.280	2.950	0.100	0.920	1.610	3.010	1.200
	a	5.244*	1.570	1.430	2.530	1.190	5.150	1.160	1.910	1.690
C	e	3.854*	2.380	1.580	0.920	4.840	2.960	1.250	0.180	1.300
	l	5.059*	3.340	6.292*	1.220	1.440	2.080	3.170	25.461*	11.060
	a	6.165*	0.870	3.920	0.980	1.270	5.210	3.580	10.080	1.630
D	e	7.677*	0.790	4.790	0.490	0.560	1.940	0.540	0.870	0.590
	l	4.743*	0.680	2.820	1.510	0.630	0.880	2.470	0.510	0.250
	a	6.170	0.870	5.442*	0.830	1.590	2.410	0.250	1.000	0.280
E	e	4.201*	0.960	0.730	3.264*	0.760	0.610	3.410	1.240	1.440
	l	4.662*	0.330	4.739*	2.140	0.463*	1.540	5.176*	19.356*	12.744*
	a	6.087*	0.820	2.020	2.690	0.440	1.000	6.096*	13.581*	8.876*

注：$F_{0.05}$=2.05。* 为显著相关性。

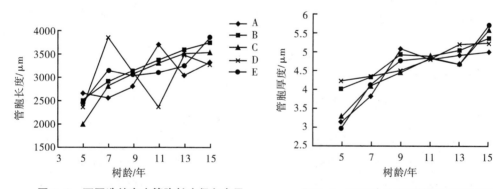

图 5-3　不同造林密度管胞长度径向变异　　　图 5-4　不同造林密度管胞厚度径向变异

2. 管胞列数和组织比量

不同造林密度对马尾松管胞列数有显著影响。造林密度大则管胞列数少（表 5-4），与造林密度和生长轮宽度的关系相对应，其影响程度与马尾松树龄密切相关。造林密度对马尾松管胞列数及树脂道比量的影响在幼龄前期最显著（图 5-5、图 5-6），随着树龄的增长其影响程度减弱。此外，不同树龄其生长轮管胞列数差异亦显著。树龄小管胞列数多，11 年生以后管胞列数急剧减少。不同造林密度其组织比量差异不大。

表5-4　不同造林密度木材管胞列数和组织比量

造林密度	管胞列数	组织比量/%		
		树脂道比量	射线比量	管胞比量
A	96	0.66	4.03	95.27
B	92	0.67	4.19	95.06
C	75	0.79	4.17	95.10
D	69	0.55	4.05	95.54
E	48	0.69	4.06	95.32

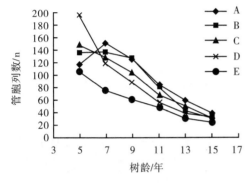

图5-5　不同造林密度管胞列数径向变异

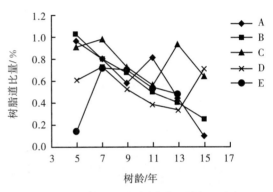

图5-6　不同造林密度树脂道比量径向变异

三、结论与讨论

通过研究5种不同造林密度15年生马尾松木材基本密度、生长轮特性和解剖特性，证明造林密度影响马尾松木材性质。密度对生长轮宽度、晚材率和管胞列数影响较大，经方差分析达显著或极显著水平。A、B、C、D、E 5种造林密度马尾松生长轮宽度分别为4.13mm、3.81mm、3.01mm、3.00mm、2.50mm，即造林密度越大则生长轮宽度越窄，其中A比E造林密度生长轮宽65.2%。对木材基本密度的影响虽未达到统计上的显著水平，但不同造林密度马尾松木材基本密度具明显的规律性，即造林密度大则木材基本密度亦大，但造林密度过大时木材基本密度反而下降。组织比量不管是树脂道比量、射线比量还是管胞比量几乎不受造林密度的影响。

造林密度对马尾松木材性质的影响与树木树龄有关。造林密度对生长轮宽度和晚材率的影响是在幼龄期稍后几年，即约9年时林分郁闭后开始出现；而对管胞列数的影响则是在幼龄期最初的几年。

对于管胞形态，各种造林密度其生长轮变化（径向变异）符合一般规律。造林密度对管胞形态的影响不显著，除管胞长度、壁厚及壁腔比以外无明显规律。管胞长度径向变异程度受造林密度影响。在较低的造林密度条件下径向变化规律不显著，较高的造林密度下管胞长度径向变异程度显著增大。造林密度对管胞壁厚和壁腔比的影响虽未达到统计学的显著水平，但具有一定的规律性，造林密度大，壁厚和壁腔比较大，但达到 E 造林密度时又有所下降。

综上所述，造林密度对马尾松木材性质的影响一方面受树龄制约，另一方面又影响木材性质随树龄变化规律的显著程度。本章在前人研究的基础上，将造林密度与树木生长过程（即年轮径向变异）结合起来，发现生长轮宽度和管胞形态等材性径向变异规律虽与许多学者研究结果一致，但造林密度不同其径向变异程度不同。造林密度较低或较高生长轮宽度径向变异不显著，中等造林密度其径向变异显著。

第二节　施肥对马尾松木材主要性质的影响

科学施肥是人工林定向培育的一项关键技术。许多研究表明，施肥有利于林木生长，亦影响木材性质，木材质量决定木材利用价值，进而影响人工培育工业用材林的高效利用。相关研究表明，施肥能促进马尾松人工林生长，尤其是对中龄林效果显著，但对于马尾松人工林施肥后，木材性质的变化特点报道较少。根据林木生长与材性的关系，研究施肥措施对马尾松材性的影响，能为马尾松工业用材定向林培育技术提供科学的理论依据。

一、材料与方法

（一）试样采集

试材采于中龄林施肥实验林（10 年生时施肥，采样时已达 23 年生）。施肥试验采用正交试验设计［$L_9(3)^4$］，3 因素，3 水平，3 次重复。3 因素分别为尿素（N）、过磷酸钙（P）、氯化钾（K）；3 水平分别为 N：不施肥、50g·株$^{-1}$、100g·株$^{-1}$，P：不施肥、50g·株$^{-1}$、100g·株$^{-1}$，K：不施肥、25g·株$^{-1}$、50g·株$^{-1}$。在林分调查的基础上，分别在 9 个试验小区内，取 1 株林分平均木作为样本，共计 9 株。根据 GB 1927—29—91《木材物理学力学性质试验方法》，在枝下高处向下取长度为 2m 的木材作为树干上部试样，胸高直径处向上取 2m 作为下部试样，用于木材基本密度的测定。取木材上、下两部分，根据 GB 1932—33—91《木材干缩性测定方法、木材密度测定方法》制取 2cm×2cm×2cm 试件、测定并分析木材干缩性。每一标准木在胸高处取一个 5cm 厚的圆盘，用于测定管胞形态。

（二）测定方法

物理性质的测定：将胸径圆盘刨光沿南北方向画一条直线，逐年测定生长轮宽度，计算南北平均值和晚材率。木材基本密度的测定按照 GB 1933—91《木材密度测定方法》进行，测定分上、下两部分，分别制取规格为 2cm×2cm×2cm 的试件，气干处理后，置于恒温恒湿箱内，调至含水率为 12%，然后进行密度测定。

管胞形态的测定方法与造林密度试验样品测定相同。数据材料分析采用方差分析统计方法，分析不同施肥处理对木材性质的影响。

二、结果与分析

（一）施肥对生长轮宽度和晚材率的影响

对试验数据分析可知，施 P 肥可使生长轮宽度和晚材率均有所增加和提高，但处理间差异不显著。施 N 肥、K 肥对生长轮宽度的影响规律不明显。生长轮宽度反映树木不同生长期生长速度的变化规律。晚材率与木材密度呈正相关关系，作为结构用材，晚材率高为好，但同时应重视材质的均匀性。特别是针叶材，其早材比例大的树种所得纸浆制成纸时，一般纤维结合力较好，纸页细密均匀；而晚材比例大的树种，纸张的纤维结合强度较差，但透气度好，纸页挺度大。由表 5-5 可以看出，施肥可以加速生长，特别是施 P 肥可促进林木直径生长，使生长轮宽度和晚材率均有所增加和提高，但处理间差异不显著。P 肥的 L2、L3 水平生长轮宽度比未施的 L1 水平均提高 7.20%，晚材率分别提高 8.60%、23.38%。N 肥对年轮生长促进作用不明显，但提高了晚材率。K 肥用量适中时才能促进林木直径生长，施 K 肥晚材率有所下降。综合考虑，可筛选出两种优化施肥处理，即 $N_2P_3K_2$、$N_3P_3K_2$。

表 5-5　生长轮宽度和晚材率方差分析

处理	生长轮宽度 /mm			晚材率 / %		
	N	P	K	N	P	K
L1	4.20	4.03	3.95	37.58	37.08	42.89
L2	4.29	4.32	4.86	34.91	40.27	40.04
L3	4.20	4.32	3.87	50.62	45.75	40.18
极差	0.09	0.29	0.99	15.71	8.67	2.85
F 值	0.04	0.43	4.55	1.38	0.38	0.05

注：$F_{0.05}$=19.0，$F_{0.10}$=9.0；表中 L1、L2、L3 分别表示正交设计的 3 个水平。

（二）施肥对马尾松木材密度的影响

从总体看（平均指标），施 P 肥可以提高木材基本密度，其影响达 0.05 差异显著水平（表 5-6）。N、K 对木材基本密度影响不大，部分处理对气干密度影响可达 0.01 水平差异（表 5-7）。木材强度是结构用材的重要指标，它与木材密度呈明显的正相关关系，而木材密度决定木材力学强度。制浆造纸中，木材密度影响纸浆得率，密度过大，将降低纸张强度。一般认为，适宜的造纸材密度为 $0.4 \sim 0.6g \cdot cm^{-3}$。由图 5-7 看出，树干下部木材密度大于上部，下部木材基本密度为 $0.4 \sim 0.5g \cdot cm^{-3}$，大部分试样平均木材基本密度 $\geq 0.4g \cdot cm^{-3}$，以第 3、5、6、9 施肥配方木材基本密度较高。这与图 5-2 中施肥配方的晚材率较大相一致。由图 5-8 可知，气干密度比基本密度略高，下部木材气干密度为 $0.45 \sim 0.65g \cdot cm^{-3}$，平均 $0.45 \sim 0.55g \cdot cm^{-3}$。这与方文彬等学者对杉木、尾叶桉等树种的研究有一定程度的相似性，但亦有不同之处，这因树种、年龄、肥种、施肥方式不同所致。23 年生人工林马尾松，就木材密度而言，较适于造纸，也是较好的结构用材。

表 5-6 和表 5-7 方差分析表明，施 P 肥可以提高木材密度，特别是树干下部基本密度方差分析各处理间差异显著。总的来说，N 肥、K 肥对木材基本密度的影响差异不显著，且规律性不明显，但气干密度在施 N 肥、K 肥后，树干下部各处理间差异显著。

表 5-6　不同施肥处理木材基本密度方差分析

处理	N			P			K		
	①	②	③	①	②	③	①	②	③
L1	0.36	0.45	0.1	0.33	0.43	0.38	0.38	0.47	0.43
L2	0.31	0.44	0.38	0.39	0.5	0.43	0.33	0.42	0.36
L3	0.39	0.5	0.11	0.36	0.59	0.4	0.37	0.5	0.13
F 值	3.11	3.05	4.94	3.72	19.54*	4.06	0.07	0.13	0.1

注：$F_{0.05}=19.0$，$F_{0.10}=9.0$；表中①、②、③分别表示树干上部、下部、上下部平均值。* 为显著相关。

表 5-7　不同施肥处理木材气干密度方差分析

处理	N			P			K		
	①	②	③	①	②	③	①	②	③
L1	0.44	0.56	0.5	0.41	0.53	0.47	0.46	0.58	0.52
L2	0.4	0.54	0.46	0.47	0.61	0.53	0.4	0.51	0.44
L3	0.17	0.62	0.54	0.44	0.57	0.5	0.45	0.62	0.53
F 值	4.56	10.38*	4.82	3.71	8.04	3.03	3.49	14.49*	9.01*

注：$F_{0.05}=19.0$，$F_{0.10}=9.0$；表中①、②、③分别表示树干上部、下部、上下部平均值。* 为显著相关。

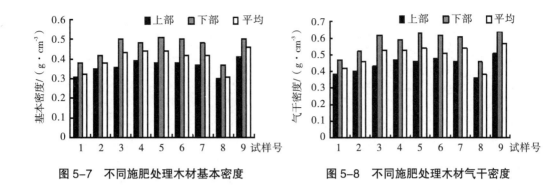

图 5-7　不同施肥处理木材基本密度　　　　图 5-8　不同施肥处理木材气干密度

（三）不同施肥处理马尾松木材的干缩性分析

1. 木材干缩率

木材随着空气湿度变化发生干缩或湿胀，使木材性能发生相应变化。因此，对于结构用材，木材干缩率是木材利用中重要的质量标准之一。对不同施肥处理的木材干缩率分析可知，施肥能显著引起木材干缩率的变化，但对气干干缩影响比全干干缩影响大，尤其是对下部木材气干干缩率的影响。对径向干缩率的影响比弦向干缩率的影响大。

表 5-8 的统计分析结果表明，施 N 肥对气干干缩率有显著的提高作用，尤其是对树干下部木材气干干缩率的影响，但对全干干缩率中弦向（T）与体积（V）干缩率有一定的降低。施 P 肥增加木材干缩率，但对气干干缩和全干干缩影响不同。P 肥增加全干干缩率，但各处理差异不显著；对气干干缩率影响因木纹方向和树干部位不同而异；P 肥提高了径向（R）气干干缩率，特别是树干下部径向气干干缩率各处理差异显著。弦向和体积气干干缩率与 P 肥的施肥量有关，P 肥量适中的 L2 水平比未施肥的 L1 水平和 L3 水平处理的干缩率高。施 K 肥总体对干缩率有提高的作用，对树干下部木材气干干缩率与径向全干干缩率的影响达到显著差异。

一般来说，树干下部干缩率较上部大，但各个木纹方向的差异程度不同。径向干缩率在树干上下部的差异比弦向干缩率大，但不同施肥配方的木材，其上下部木材干缩率的差异程度不同。干缩率与木材密度有关，密度大的木材干缩率也大。因此，木材利用要根据用途，确定培育措施。纤维用材林的施肥，主要考虑提高木材密度，特别是木材基本密度；建筑材既要争取提高木材密度，又要注意木材干缩率的变化。

表 5-8　不同施肥处理木材干缩率方差分析

因子	处理	气干木材 R ①	R ②	R ③	气干木材 T ①	T ②	T ③	气干木材 V ①	V ②	V ③	全干木材 R ①	R ②	R ③	全干木材 T ①	T ②	T ③	全干木材 V ①	V ②	V ③
N	L1	0.86	0.95	0.89	1.88	2.03	1.95	4.13	3.9	3.91	3.51	4.78	4.18	8.89	9.3	9.17	15.28	16.45	15.97
	L2	0.41	0.93	0.72	1.4	1.89	1.62	2.87	3.64	3.29	2.8	4.41	2.67	6.35	8.27	7.2	11.27	14.86	13.04
	L3	1.03	1.54	1.24	1.86	2.28	2	3.99	4.47	4.14	4.18	5.62	4.72	8.07	9.28	8.35	15.01	16.88	15.49
	极差	1.01	0.47	0.61	0.9	0.62	0.49	1.33	0.67	0.53	0.94	1.54	3.79	4.69	1.71	3.24	5.65	2.61	4.21
	F 值	2.33	86.66**	19.05**	0.73	1.85	0.77	6.21	20.86**	21.78**	57.73**	4.59	2.44	3.45	0.41	1.7	21.06**	0.69	4.33
P	L1	0.53	0.99	0.75	1.58	2.11	1.84	3.72	3.99	3.75	3.26	4.5	2.92	7.33	8.82	8.15	13.79	15.58	14.79
	L2	0.88	1.31	1.05	2.16	2.33	2.18	4.04	4.45	4.16	3.47	5.71	4.41	8.17	9.11	8.31	13.91	17.08	15.05
	L3	0.89	1.11	1.04	1.4	1.76	1.56	3.24	3.56	3.43	3.76	4.6	4.42	7.82	8.93	8.27	13.86	15.52	14.67
	极差	0.39	1.47	1	2.27	1.34	1.67	3.49	2.43	2.61	0.07	5.45	5.23	6.34	2.52	3.32	8.76	7.1	6.01
	F 值	1.01	18.11**	8.18	1.57	3.98	1.74	2.11	23.10**	5.00**	7.49	5.37	1.43	0.36	0.03	0.01	0.02	0.47	0.07
K	L1	0.86	1.1	0.98	1.68	1.9	1.79	3.69	3.77	3.73	3.57	5.01	3.29	7.15	8.73	8.09	13.4	15.73	14.57
	L2	0.69	0.82	0.71	1.75	2.17	1.87	3.56	3.85	3.54	3.24	3.9	3.5	8.17	8.64	8.2	14.19	14.72	14.08
	L3	0.74	1.49	1.12	1.71	2.13	1.92	3.75	1.38	4.07	3.68	5.9	4.8	7.4	9.48	8.44	13.97	17.74	15.85
	极差	0.85	1.29	0.58	1.37	1.57	1.33	2.42	2.72	2.13	1.51	3.91	1.65	2.02	1.66	0.52	3.45	6.5	3.55
	F 值	0.18	81.04**	9.87*	0.01	0.99	0.08	0.13	13.06**	7.98	6.38	12.04*	1.43	0.75	0.25	0.06	0.69	1.43	1.47

注：$F_{0.05}=19.0$，$F_{0.10}=9.0$；表中①、②、③分别表示树干上部、下部，上下部平均值；** 表示 0.1 水平差异显著，* 表示 0.05 水平差异显著。

2. 木材差异干缩

通过分析木材试样的干缩差异资料表明，不同施肥处理与不同施肥水平对木材差异干缩的影响不同，施肥能降低木材差异干缩，提高木材质量。木材差异干缩是木材弦向干缩与径向干缩之比（T/R）。木材体积的干缩主要来自横向干缩，而横向干缩中的径向干缩比弦向干缩小。它反映木材干缩的各向异性，径弦向差异干缩愈大，木材各个方向干缩愈不均匀。由于干缩和湿胀的不均匀使木材及其制品发生开裂、翘曲、变形等严重缺陷，影响木材及其制品的使用。

图 5-9、图 5-10 表明，不同施肥处理引起木材差异干缩的变化不同。木材基本密度较大的处理（3、4、5、6、7、9 号处理）差异干缩反而较小，气干干缩尤其明显。从树干部位看，与基本密度和干缩率相反，树干下部的差异干缩比上部小。

经表 5-9 方差分析，N、P、K 对木材差异干缩率的影响不同。N 肥能降低木材差异干缩率，气干干缩与全干干缩时表现出的规律相似。P 肥总体上降低木材差异干缩率，特别是施 P 肥使树干下部的差异干缩率下降，各处理间差异显著。K 肥对木材差异干缩率的影响与施肥量水平有关。K_2 水平显著提高了木材的差异干缩率，K_3 水平却降低了木材差异干缩率。这说明适量的 K 肥虽然对林木生长有利，但是对木材质量不利，培育木材时应根据培育目标确定相应的 K 肥量。

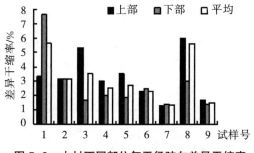

图 5-9　木材不同部位气干径弦向差异干缩率

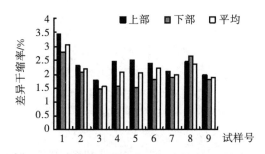

图 5-10　木材不同部位全干径弦向差异干缩率

表 5-9　木材径向与弦向差异干缩方差分析

| 处理 | 气干木材 | | | | | | | | | 全干木材 | | | | | | | | |
| | R | | | T | | | V | | | R | | | T | | | V | | |
	①	②	③	①	②	③	①	②	③	①	②	③	①	②	③	①	②	③
L1	2.50	3.65	3.15	3.91	4.14	4.07	2.58	2.18	2.38	2.62	2.07	2.33	2.48	2.09	2.26	2.21	1.78	2
L2	4.22	2.65	2.77	2.91	2.05	2.46	3.84	4.33	4.45	2.40	2.05	2.16	2.42	1.62	2.06	2.73	2.38	2.51
L3	3.05	1.83	2.42	2.94	1.94	2.77	3.34	1.61	2.48	2.02	1.67	1.88	2.15	2.07	2.05	2.11	1.62	1.87
极差	4.22	5.87	5.06	4.92	6.84	5.95	1.2	1.98	1.06	1.23	0.94	0.99	0.98	2.29	1.35	0.39	1.35	0.54
F 值	0.46	1.42	0.74	0.19	2.62	1.17	0.24	3.51	2.21	1.95	7.51	2.09	0.65	10.25*	0.61	2.31	23.29**	4.78

注：$F_{0.05}=19.0$，$F_{0.10}=9.0$；表中①、②、③分别表示树干上部、下部、上下部平均值；＊表示 0.1 水平差异显著，＊＊ 表示 0.05 水平差异显著。

（四）施肥对管胞形态的影响

1. 施肥对管胞长度、宽度、长宽比的影响

纸浆材要求纤维长尤其是长宽比大。根据管胞形态数据分析可知，施肥对马尾松管胞形态影响差异不显著，因此不影响管胞的利用。施肥对马尾松管胞长度影响不大，其方差分析 F 值均很小（表5-10、表5-11）。N 肥对管胞宽度影响无明显规律性，施 P、K 肥有助于管胞宽度的增加，其长宽比有所下降，但差异不显著。根据统计分析可筛选出 3 种优化处理：$N_1P_2K_1$、$N_2P_3K_2$、$N_3P_2K_3$。

表5-10　不同施肥处理木材管胞形态指标平均值

处理	形态指标					
	长度 /μm	宽度 /μm	长宽比	腔径 /μm	壁厚 /μm	壁腔比
1	3419.65	43.60	82.77	11.00	1.71	0.31
2	3719.11	40.94	94.44	10.67	1.57	0.30
3	3481.50	38.40	91.14	10.06	1.91	0.38
4	3682.60	40.45	94.54	10.85	1.89	0.38
5	3279.30	38.95	89.74	11.02	1.56	0.30
6	3896.11	38.83	106.50	10.54	1.51	0.30
7	3761.78	39.89	100.38	10.67	1.77	0.33
8	3134.22	46.39	71.89	11.51	1.62	0.28
9	3470.72	41.33	90.04	10.58	1.95	0.37

表5-11　不同施肥处理木材管胞长度、宽度及长宽比方差分析

处理	长度 /μm			宽度 /μm			长宽比		
	N	P	K	N	P	K	N	P	K
L1	3621.34	3540.09	3624.14	41.31	40.98	40.91	92.56	89.44	93.00
L2	3377.54	3619.34	3483.33	42.09	39.41	42.94	85.35	96.93	87.05
L3	3616.11	3455.57	3507.53	39.52	42.54	39.08	95.89	87.44	93.75
极差	243.80	163.77	140.81	2.57	3.13	3.86	10.54	9.49	6.70
F 值	0.40	0.14	0.12	1.85	2.60	3.96	0.46	0.39	0.21
优化处理		$N_1P_2K_1$			$N_2P_3K_2$			$N_3P_2K_3$	

注：$F_{0.05}=19.0$，$F_{0.10}=9.0$。

2. 施肥对管胞腔径、壁厚及壁腔比的影响

纸浆材要求较小的腔径与壁腔比。N、P、K 3 因素对管胞腔径、壁厚、壁腔比的影响差异不显著。由表 5-12、表 5-13 可以看出，N、K 肥对管胞腔径与腔壁厚的影响与肥量水平有关，其中 N_2 水平、K_2 水平对管胞腔径有增加的作用，但降低了管胞壁厚与壁腔比。证明适当的 N、K 肥水平对林木生长有利，但对木材管胞质量不一定有利。P 肥有助于增加管胞腔径与壁厚，特别是径腔直径，这是生长轮宽度增加的原因之一，也与管胞宽度变化相吻合。弦腔直径虽有所下降，但并不影响管胞直径总的增加趋势。根据统计分析可筛选出 3 种优化处理：$N_2P_3K_2$、$N_3P_3K_2$、$N_2P_1K_1$。

表 5-12 不同施肥处理管胞腔径方差分析

处理	平均腔径 /μm			径腔直径 /μm			弦腔直径 /μm		
	N	P	K	N	P	K	N	P	K
L1	10.84	10.63	10.70	11.25	10.23	10.64	10.58	10.76	10.76
L2	11.07	10.81	11.02	11.16	11.18	11.59	10.81	10.49	10.58
L3	10.39	10.87	10.58	11.42	11.34	10.01	10.24	10.39	10.39
极差	0.68	0.24	0.44	0.26	1.11	1.58	0.57	0.37	0.28
F 值	7.53	1.95	3.22	1.87	2.60	2.67	4.38	1.90	1.08
优化处理	$N_2P_3K_2$			$N_3P_3K_2$			$N_2P_1K_1$		

注：$F_{0.05}=19.0$，$F_{0.10}=9.0$。

表 5-13 不同施肥处理管胞壁厚及壁腔比方差分析

处理	平均壁厚 /μm			径壁厚度 /μm			弦壁厚度 /μm			壁腔比		
	N	P	K	N	P	K	N	P	K	N	P	K
L1	1.79	1.63	1.8	1.78	1.70	1.69	1.83	1.80	1.89	0.71	0.74	0.79
L2	1.61	1.81	1.62	1.54	1.65	1.61	1.68	1.77	1.67	0.63	0.74	0.62
L3	1.79	1.78	1.78	1.77	1.74	1.79	1.91	1.85	1.68	0.81	0.68	0.74
极差	0.18	0.18	0.18	0.24	0.09	0.18	0.23	0.08	0.22	0.56	0.17	0.5
F 值	1.02	0.23	1.04	3.58	0.47	1.69	2.71	0.32	2.99	1.96	0.24	1.64
优化处理				$N_2P_3K_2$								

注：$F_{0.05}=19.0$，$F_{0.10}=9.0$。

三、结论与讨论

（1）施肥对马尾松木材性质的影响与肥料种类、施肥量、施肥方式等因素有关，也与树干部位有关。比较 N、P、K 3 个肥种施肥效果，施肥有助于林木生长与提高木材

质量。施肥能提高树木生长速度，同时也增加了木材的晚材率。施 P 肥可使生长轮宽度和晚材率均有所增加和提高，但处理间差异不显著。施 N、K 肥对生长年轮的影响规律不明显。

（2）N、P、K 施肥对木材密度和干缩率影响不同。施肥能显著影响木材干缩率，其变化的差异程度与树干部位、木纹方向、气干或全干状态有关。施肥对气干干缩影响比全干干缩影响大，尤其是对下部木材气干干缩率的影响；对径向干缩率的影响比弦向干缩率的影响大。从总体看，施 P 肥可以提高木材基本密度，但木材差异干缩率会降低。施 N 肥则木材密度、干缩率、木材差异干缩率有下降趋势。K 肥对木材基本密度影响不大。但气干密度在施 N、K 肥后，树干下部各处理间差异显著。

（3）木材纤维长度是树木固有的特性，不易受生态环境的影响。施 P 肥增加马尾松木材生长轮宽度和管胞腔径，尤其能增加径向腔径，这说明施 P 肥可以提高木材生长量。就制浆造纸而言，对木材材性的要求是：具有一定的木材基本密度，纤维长尤其是长宽比大，壁腔比小。因此，施肥有利于提高木材质量，特别是施 P 肥提高了木材密度，有利于提高纤维用材的质量。此外，木材差异干缩率的降低弥补了木材干缩率增加的缺陷，有利于提高结构用材的质量。从提高木材密度、降低木材干缩率，特别是降低木材差异干缩角度出发，可以进行林地施肥。以施 P 肥为主，适当施用 N 肥，是否可施 K 肥，应根据林地肥力状况与培育目标确定。

本研究林地试验前的养分状况是缺 P 少 K，对马尾松中龄林施 N、P、K 肥，16 年后综合分析生长轮宽度、木材基本密度、管胞形态可知，该马尾松纸浆材林的最佳施肥配方是：$N_2P_1K_1$、$N_2P_3K_2$、$N_3P_3K_2$。

第六章

马尾松连栽对林分生长的影响

我国主要造林树种杉木、落叶松、桉树等所在地存在较明显的地力衰退。马尾松是南方最主要用材树种之一，但马尾松能否连栽以及连栽后林地土壤肥力、林分生产力是否下降等已成为学术和生产上十分关注的热点问题。

第一节　1、2代马尾松人工林林分生长特性比较

本研究采用以空间代时间和配对样地法，通过在贵州省和广西壮族自治区马尾松主产县选取配对样地，以不同栽植代数（1、2代）、不同发育阶段（8、15、18、20年）的马尾松人工林为研究对象，对1、2代马尾松人工林林分树高、胸径及蓄积量生长进行比较研究，进而揭示马尾松连栽后林分各生长指标及生长力的变化特性及内在规律，为马尾松人工林的经营管理提供理论依据。

一、材料与方法

（一）材料来源

研究样地位于广西凭祥市中国林业科学研究院热带林业实验中心伏波实验场、广西忻城县欧洞林场以及贵州龙里林场。

伏波实验场位于东经106°50′，北纬22°10′，属南亚热带季风气候区，年均气温21℃，年均降水量1500mm，海拔130～1045m，地貌类型以低山为主，土壤为花岗岩发育形成的红壤，土层厚度在1m以上，林下植被主要有五节芒、鸭脚木、东方乌毛蕨、白茅等，林下植被覆盖度大。

欧洞林场位于广西忻城县北端，地处东经108°42′～108°49′，北纬24°14′～24°19′，属南亚热带气候区，年平均气温19.3℃，年均降水量1445.2mm，样地所在处海拔300～700m，整个场区多属低山丘陵地貌，土壤主要是石英砂岩发育形成的红壤，土层较薄，林下植被主要有东方乌毛蕨、五节芒、小叶海金沙、南方荚蒾等，林下植被覆盖度较低。

贵州龙里林场地处东经106°53′，北纬26°28′，气候为中亚热带温和湿润类型，年平均气温14.8℃，年均降水量1089.3mm，年均相对湿度79%，试验地海拔1213～1330m，山原丘陵地貌，土壤是石英砂岩发育形成的黄壤，林下植被主要有茅

栗、小果南烛、铁芒箕、白栎等，林下植被覆盖度低。

（二）研究方法

1. 标准地的选设

试验采用配对样地法（严格要求所配样地的立地类型相同、立地质量相近），选择不同栽植代数（1、2 代）、不同发育阶段（8、9、15、18、20 年）的马尾松人工林为研究对象。研究共选取 9 组配对样地，分别用 A_1、A_2、B_1、B_2……、I_1、I_2 表示，其中林分单株材积及蓄积量计算只用了其中 7 组配对样地的资料。各配对样地基本概况见表 6–1。

表 6–1　配对样地基本概况

样地号	代数	地点	母岩	海拔 /m	林龄 / 年	坡向	坡位	土壤密度 / (g·cm⁻³)	平均胸径 /cm	平均树高 /m
A_1	1 代	伏波站	花岗岩	591	8	南坡	上坡	1.28	13.3	8.4
A_2	2 代	锡土矿	花岗岩	519	8	南坡	上坡	1.24	14.7	9.4
B_1	1 代	伏波站	花岗岩	550	8	东南坡	下坡	1.19	15.3	10.1
B_2	2 代	锡土矿	花岗岩	490	8	东南坡	下坡	1.12	13.8	8.9
C_1	1 代	更达	砂岩	460	9	西北坡	下坡	1.41	7.8	7.2
C_2	2 代	坳水塘	砂岩	375	9	西北坡	下坡	1.30	11.3	7.9
D_1	1 代	八亩地	砂岩	339	15	全坡向	无	1.42	17.6	16.2
D_2	2 代	干水库	砂岩	358	15	全坡向	无	1.36	18.4	14.2
E_1	1 代	西南桦	花岗岩	557	15	东北坡	下坡	1.40	19.4	13.0
E_2	2 代	新路下	花岗岩	546	15	东北坡	下坡	1.27	20.3	12.3
F_1	1 代	双电杆	砂岩	1250	18	东南坡	下坡	1.28	12.0	13.2
F_2	2 代	子妹坡	砂岩	1330	18	东南坡	下坡	1.19	15.9	16.3
G_1	1 代	春光	砂岩	1213	19	西北坡	下坡	1.31	18.4	14.4
G_2	2 代	沙坝	砂岩	1280	19	西北坡	下坡	1.22	15.6	15.1
H_1	1 代	岔路口	花岗岩	614	20	南坡	上坡	1.36	21.7	14.9
H_2	2 代	水厂	花岗岩	568	20	南坡	上坡	1.15	20.8	14.6
I_1	1 代	岔路口	花岗岩	580	20	北坡	下坡	1.27	22.8	16.0
I_2	2 代	水厂	花岗岩	541	20	北坡	下坡	1.20	18.4	18.1

注：A_1、A_2、B_1、B_2……I_1、I_2 分别代表不同林龄的 1、2 代配对样地。土壤密度为 0～20cm 和＞20～40cm 两层的平均值。

2. 样地调查

在林相基本一致的林分内，选择代表性强的地段设置标准样地，共设标准样地 9 组，标准样地面积为 600m²。对每块标准样地进行每木检尺，根据样地每木调查的资料计算出全部立木的平均胸高断面积，选出标准木，伐倒后进行树干解析。

3. 数据统计分析

采用 Excel 和 SPSS13.0 进行数据统计，并进行 One-way ANOVA 分析。

林分平均木单株材积采用中央断面积区分求积法计算，蓄积量为平均木单株材积与林分现有保留株数的乘积，平均生长量和连年生长量分别根据（1）式和（2）式进行计算。

$$\theta = \frac{V_t}{t} \tag{1}$$

$$Z = V_t - V_{t-1} \tag{2}$$

其中，θ 表示平均生长量，V_t 表示 t 年时树木的材积，t 为时间，Z 表示连年生长量。本研究所用的密度指数计算公式如下：

SDI ＝ N ＊（D/20）^1.358822

式中：SDI——密度指数，D——胸径，N——林分现实株数。

二、结果与分析

（一）1、2 代林分平均树高生长比较

表 6-2 为 1、2 代不同林龄马尾松人工林各配对样地林分平均胸径和平均树高生长情况。由于林分平均树高受林分密度影响较小，因此，林分平均树高更能准确反映两代林的生长情况。表 6-2 林分平均树高的生长结果表明：2 代林分平均树高生长总体要高于 1 代，其中 1 代林分平均树高为 12.6m，2 代林分平均树高为 13.0m，2 代较 1 代总体上升 3.17%，但差异不显著。9 组配对样地中，有 5 组样地的林分平均树高 2 代高于 1 代，其中最大增长幅度达 23.48%，最小为 4.86%；有 4 组样地林分平均树高 2 代低于 1 代，下降幅度最大为 12.35%，最小为 2.01%。总体来看，2 代林分平均树高增加的样地数比降低的样地数多，且增长的总幅度比降低的幅度大。可见，马尾松连栽并未导致林分平均树高生长出现下降趋势。

从表 6-2 中也可看出，1、2 代马尾松林分的平均树高随母岩及海拔的变化没有规律性。花岗岩上的 A、B、E、H、I 5 组配对样地中，A、I 2 组林分平均树高 2 代比 1 代高，

其中最大增长幅度为13.13%，最小为11.90%；B、E、H 3 组林分平均树高 2 代比 1 代低，下降幅度最大为11.88%，最小为2.01%；而砂岩上的 C、D、F、G 4 组配对样地，除 D 组外，其他 3 组林分平均树高 2 代均比 1 代高。因此，从母岩的角度看，无论是在花岗岩还是砂岩上，马尾松连栽均未导致林分平均树高出现下降的趋势。

表6-2　1、2代林分平均胸径和平均树高生长比较

编号	代数	林龄/年	现存密度/（株·hm⁻²）	密度指数	平均胸径/cm	平均胸径2代比1代增长/%	平均树高/m	平均树高2代比1代增长/%
A_1	1 代	8	1683	967	13.3	10.53	8.4	11.90
A_2	2 代	8	1433	943	14.7		9.4	
B_1	1 代	8	1033	718	15.3	-9.80	10.1	-11.88
B_2	2 代	8	1516	916	13.8		8.9	
C_1	1 代	9	2100	584	7.8	44.87	7.2	9.72
C_2	2 代	9	1850	851	11.3		7.9	
D_1	1 代	15	933	784	17.6	4.55	16.2	-12.35
D_2	2 代	15	833	744	18.4		14.2	
E_1	1 代	15	1083	1039	19.4	4.64	13.0	-5.38
E_2	2 代	15	900	918	20.3		12.3	
F_1	1 代	18	1933	966	12.0	32.50	13.2	23.48
F_2	2 代	18	1550	1134	15.9		16.3	
G_1	1 代	19	1116	996	18.4	-15.22	14.4	4.86
G_2	2 代	19	1233	880	15.6		15.1	
H_1	1 代	20	867	969	21.7	-4.15	14.9	-2.01
H_2	2 代	20	1266	1335	20.8		14.6	
I_1	1 代	20	850	1016	22.8	-19.30	16.0	13.13
I_2	2 代	20	1233	1100	18.4		18.1	
平均值	1 代		1288.7±160.9	893.2±52.9	16.5±2.12		12.6±1.52	
	2 代		1312.7±106.5	980.1±59.6	16.6±1.33		13.0±1.37	
	升降率/%		1.86	9.73	0.61		3.17	
	F		0.015	1.188	0.017		0.009	

注：表中数值为平均值 ± 标准差，升降率表示1代至2代升降率。

（二）1、2代林分平均胸径生长比较

从表6-2可以看出，配对样地的平均林分密度及密度指数多数是 2 代略比 1 代大（平均林分密度及密度指数分别高 1.86% 和 9.73%），总体来看，2 代马尾松人工林平均胸

径略高于1代，其中1代林分平均胸径为16.5cm，2代为16.6cm，2代较1代总体上升0.61%，差异不显著，表明胸径生长并未出现下降趋势，其9组配对样地的具体对比情况见表6-2。

由于胸径生长受林分密度的影响，一般情况下，密度越大的林分其林分平均胸径越小，胸径生长量越小；反之，密度越小则林分平均胸径越大，胸径生长量也越大。9组配对样地均符合这一变化规律，表明马尾松连栽并未导致林分平均胸径生长出现下降趋势。

从表6-2还可以看出，1、2代马尾松林分的平均胸径，随母岩、海拔的变化未呈现规律性。其中花岗岩上的5组样地中，A、E组表现为2代林分平均胸径比1代大，B、H、I组则为2代林分平均胸径比1代小；而砂岩上的4组样地中，除G组外，C、D、F组2代林分平均胸径比1代都大。

由于胸径大小不一，很难直接用现实林分密度来衡量比较配对样地的林分疏密情况，通常用密度指数方法来分析林分的疏密情况更加科学。林分密度指数是说明林木对其所占空间的利用程度，是影响林分生长和木材产量的极重要因子，它是平均胸径和株数的综合密度尺度，不仅能反映林分株数的多少，而且也能反映林木的大小，且与林龄和立地条件关系不密切，误差较小。由表6-2可知，林分密度指数总体表现为2代略高于1代（高9.73%）。

（三）1、2代林分平均单株材积和蓄积量的比较

林分的蓄积量与林分的密度、平均单株材积密切相关。表6-3为1、2代马尾松林分单株材积和蓄积量生长情况。从表6-3可以看出，连栽对单株材积和蓄积量均有较大影响。随栽植代数的增加，马尾松人工林单株材积、蓄积量等指标均出现不同程度的变化。总体来看，林分平均单株材积、蓄积量2代均高于1代。其中1代林分平均单株材积为0.14479m³，2代为0.15036m³，2代较1代总体上升3.85%，但差异不显著。其7组配对样地中，A、B、C、E、H 5组配对样地林分平均单株材积2代高于1代，其上升幅度最高达93.34%，最小为3.85%；而D、I 2组配对样地的林分平均单株材积2代低于1代，其下降幅度最大为20.76%，最小为9.78%。总体来看，2代林分平均单株材积增加的样地数比降低的样地数多，且增加的总幅度比降低的总幅度大，表明马尾松连栽并未导致林分平均单株材积生长出现下降趋势。

连栽对林分蓄积量的影响，总体来看，林分平均蓄积量2代高于1代，其中1代林分平均蓄积量为141.68m³·hm⁻²，2代为175.42m³·hm⁻²，2代较1代总体上升23.82%，差异不显著。其7组配对样地中，A、B、C、H、I 5组配对样地林分蓄积量2代高于1代，其上升幅度最高达72.65%，最小为14.95%；而D、E 2组样地的林分蓄积量2代却低于1代，其下降幅度最大为19.45%，最小为13.70%。

从表6-3中还可以看出，林分平均单株材积和蓄积量2代均大于1代的配对样地有A、B、C、H 4组。在这4组样地中，现存密度2代大于1代的有B、H 2组；同时，2代林分平均单株材积和蓄积量均小于1代的配对样地只有D组，其D组样地现存密度2代小于1代；E组样地林分平均单株材积2代大于1代，而林分蓄积量和现存密度2代小于1代；I组样地林分平均单株材积2代小于1代，而林分蓄积量和现存密度2代则大于1代。可见林分平均单株材积与现存密度密切相关，林分平均单株材积随林分密度的减小而增大，而林分蓄积量由林分平均单株材积和现存密度共同决定。

表6-3　1、2代林分单株材积和蓄积量生长比较

编号	代数	林龄/年	现存密度/(株·hm^{-2})	单株材积/m^3	单株材积2代比1代增长/%	蓄积量/(m^3·hm^{-2})	蓄积量2代比1代增长/%
A$_1$	1代	8	1683	0.03943		66.36069	
A$_2$	2代	8	1433	0.06284	59.37	90.04972	35.70
B$_1$	1代	8	1033	0.05299		54.73867	
B$_2$	2代	8	1516	0.06726	26.93	101.96616	86.28
C$_1$	1代	9	2100	0.01863		39.12300	
C$_2$	2代	9	1850	0.03602	93.34	66.63700	70.33
D$_1$	1代	15	933	0.18947		176.77551	
D$_2$	2代	15	833	0.17094	−9.78	142.39302	−19.45
E$_1$	1代	15	1083	0.18976		205.51008	
E$_2$	2代	15	900	0.19707	3.85	177.36300	−13.70
H$_1$	1代	20	867	0.26614		230.74338	
H$_2$	2代	20	1266	0.31467	18.23	398.37222	72.65
I$_1$	1代	20	850	0.25708		218.51800	
I$_2$	2代	20	1233	0.20372	−20.76	251.18676	14.95
平均值	1代			0.14479±0.03		141.68133±31.95	
	2代			0.15036±0.03		175.42398±43.93	
	升降率/%			3.85		23.82	
	F			0.010		0.386	

注：表中数值为平均值 ± 标准差，升降率表示1代至2代升降率。

三、结论

（1）马尾松连栽对胸径生长有一定影响。总体上2代林分平均胸径要高于1代，其中1代为16.5cm，2代为16.6cm，2代较1代总体上升0.61%，但差异不显著，连栽并

未导致林分平均胸径生长出现下降趋势。

（2）对林分平均树高的影响为连栽后 2 代林分平均树高生长总体要高于 1 代，其中 1 代为 12.6m，2 代为 13.0m，2 代较 1 代总体上升 3.17%，但差异不显著，马尾松连栽也未导致林分平均树高生长出现下降趋势。

（3）林分的蓄积量与林分的密度、平均木的材积密切相关，随着栽植代数的增加，马尾松人工林单株材积、蓄积量等指标均出现不同程度的变化。总体来看，林分平均单株材积、蓄积量 2 代均高于 1 代，其中林分平均单株材积 2 代较 1 代总体上升 3.85%，林分蓄积量 2 代较 1 代总体上升 23.82%，但差异均不显著。

蓄积量是胸径和树高生长及林分密度的综合反映。1、2 代林分蓄积量也表现出与胸径和树高类似的规律，总体上，2 代林分蓄积量要高于 1 代，马尾松连栽并未导致林分蓄积量出现下降趋势。在分析比较连栽马尾松人工林林分生产力水平是否发生变化时，以林分的树高生长（包括平均木和优势木）作为主要的评价指标，从 1、2 代林分总体生长情况看，马尾松连栽并未导致林分生产力水平发生下降现象。

第二节　1、2 代不同林龄马尾松林分材积生长过程及林分结构比较

为解决马尾松能否连栽以及连栽后林分生产力、林分结构是否发生变化等问题，本研究采用以空间代时间和配对样地法，通过在广西壮族自治区马尾松主产县选取配对样地，以不同栽植代数（1、2 代）、不同发育阶段（8、15、20 年）的马尾松人工林为对象，对 1、2 代不同林龄马尾松人工林林分单株材积生长过程及林分结构进行比较研究，以揭示连栽对林分单株材积生长及林分结构的影响及内在规律。

一、材料与方法

（一）材料来源

研究样地位于广西凭祥市中国林业科学研究院热带林业实验中心伏波实验场、广西忻城县欧洞林场。伏波实验场位于东经 106°50′，北纬 22°10′，属南亚热带季风气候区，年均气温 21℃，年均降水量 1500mm，海拔 130～1045m，地貌类型以低山为主，土壤为花岗岩发育形成的红壤，土层厚度在 1m 以上，林下植被主要有五节芒、鸭脚木、东方乌毛蕨、白茅等，林下植被覆盖度大。

欧洞林场位于广西忻城县北端，地处东经 108° 42′ ～108° 49′，北纬 24° 14′ ～24° 19′，属南亚热带气候区，年平均气温 19.3℃，年均降水量 1445.2mm，样地所在处海拔 300～700m，整个场区多属低山丘陵地貌，土壤主要是石英砂岩发育形成的红壤，土层较薄，林下植被主要有东方乌毛蕨、五节芒、小叶海金沙、南方莜蒾等，林下植被覆盖度较低。

（二）研究方法

1. 标准地的选设

试验采用配对样地法（严格要求所配样地的立地类型相同、立地质量相近），选择不同栽植代数（1、2 代）、不同发育阶段（8、15、20 年）的马尾松人工林为研究对象，共选取 6 组配对样地，分别用 A_1、A_2、B_1、B_2……、I_1、I_2 表示，其中 8 年生林分属幼龄林，15、20 年生林分属中龄林。各配对样地基本概况见表 6-4。

表 6-4　配对样地立地条件及林分状况

样地号	代数	地点	母岩	海拔 /m	林龄 / 年	坡向	坡位	土壤密度 /(g·cm⁻³)	平均胸径 /cm	平均树高 /m
A_1	1 代	伏波站	花岗岩	591	8	南坡	上坡	1.28	13.3	8.4
A_2	2 代	稀土矿	花岗岩	519	8	南坡	上坡	1.24	14.7	9.4
B_1	1 代	伏波站	花岗岩	550	8	东南坡	下坡	1.19	15.3	10.1
B_2	2 代	稀土矿	花岗岩	490	8	东南坡	下坡	1.12	13.8	8.9
D_1	1 代	八亩地	砂岩	339	15	全坡向	无	1.42	17.6	16.2
D_2	2 代	干水库	砂岩	358	15	全坡向	无	1.36	18.4	14.2
E_1	1 代	西南桦	花岗岩	557	15	东北坡	下坡	1.40	19.4	13.0
E_2	2 代	新路下	花岗岩	546	15	东北坡	下坡	1.27	20.3	12.3
H_1	1 代	岔路口	花岗岩	614	20	南坡	上坡	1.36	21.7	14.9
H_2	2 代	水厂	花岗岩	568	20	南坡	上坡	1.15	20.8	14.6
I_1	1 代	岔路口	花岗岩	580	20	北坡	下坡	1.27	22.8	16.0
I_2	2 代	水厂	花岗岩	541	20	北坡	下坡	1.20	18.4	18.1

注：A_1、A_2、B_1、B_2……I_1、I_2 分别代表不同林龄的 1、2 代配对样地。土壤密度为 0～20cm 和 >20～40cm 两层的平均值。

2. 样地调查

在林相基本一致的林分内，选择代表性强的地段设置标准样地，共设标准样地 6 组，标准样地面积为 0.06hm²。对每块标准样地进行每木检尺，根据样地每木调查的资料计算出全部立木的平均胸高断面积，选出标准木，伐倒后进行树干解析，并分别统计各径阶株数。

（三）数据统计分析

采用 Excel 和 SPSS13.0 进行数据统计，并进行 One-way ANOVA 分析。

林分平均木单株材积采用中央断面积区分求积法计算，蓄积量为平均木单株材积与林分现有保留株数的乘积，平均生长量和连年生长量分别根据（1）式和（2）式进行计算。

$$\theta = \frac{V_t}{t} \tag{1}$$

$$Z = V_t - V_{t-1} \tag{2}$$

其中，θ 表示平均生长量，V_t 表示 t 年时树木的材积，t 为时间，Z 表示连年生长量。

二、结果与分析

（一）1、2 代不同林龄林分平均木单株材积平均生长和连年生长过程比较

材积生长是胸径和树高生长的综合反应。通过 1、2 代 8 年生和 20 年生林分平均木树干解析资料，比较 1、2 代幼龄林和中龄林林分平均木单株材积平均生长和连年生长过程（图 6-1 至图 6-4）。从图 6-1、图 6-2 可以看出，1、2 代幼龄林林分平均木单株材积平均生长量和连年生长量呈逐年增长的趋势，且平均生长量及连年生长量在整个生长过程总体表现为 2 代高于 1 代；且不论是平均生长量，还是连年生长量，在整个生长过程，变化趋势 1 代相对 2 代要平缓。

从图 6-3、图 6-4 可看出，总体上，1、2 代中龄林分平均木单株材积平均生长量呈逐年增长的趋势，而连年生长量先表现出随林龄增长而逐渐增长，到一定林龄后，开始逐渐下降。林分平均木材积平均生长量及连年生长量在整个生长过程总体表现为 2 代略高于 1 代，其中在第 16 年以前，2 代林分平均木材积平均生长量和连年生长量高于 1 代，之后略低于 1 代；且不论是平均生长量，还是连年生长量，在整个生长过程，变化趋势 2 代较 1 代要平缓。

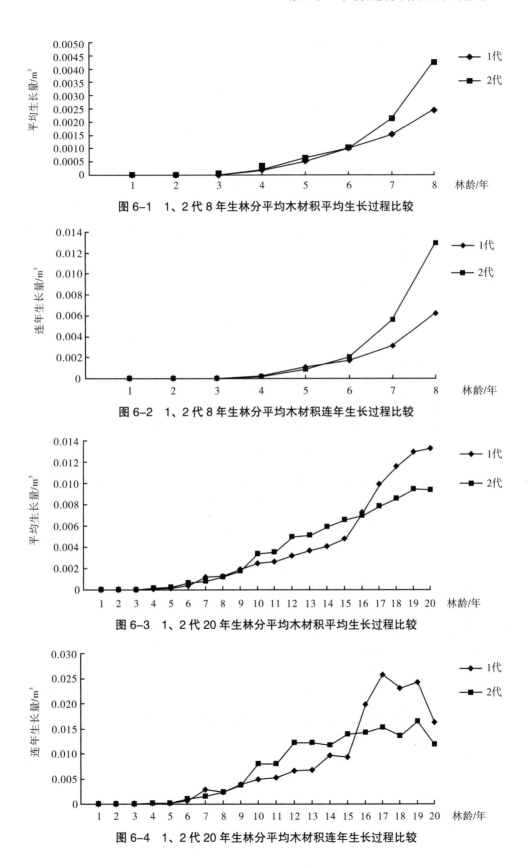

图 6-1　1、2 代 8 年生林分平均木材积平均生长过程比较

图 6-2　1、2 代 8 年生林分平均木材积连年生长过程比较

图 6-3　1、2 代 20 年生林分平均木材积平均生长过程比较

图 6-4　1、2 代 20 年生林分平均木材积连年生长过程比较

（二）1、2代不同林龄林分株数百分比径阶分布比较

1、2代不同林龄马尾松人工林株数百分比按径阶的分布情况见图6-5至图6-7。从图6-5可看出：幼龄期，1、2代林分径阶变化趋势总体较一致，林分最小径阶均为6，最大径阶均为20，但2代林分从16径阶以后，各径阶株数百分比均比1代高，表明2代林分较大径阶所占比例高于1代，且2代的峰值出现在16径阶，而1代的峰值出现在14径阶，表明幼龄林2代林分生产力好于1代。

从图6-6可看出：中龄前期，1、2代林分径阶变化总体差异较大，林分最小径阶1、2代均为14，最大径阶1代较2代大1-2个径阶，1代最大径阶为30，而2代为28。1代峰值出现在14径阶，而2代峰值出现在18径阶，从18径阶以后，2代林分较大径阶所占百分比高于1代，且林分变化幅度较小，而1代变化较大，表明2代林分的分化较小，生产力水平较1代稳定。

从图6-7可看出：中龄后期，1、2代林分径阶变化差异仍较大，1、2代最小径阶值和最大径阶值均不同，1、2代最小径阶分别为16和8，最大径阶分别为32和28。1代峰值出现在18径阶，而2代峰值出现在12径阶，从1、2代林分径阶变化幅度看，总体上，2代林分变化幅度较小，而1代变化幅度较大。

同代林分林木株数按径阶的分布情况在不同林龄阶段不同。在幼龄期、中龄前期及中龄后期，林分最小径阶1代为6、14、16，2代为6、14、8；最大径阶1代为20、30、32，2代为20、28、28；株数百分比最大值1代出现在14、14、18径阶，2代出现在16、18、8径阶。总体来看，林分分化2代小于1代，稳定性2代高于1代。

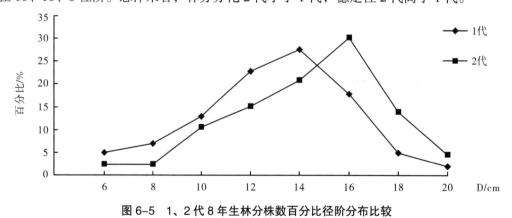

图6-5　1、2代8年生林分株数百分比径阶分布比较

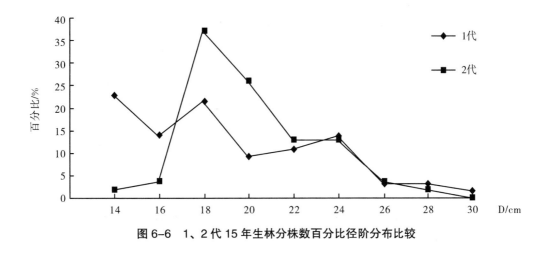

图6-6　1、2代15年生林分株数百分比径阶分布比较

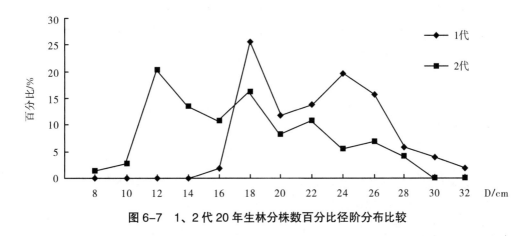

图6-7　1、2代20年生林分株数百分比径阶分布比较

（三）1、2代不同林龄马尾松林径阶分布比较

为便于进一步分析比较，根据径阶划分标准，将15年生和20年生（8年生林分只有小径阶木）林分标准地林木分为3个径阶组：胸径在6～20cm为小径阶木，22～26cm为中径阶木，胸径大于26cm为大径阶木，然后统计1、2代林分林木径阶分布情况（见表6-5）。

由表6-5可知，1、2代林分林木径阶分布规律明显。中龄前期，小、中径阶木所占比例2代较1代高，而大径阶木2代较1代低，小、中径阶木比例2代较1代分别上升0.78%和1.97%，大径阶木比例2代较1代下降2.75%。中龄后期，小径阶木所占比例2代仍高于1代，而中径阶木及大径阶木2代低于1代，小径阶木比例2代较1代上升33.81%，而中径阶木及大径阶木比例2代较1代分别下降26.11%和7.7%。

表 6-5　1、2 代不同林龄马尾松林径阶分布

代数	林龄 / 年	径阶分布 /%		
		小径阶	中径阶	大径阶
1	15	67.66	27.70	4.64
2	15	68.44	29.67	1.89
1	20	39.18	49.06	11.76
2	20	72.99	22.95	4.06

　　2 代与 1 代相比，无论是中龄前期，还是中龄后期，随林龄增加，2 代林分小径阶木所占比例呈上升趋势，而中、大径阶木呈下降趋势。可见，2 代小径阶木林分林木大小分布相对比较均匀，林木分化不明显，马尾松连栽并未影响林分结构。从同代林分林木径阶分布情况看，1 代林随林龄增加，小径阶木所占比例呈下降趋势，而中、大径阶木呈上升趋势；2 代林随林龄增加，中径阶木所占比例略呈下降趋势，而小、大径阶木则呈上升趋势。

三、结论

　　（1）连栽对林分单株材积生长过程产生一定影响。1、2 代幼龄林单株材积平均生长量和连年生长量以及中龄林单株材积平均生长量均呈逐年增加的趋势，而中龄林单株材积连年生长量则先表现出随林龄增加而逐渐增加，到一定林龄后，开始逐渐下降；幼龄林、中龄林分单株材积平均生长量及连年生长量在整个生长过程总体表现为 2 代高于 1 代，且不论是平均生长量，还是连年生长量，在整个生长过程，幼龄林变化趋势 1 代相对 2 代要平缓，而中龄林变化趋势 2 代较 1 代平缓。

　　（2）通过 1、2 代林分株数百分比径阶分布情况得出，1、2 代林分株数百分比径阶分布随林龄不同而不同。幼龄期，1、2 代林分径阶变化趋势总体较一致，林分最小径阶均为 6，最大径阶均为 20；中龄前期，1、2 代林分径阶变化总体差异较大，林分最小径阶 1、2 代均为 14，最大径阶 1 代较 2 代大 1–2 个径阶，1 代最大径阶为 30，而 2 代为 28；中龄后期，1、2 代林分径阶变化差异仍较大，最小径阶 1、2 代分别为 16 和 8，最大径阶分别为 32 和 28。株数百分比最大值 1 代出现在 14、14、18 径阶，2 代出现在 16、18、8 径阶。总体来看，林分分化 2 代小于 1 代，稳定性 2 代高于 1 代。

　　（3）1、2 代林分林木径阶分布规律明显。中龄前期，小、中径阶木所占比例 2 代较 1 代高，而大径阶木 2 代较 1 代低，小、中径阶木比例 2 代较 1 代分别上升 0.78% 和 1.97%，大径阶木比例 2 代较 1 代下降 2.75%。中龄后期，小径阶木所占比例 2 代仍高

于 1 代，而中径阶木及大径阶木 2 代低于 1 代，小径阶木比例 2 代较 1 代上升 33.81%，而中径阶木及大径阶木比例 2 代较 1 代分别下降 26.11% 和 7.7%。可见，2 代林分林木大小分布相对比较均匀，林木分化不明显，马尾松连栽并未影响林分结构。同代林分林木径阶分布，1 代林随林龄增加，小径阶木所占比例呈下降趋势，而中、大径阶木呈上升趋势；2 代林随林龄增加，中径阶木所占比例略呈下降趋势，而小、大径阶木则呈上升趋势。

第三节　连栽马尾松林单株不同器官含水率及生物量的比较

本研究以不同栽植代数（1、2 代）、不同发育阶段（8、9、15、20 年）的马尾松人工林为对象，选择不同栽植代数林分中的标准木，开展连栽马尾松林单株不同器官含水率及生物量的比较研究，以揭示连栽马尾松林木不同器官生物量的变化规律，探讨马尾松连栽对林地土壤肥力的影响，这对马尾松人工林的经营、林地养分管理及人工林生态系统稳定性维护等均具有重要指导意义。

一、材料与方法

（一）材料来源

研究样地位于广西凭祥市中国林业科学研究院热带林业实验中心伏波实验场、广西忻城县欧洞林场以及贵州龙里林场。伏波实验场地处东经 106° 50′，北纬 22° 10′，海拔 130～1045m，地貌类型以低山为主，属南亚热带季风气候区；欧洞林场位于忻城县北端，地处东经 108° 42′～108° 49′，北纬 24° 14′～24° 19′，海拔 300～700m，低山丘陵地貌，属南亚热带气候区；贵州龙里林场地处东经 106° 53′，北纬 26° 28′，气候为中亚热带温和湿润类型，海拔 1213～1330m，山原丘陵地貌。

（二）研究方法

1. 标准地的选设

本试验于 2014 年 5—7 月在广西伏波实验场、欧洞林场以及贵州龙里林场开展野外的调查及采样工作。试验采用配对样地法（严格要求所配样地的立地类型相同、立地质量相近），选择不同栽植代数（1、2 代）、不同发育阶段（8、9、15、20 年）的马尾松人工林为研究对象，共选取7组配对样地，分别用A_1、A_2、B_1、B_2……I_1、I_2表示，样地基本概况见表6-6。

表6-6　试验样地概况

样地号	代数	地点	母岩	地貌	海拔/m	林龄/年	坡向	坡位	平均胸径/cm	平均树高/m	现存密度/（株·hm⁻²）
A_1	1代	伏波站	花岗岩	低山	591	8	南坡	上坡	13.3	8.4	1683
A_2	2代	稀土矿	花岗岩	低山	519	8	南坡	上坡	14.7	9.4	1433
B_1	1代	伏波站	花岗岩	低山	550	8	东南坡	下坡	15.3	10.1	1033
B_2	2代	稀土矿	花岗岩	低山	490	8	东南坡	下坡	13.8	8.9	1516
C_1	1代	更达	砂岩	丘陵	460	9	西北坡	下坡	7.8	7.2	2100
C_2	2代	坳水塘	砂岩	丘陵	375	9	西北坡	下坡	11.3	7.9	1850
D_1	1代	八亩地	砂岩	丘陵	339	15	全坡向	无	17.6	16.2	933
D_2	2代	干水库	砂岩	丘陵	358	15	全坡向	无	18.4	14.2	833
E_1	1代	西南桦	花岗岩	低山	557	15	东北坡	下坡	19.4	13.0	1083
E_2	2代	新路下	花岗岩	低山	546	15	东北坡	下坡	20.3	12.3	900
H_1	1代	岔路口	花岗岩	低山	614	20	南坡	上坡	21.7	14.9	867
H_2	2代	水厂	花岗岩	低山	568	20	南坡	上坡	20.8	14.6	1266
I_1	1代	岔路口	花岗岩	低山	580	20	北坡	下坡	22.8	16.0	850
I_2	2代	水厂	花岗岩	低山	541	20	北坡	下坡	18.4	18.1	1233

注：A_1、A_2、B_1、B_2……、I_1、I_2分别代表不同林龄的1、2代配对样地。

2. 样地设置及样品采集

在林相基本一致的林分内，选择代表性强的地段设置标准样地，共设标准样地7组，标准样地面积为600m^2。在标准样地内采用样方调查方法，进行每木检尺，根据样地每木调查的资料计算出全部立木的平均胸高断面积，选出标准木，伐倒后进行生物量测定。地上部分采用"分层切割法"测定各器官的鲜重，地下根系采用的是样带法，样带为100cm×50cm×60cm，根用清水漂洗以去除表面黏附土壤并晾干，同时分别取枝、叶（当年生叶和往年生叶）、干、皮、根样品分装并带回实验室称量各部分鲜重，然后将各部分在80℃下烘干至恒重，称量各部分干重等。

3. 数据统计分析

采用Excel和SPSS13.0进行数据统计，并进行One-way ANOVA分析。

二、结果与分析

(一)连栽马尾松林单株不同器官含水率比较

植物的一切正常生命活动，只有在一定的细胞水分含量状况下才能进行。水分含量的多少直接影响植物生命活动的进行，植物的光合作用、呼吸作用、有机物质合成和分解等过程都需要水的参与，同时固态的有机物质及无机物质只有溶解在水中才能被植物吸收利用。

由表6-7可以看出，连栽对马尾松林木各器官含水率均产生一定程度的影响。总体来看，连栽后各器官(叶、枝、干、皮、根)的含水率呈明显上升趋势。其叶、枝、干、皮、根平均含水率2代较1代分别上升3.81%、8.68%、2.97%、9.10%、4.72%，且枝、根含水率在1、2代间的差异达显著水平。各器官含水率在1、2代马尾松林木中变化规律有所不同，其中在1代林中，各器官平均含水率大小依次为：根>叶>皮>干>枝；而在2代林中，各器官平均含水率大小则依次为：根>皮>叶>枝>干。可见，无论是1代还是2代，根的含水率最高，这是因为植物根部从土壤中不断吸收水分，并运输到植物体各个部分以满足正常生命活动的需要。植株不同器官和不同组织之间的含水量差异较大，尤其是生命活动较旺盛的部位，如根、叶等部位，特别是根，其水分含量相对较多，因根部细胞的生理活动相对较活跃，同时根也是吸收水分和各种矿质养分的重要器官，其根部含水率较高，有利于马尾松林木的生长发育。

表6-7　不同代数马尾松林单株不同器官含水率比较

器官	1代	2代	1至2代升降百分率/%	F值
叶/%	61.36±1.11	63.70±0.62	3.81	3.360
枝/%	58.28±1.35	63.34±1.99	8.68	4.376*
干/%	59.26±1.36	61.02±1.43	2.97	0.785
皮/%	59.57±1.80	64.99±2.35	9.10	3.339
根/%	68.37±1.08	71.60±0.83	4.72	5.592*

注：表中数据为多点测定平均值，*表示5%水平差异显著。

(二)连栽马尾松林单株不同器官生物量分配比较

森林中的生物产量，就其本质而言，是由于光合作用固定太阳能的结果，它随年龄的变化而产生大量的有机质积累。

连栽对马尾松林木单株各器官生物量均产生一定程度的影响，同时在相同代数的马尾松林中，不同器官生物量所占比例不同。由表6-8结果可知，在1、2代林中，叶、枝、皮、干、根各器官生物量占单株总生物量比分别为：5.35%、15.44%、8.02%、69.04%、2.30%和5.75%、17.51%、6.76%、65.99%、4.69%。可见，无论是1代还是2代，干生物量所占比例最大，其他各器官生物量所占比例相对较少，且1、2代林各器官生物量均表现出干＞枝＞皮＞叶＞根的变化规律。

由1、2代单株各器官生物量及占比可知，枝、根生物量呈上升趋势，2代较1代分别上升0.25%和80.26%，而叶、皮、干生物量则呈下降趋势，2代较1代分别下降4.85%、25.94%和15.49%，且根生物量在1、2代之间的差异达显著水平。连栽后，单株平均总生物量总体呈下降趋势，其单株总生物量2代较1代下降11.59%，差异不显著。

表6-8　不同代数马尾松林木单株不同器官生物量及占总生物量比例

器官	重量及占比	1代	2代	1至2代升降百分率 /%	F 值
叶	重量 /kg	12.36±2.41	11.76±1.42	−4.85	0.046
	占比 /%	5.35	5.75		
枝	重量 /kg	35.70±8.25	35.79±7.34	0.25	0.001
	占比 /%	15.44	17.51		
皮	重量 /kg	18.66±4.31	13.82±2.36	−25.94	0.964
	占比 /%	8.02	6.76		
干	重量 /kg	159.63±42.36	134.91±29.58	−15.49	0.229
	占比 /%	69.04	65.99		
根	重量 /kg	5.32±0.89	9.59±1.09	80.26	9.099*
	占比 /%	2.30	4.69		
总量	重量 /kg	231.22±55.96	204.43±38.37	−11.59	0.156
	占比 /%	100.00	100.00		

注：表中根重为一个样带（0.3m³）内根的重量，* 表示5%水平差异显著。

（三）连栽马尾松不同林龄单株不同器官生物量比较

马尾松不同生长发育阶段各器官及单株总生物量不同（见图6-8至图6-13）。总体来看，无论是1代还是2代，其单株总生物量及干生物量所占比例随林龄的增加而增加，叶、根生物量所占比例随林龄的增加而减小，而枝、皮生物量所占比例随林龄增加变化不大。从图6-8可看出，1、2代单株总生物量相比，在幼龄林、中龄林前期阶段，单株总生物量总体表现为2代高于1代，而到中龄林后期阶段，单株总生物量呈下降趋势。

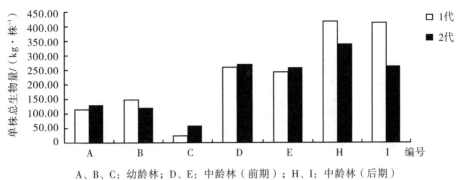

A、B、C：幼龄林；D、E：中龄林（前期）；H、I：中龄林（后期）

图 6-8　1、2 代不同林龄单株总生物量比较

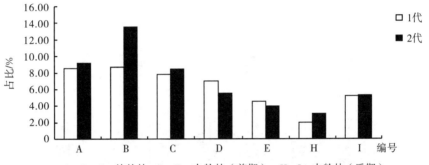

A、B、C：幼龄林；D、E：中龄林（前期）；H、I：中龄林（后期）

图 6-9　1、2 代不同林龄叶生物量比较

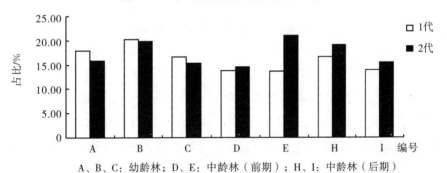

A、B、C：幼龄林；D、E：中龄林（前期）；H、I：中龄林（后期）

图 6-10　1、2 代不同林龄枝生物量比较

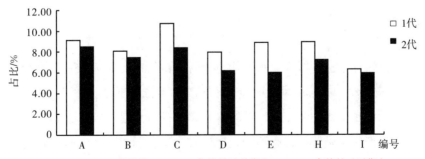

A、B、C：幼龄林；D、E：中龄林（前期）；H、I：中龄林（后期）

图 6-11　1、2 代不同林龄皮生物量比较

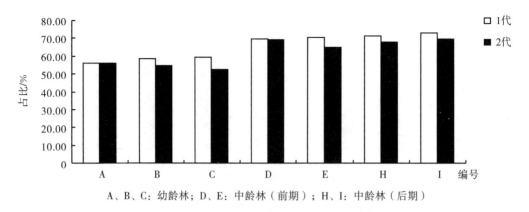

A、B、C：幼龄林；D、E：中龄林（前期）；H、I：中龄林（后期）

图 6-12　1、2 代不同林龄干生物量比较

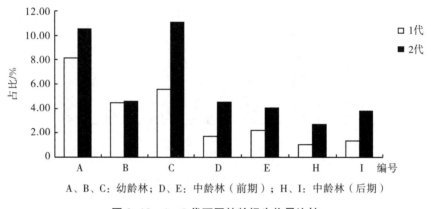

A、B、C：幼龄林；D、E：中龄林（前期）；H、I：中龄林（后期）

图 6-13　1、2 代不同林龄根生物量比较

干生物量占单株总生物量的绝大部分，约占单株总生物量的 50% 以上。随着林木的生长，干生物量所占的比例也越来越大。由图 6-12 可知，干生物量所占比例在 1、2 代林不同生长时期都比较高，总体表现为 1 代略高于 2 代，但差异不明显。从图 6-13 可看出，无论在幼龄阶段，还是在中龄阶段，根生物量所占比例 2 代均高于 1 代，这说明 2 代林分能更好地吸收、获取水分和养分，有利于 2 代林的生长发育。

三、结论与讨论

连栽对马尾松林单株各器官含水率均产生一定的影响。总体来看，连栽后，各器官（叶、枝、干、皮、根）的含水率呈明显上升趋势，且枝、根含水率在 1、2 代间的差异达显著水平；无论是 1 代还是 2 代，根的含水率最高，根是吸收水分和各种矿质养分的重要器官，其根部含水率较高，有利于马尾松林木的生长发育。本研究表明，单株各器官含水率 2 代 > 1 代，尤其是根，说明 2 代林根部的生理活动较 1 代活跃，2 代林根吸收、获取水分和养分的能力要大于 1 代，也表明 2 代马尾松林的生存能力较 1 代强，

2代林的稳定性高于1代，这与之前研究得出的2代林分的生长状况及生产力要好于1代的结论相一致。

连栽对马尾松各器官及单株总生物量均产生一定程度的影响，同时在相同代数的马尾松林中，各器官生物量所占比例也有所不同，干生物量所占比例最大，其他各器官生物量所占比例相对较少。1、2代各器官及单株生物量相比，枝、根生物量呈上升趋势，而叶、皮、干生物量则呈下降趋势，且根生物量在1、2代之间的差异达显著水平。连栽后，单株平均总生物量总体呈下降趋势，2代较1代下降11.59%，但差异不显著。不同生长发育阶段各器官及单株总生物量不同，总体来看，无论是1代还是2代，其单株总生物量及干生物量所占比例随林龄的增加而增加，叶、根生物量所占比例随林龄的增加而减小，而枝、皮生物量所占比例随林龄增加变化不大。

可见，各样地平均木单株生物量及各器官生物量所占比例因其林木个体大小不同而不同。尽管个体大小的不同，拥有不同的营养空间，但其个体大小的差异，会导致生物量总量的差异，而不会造成树木各器官的畸形发展，即拥有不同营养空间的个体，不会导致树木各器官重量的比例失衡，无论林木的光合作用是强是弱，所积累的干物质是按一定比例分配到各器官中的。所以，无论是1代还是2代，其单株总生物量及干生物量所占比例随林龄的增加而增加，叶、根略呈下降趋势，枝、皮变化不明显，且无论在何林龄期，是1代还是2代，均以干生物量所占比例最大。

第四节　1、2代马尾松人工林林下植被多样性比较

林下植被是人工林生态系统的重要组成部分，在促进人工林养分循环和维护林地土壤质量中起着不可忽视的作用，对维护整个系统的物种多样性也十分重要。随着世界范围内人工林面积的不断扩大，同时由于人类不合理的经营，致使人工林地力衰退现象十分严重，我国主要造林树种杉木、落叶松、桉树等存在着较明显的地力衰退。马尾松是我国松属树种中分布最广的乡土工业用材树种，广泛分布于全国17个省（区）。它具有适生能力强、速生、丰产、用途广泛等优点，是南方主要用材树种之一，但马尾松能否连栽以及连栽后是否对其林下植被多样性产生影响等已成为学术和生产上十分关注的研究内容和问题，因此，一些学者纷纷开展了这方面的研究。针对这些问题，本研究采用以空间代时间和配对样地法，通过在贵州省和广西壮族自治区马尾松主产县选取配对样地，以1、2代马尾松幼龄林、中龄林为主要研究对象，对1、2代马尾松人工林林下灌木层、草本层植被多样性进行调查研究，以探讨连栽马尾松人工林林下植被多样性的变化趋势及规律，为今后马尾松人工林的经营管理提供理论依据。

一、研究材料与方法

（一）研究材料

研究样地位于广西凭祥市中国林业科学研究院热带林业实验中心伏波实验场、广西忻城县欧洞林场以及贵州龙里林场。伏波调查样地位于东经106°50′，北纬22°10′，属南亚热带季风气候区，年均气温21℃，年均降水量1500mm，海拔130～1045m，低山地貌，土壤为花岗岩发育形成的红壤，土层厚度在1m以上。欧洞林场位于广西忻城县北端，地处东经108°42′～108°49′，北纬24°14′～24°19′，属南亚热带气候区，年平均气温19.3℃，年均降水量1445.2mm，样地所在处海拔300～700m，整个场区多属低山丘陵地貌，土壤主要是石英砂岩发育形成的红壤，土层较薄。贵州龙里林场地处东经106°53′，北纬26°28′，气候为中亚热带温和湿润类型，年平均气温14.8℃，年均降水量1089.3mm，年均相对湿度79%，试验地海拔1213～1330m，山原丘陵地貌，土壤是石英砂岩发育形成的黄壤。

（二）研究方法

1.标准地的选设

试验采用配对样地法（严格要求所配样地的立地类型相同、立地质量相近），选择不同栽植代数（1、2代）、不同发育阶段（8、9、15、18、20年）的马尾松人工林为研究对象，共选取9组配对样地，分别用A_1、A_2、B_1、B_2……I_1、I_2表示，其中8、9年林分属幼龄林，15、18、19、20年林分属中龄林。在林相基本一致的林分内，选择代表性强的地段设置标准样地，共设标准样地9组，标准样地面积为600m²。其配对样地基本概况见表6-9。

表6-9　配对样地基本概况

样地号	代数	地点	母岩	海拔/m	林龄/年	坡向	坡位	土壤密度/（g·cm⁻³）	平均胸径/cm	平均树高/m
A_1	1代	伏波站	花岗岩	591	8	南坡	上坡	1.28	13.3	8.4
A_2	2代	稀土矿	花岗岩	519	8	南坡	上坡	1.24	14.7	9.4
B_1	1代	伏波站	花岗岩	550	8	东南坡	下坡	1.19	15.3	10.1
B_2	2代	稀土矿	花岗岩	490	8	东南坡	下坡	1.12	13.8	8.9
C_1	1代	更达	砂岩	460	9	西北坡	下坡	1.41	7.8	7.2
C_2	2代	坳水塘	砂岩	375	9	西北坡	下坡	1.30	11.3	7.9
D_1	1代	八亩地	砂岩	339	15	全坡向	无	1.42	17.6	16.2

续表

样地号	代数	地点	母岩	海拔 /m	林龄 /年	坡向	坡位	土壤密度 /($g \cdot cm^{-3}$)	平均胸径 /cm	平均 树高 /m
D_2	2 代	千水库	砂岩	358	15	全坡向	无	1.36	18.4	14.2
E_1	1 代	西南桦	花岗岩	557	15	东北坡	下坡	1.40	19.4	13.0
E_2	2 代	新路下	花岗岩	546	15	东北坡	下坡	1.27	20.3	12.3
F_1	1 代	双电杆	砂岩	1250	18	东南坡	下坡	1.28	12.0	13.2
F_2	2 代	子妹坡	砂岩	1330	18	东南坡	下坡	1.19	15.9	16.3
G_1	1 代	春光	砂岩	1213	19	西北坡	下坡	1.31	18.4	14.4
G_2	2 代	沙坝	砂岩	1280	19	西北坡	下坡	1.22	15.6	15.1
H_1	1 代	岔路口	花岗岩	614	20	南坡	上坡	1.36	21.7	14.9
H_2	2 代	水厂	花岗岩	568	20	南坡	上坡	1.15	20.8	14.6
I_1	1 代	岔路口	花岗岩	580	20	北坡	下坡	1.27	22.8	16.0
I_2	2 代	水厂	花岗岩	541	20	北坡	下坡	1.20	18.4	18.1

注：A_1、A_2、B_1、B_2……I_1、I_2 分别代表不同林龄的 1、2 代配对样地。土壤密度为 $0 \sim 20cm$ 和 $>20 \sim 40cm$ 两层的平均值。

2. 样地调查方法

实验采用样方调查法，在每块标准地内划分 3 个 4m×4m 的小样方调查灌木层，然后沿对角线方向设 3 个 1m×1m 的小样方，对草本层进行调查。调查项目为植物种类、株数、盖度及生长状况等。调查资料统计分析各配对样地灌木层、草本层的物种多样性水平，各标准地灌木层、草本层的丰富度为 3 个样方的平均值。

3. 数据处理与分析

采用 Excel 和 SPSS13.0 进行数据统计，并进行 One-way ANOVA 分析。

物种丰富度（S）采用物种数来表征，多样性指数采用（1）式和（2）式计算：

$$D = 1 - \sum_{i=1}^{s} P_i^2 \tag{1}$$

其中，D 是辛普森指数（Simpson）值，S 是物种的总数，P_i 是样本中属于 i 种所占的比例数；

$$H = -\sum_{i=1}^{s} P_i \log_2^{P_i} \tag{2}$$

其中，H 是香农—威纳指数（Shannon-Weiner）值，S 为物种数目，P_i 为属于 i 种的个体在全部个体中的比例。

二、结果与分析

（一）1、2代林下灌木层丰富度的比较

群落物种的数目可用物种丰富度表示，马尾松连栽对林下灌木层植被丰富度产生一定影响，由表6-10可看出，1、2代相比，幼龄期和中龄前期林下灌木层植被丰富度2代较1代略高，而中龄后期2代较1代低。幼龄期，1代林下灌木层平均物种丰富度为7种，而2代林下植被物种丰富度有所上升，为11种；到中龄前期，1代林下灌木层平均物种丰富度为10种，而2代上升为12种；到中龄后期，1代林下灌木层平均物种丰富度仍为10种，而2代植被物种丰富度略有下降，为8种。由此可见，1、2代林下灌木层植被丰富度在不同林龄阶段有所不同。同时可看出，灌木层中，1、2代林分植被物种丰富度均表现出在15年以前，随林龄增加而逐渐增加的趋势，至15年前后达到物种最丰富期，1、2代林平均达10种，15年以后略有减少，但逐渐趋于稳定。

表6-10 1、2代林下灌木层植被丰富度比较

样地号	代数	林龄/年	植被层	丰富度/S
A_1	1代	8	灌木层	3
A_2	2代	8	灌木层	12
B_1	1代	8	灌木层	7
B_2	2代	8	灌木层	9
C_1	1代	9	灌木层	10
C_2	2代	9	灌木层	12
幼龄期平均值	1代		灌木层	7
	2代		灌木层	11
D_1	1代	15	灌木层	10
D_2	2代	15	灌木层	14
E_1	1代	15	灌木层	10
E_2	2代	15	灌木层	9
中龄前期平均值	1代		灌木层	10
	2代		灌木层	12

续表

样地号	代数	林龄/年	植被层	丰富度/S
F_1	1代	18	灌木层	11
F_2	2代	18	灌木层	7
G_1	1代	19	灌木层	11
G_2	2代	19	灌木层	11
H_1	1代	20	灌木层	8
H_2	2代	20	灌木层	7
I_1	1代	20	灌木层	11
I_2	2代	20	灌木层	6
中龄后期平均值	1代		灌木层	10
	2代		灌木层	8

由表6-10也可看出，同代林分灌木层植被物种丰富度变化也存在一定差异。其中1代林植被物种丰富度表现出随林龄增加而逐渐增加的趋势，1代林在幼龄林时植被物种丰富度为7种，至中龄前期和后期均为10种，趋于稳定；而2代林随林龄增加植被物种丰富度有所下降，在幼龄期平均物种丰富度达11种，到中龄前期达到物种最丰富期，为12种，至中龄后期下降为8种。这可能是因为随着2代林分的逐渐生长，到中龄后期，林分高度郁闭，林内透光率差，林下灌木植被物种丰富度则呈现明显下降趋势，这也说明马尾松林下灌木植被物种丰富度与林分的生长发育密切相关，掌握这种变化规律有助于马尾松林下植被的综合管理和生物多样性的恢复保护。

（二）1、2代林下草本层丰富度的比较

马尾松连栽对其林下草本层植被物种丰富度也有一定影响。从表6-11可看出，无论是幼龄林还是中龄林，2代林下草本层植被物种丰富度大多较1代高。其中幼龄林，1代林下草本层平均物种丰富度为7种，2代为10种；中龄前期，1、2代林下草本层平均物种丰富度均有所上升，分别为9种和11种；至中龄后期，1、2代林下草本层平均物种丰富度均有所下降，分别为6种和7种。

由表6-11也可看出，1代林下草本层平均物种丰富度在幼龄期、中龄前期和中龄后期分别为7种、9种和6种，而2代林分别为10种、11种和7种。可见，1、2代林分草本层植被物种丰富度在不同林龄阶段不同，至中龄林（15年）时，1、2代林分达到物种较丰富期，此后逐渐趋于稳定，但数量略有下降（平均6~7种），而且1、2代林下物种丰富度变化趋于一致，表现出随林龄的增加丰富度呈现下降趋势。这是因为随着林龄的增加，林分逐渐郁闭，尤其至中龄后期，林分高度郁闭，许多阳性植物被耐阴植物

所取代，从而导致在中龄后期植被物种丰富度变化较为剧烈，呈明显下降趋势，此时林分郁闭度趋于稳定，所以林下植被物种丰富度也趋于稳定。

表6-11　1、2代林下草本层植被丰富度比较

样地号	代数	林龄 / 年	植被层	丰富度 /S
A_1	1代	8	草本层	7
A_2	2代	8	草本层	9
B_1	1代	8	草本层	7
B_2	2代	8	草本层	5
C_1	1代	9	草本层	6
C_2	2代	9	草本层	15
幼龄期平均值	1代		草本层	7
	2代		草本层	10
D_1	1代	15	草本层	10
D_2	2代	15	草本层	12
E_1	1代	15	草本层	7
E_2	2代	15	草本层	10
中龄前期平均值	1代		草本层	9
	2代		草本层	11
F_1	1代	18	草本层	5
F_2	2代	18	草本层	5
G_1	1代	19	草本层	7
G_2	2代	19	草本层	7
H_1	1代	20	草本层	7
H_2	2代	20	草本层	7
I_1	1代	20	草本层	6
I_2	2代	20	草本层	7
中龄后期平均值	1代		草本层	6
	2代		草本层	7

（三）1、2代林下灌木、草本层植被多样性的比较

物种多样性指数是群落发展过程中的一个重要指标，是反映物种丰富度和均匀度的综合指标之一，这受到很多生态学家的重视。在多样性指数中，辛普森多样性指数被认为是反映群落优势度较好的指标。香农－威纳指数为变化度指数，是较好反映个体密度生境差异、群落类型演替阶段的指数，它是物种丰富度和均匀度的函数，丰富度越高，

个体分布越均匀，其值也越大。

　　从表6-12可得出：灌木层中，1、2代林分的辛普森指数和香农－威纳指数都表现出不同程度的变化，其中对幼龄林，1、2代辛普森多样性指数分别为0.740和0.876，香农－威纳指数分别为2.330和3.248，辛普森多样性指数和香农－威纳指数2代较1代分别上升18.38%和39.40%，且香农－威纳指数在1、2代间的差异达显著水平。在中龄林，1、2代辛普森多样性指数分别为0.841和0.849，香农－威纳指数分别为2.950和2.993，辛普森多样性指数和香农－威纳指数2代较1代分别上升0.95%和1.46%，但差异均不显著。在研究过程中发现，辛普森多样性指数，1代林最大值达0.886，最小值为0.560，2代林最大值达0.907，最小值为0.734；而香农－威纳指数，1代林最大值达3.301，最小值为1.371，2代林最大值达3.543，最小值为2.181，由此可见2代林多样性指数无论是最大值，还是最小值均高于1代，这表明2代物种多样性高于1代。

　　草本层中，1、2代林分辛普森指数和香农－威纳指数的变化趋势与灌木层一致。总体来看，草本层辛普森多样性指数和香农－威纳指数2代也高于1代，其中对幼龄林，1、2代辛普森多样性指数分别为0.740和0.793，香农－威纳指数分别为2.267和2.673，辛普森多样性指数和香农－威纳指数2代较1代分别上升7.16%和17.91%；在中龄林，1、2代辛普森多样性指数分别为0.598和0.707，香农－威纳指数分别为1.921和2.284，2代较1代分别上升18.23%和18.90%，但差异均不显著。

表6-12　1、2代林下灌木、草本层植被多样性比较

植被层	多样性指数	林龄/年	1代	2代	F值
灌木层	辛普森指数	幼龄林	0.740±0.09	0.876±0.02	2.196
		中龄林	0.841±0.02	0.849±0.02	0.054
	香农－威纳指数	幼龄林	2.330±0.48	3.248±0.13	3.343*
		中龄林	2.950±0.14	2.993±0.20	0.031
草本层	辛普森指数	幼龄林	0.740±0.02	0.793±0.05	0.905
		中龄林	0.598±0.09	0.707±0.08	0.701
	香农－威纳指数	幼龄林	2.267±0.03	2.673±0.39	1.030
		中龄林	1.921±0.32	2.284±0.30	0.678

注：*代表在5%水平上差异显著。

三、结论与讨论

　　（1）连栽对林下灌木层植被丰富度产生一定影响。总体来看，幼龄林和中龄前期林下灌木层植被丰富度2代较1代略高，到中龄后期2代较1代低；灌木层中，1、2代林

分植被物种丰富度均表现出在 15 年以前，随林龄增加而逐渐增加的趋势，至 15 年前后达到物种最丰富期，15 年以后略有减少，但逐渐趋于稳定。同代林分灌木层植被物种丰富度变化存在一定差异，1 代林植被物种丰富度表现出随林龄增加而逐渐增加的趋势，而 2 代林随林龄增加植被物种丰富度有所下降。

（2）连栽对林下草本层植被物种丰富度也有一定影响。总体来看，幼龄林和中龄林，林下草本层植被物种丰富度 2 代较 1 代高；同代林分草本层植被物种丰富度变化趋于一致，1、2 代林下植被物种丰富度均表现出随林龄增加而逐渐增加的趋势，至中龄前期达到物种较丰富期，到中龄后期，植被物种丰富度却有所下降，并逐渐趋于稳定。

（3）连栽对多样性的影响：其灌木层、草本层，1、2 代林分辛普森多样性指数和香农 – 威纳指数都表现出不同程度的变化，但趋势一致。总体来看，无论是灌木层，还是草本层，辛普森多样性指数和香农 – 威纳指数 2 代均高于 1 代，且幼龄林灌木层中的香农 – 威纳指数在 1、2 代间的差异达显著水平。从结构上看，无论是 1 代还是 2 代，是幼龄林还是中龄林，是辛普森多样性指数还是香农 – 威纳指数，均表现出灌木层多样性高于草本层，说明灌木层的物种较草本层丰富。

从本次调查研究的结果看，连栽对马尾松林下植被多样性的影响较小。总体来看，林下植被多样性并未出现下降现象，这对维护林地土壤肥力具有非常重要的作用。发展和丰富林下植被是维护和提高人工林土壤肥力的一项重要技术措施。林下植被是人工林生态系统中重要的组成部分，在促进系统养分循环、提高林地肥力等方面起到巨大的作用。此外，林下植被还有拦截和过滤地表径流，减少林地水土流失的作用。因此，在经营管理马尾松人工林的过程中，应尽量降低干扰程度，保护并促进林下植被发展，调整和改善人工林的群落结构，形成布局合理、乔灌草相结合的群落结构。合理的群落结构可有效改善营养元素生物小循环，改善土壤理化性质和生化特性，增强系统的自肥能力和地力稳定性，从而维护和提高马尾松人工林的土壤肥力。

第七章

马尾松连栽对土壤的影响

　　马尾松能否连栽及连栽后林地土壤理化性质是否发生变化、生产力是否下降等都是林业生产部门关心的问题,但这方面研究相对较少,且研究多集中在连栽对林木生长、对土壤特性影响方面,而从生态系统的角度出发,对于不同连栽代数及不同林龄林地土壤变化特点的研究相对较少。为此,本章根据实地取样调查分析,研究不同栽植代数土壤肥力的变化规律,探讨连栽对土壤微量元素、酶活性、微生物群落及生化作用变化等方面的影响,以揭示连栽马尾松人工林地力变化的内在机制。

第一节　连栽马尾松人工林土壤肥力比较研究

　　本研究以不同栽植代数(1、2代)、不同发育阶段(8、15、18、20年)的马尾松人工林为对象,开展不同栽植代数林地土壤肥力的比较研究,以揭示不同栽植代数土壤肥力的变化规律,进而探讨马尾松连栽是否引起林地土壤肥力发生衰退,这对于今后马尾松人工林的经营、林地养分管理等具有重要指导意义。

一、材料与方法

(一)材料来源

　　研究样地位于广西凭祥市中国林业科学研究院热带林业实验中心伏波实验场、广西忻城县欧洞林场以及贵州龙里林场。伏波实验场位于东经106°50′,北纬22°10′,属南亚热带季风气候区,年均气温21℃,年均降水量1500mm,海拔130～1045m,地貌类型以低山为主,土壤为花岗岩发育形成的红壤,土层厚度在1m以上,林下植被主要有五节芒、鸭脚木、东方乌毛蕨、白茅等,林下植被覆盖度大。

　　欧洞林场位于广西忻城县北端,地处东经108°42′～108°49′,北纬24°14′～24°19′,属南亚热带气候区,年平均气温19.3℃,年均降水量1445.2mm,样地所在处海拔300～700m,整个场区多属低山丘陵地貌,土壤主要是石英砂岩发育形成的红壤,土层较薄,林下植被主要有东方乌毛蕨、五节芒、小叶海金沙、南方荚蒾等,林下植被覆盖度较低。

　　贵州龙里林场地处东经106°53′,北纬26°28′,气候为中亚热带温和湿润类型,年平均气温14.8℃,年均降水量1089.3mm,年均相对湿度79%,试验地海拔为

1213~1330m，山原丘陵地貌，土壤是石英砂岩发育形成的黄壤，林下植被主要有茅栗、小果南烛、铁芒箕、白栎等，林下植被覆盖度低。

（二）研究方法

1. 标准地的选设

试验采用配对样地法（严格要求所配样地的立地类型相同、立地质量相近），选择不同栽植代数（1、2代）、不同发育阶段（8、9、15、18、20年）的马尾松人工林为研究对象，共选取7组配对样地，分别用 A_1、A_2、C_1、C_2……、I_1、I_2 表示，其中8、9年林分属幼龄林，15、18、19、20年5组样地属中龄林。样地基本概况见表7-1。

表7-1　试验样地概况

样地号	代数	地点	母岩	海拔/m	林龄/年	坡向	坡位	土壤密度/(g·cm⁻³)	腐殖质厚度/cm	平均胸径/cm	平均树高/m	现存密度/(株·hm⁻²)
A_1	1代	伏波站	花岗岩	591	8	南坡	上坡	1.28	12.0	13.3	8.4	1683
A_2	2代	稀土矿	花岗岩	519	8	南坡	上坡	1.24	16.0	14.7	9.4	1433
C_1	1代	更达	砂岩	460	9	西北坡	下坡	1.41	9.0	7.8	7.2	2100
C_2	2代	坳水塘	砂岩	375	9	西北坡	下坡	1.30	12.0	11.3	7.9	1850
D_1	1代	八亩地	砂岩	339	15	全坡向	无	1.42	2.0	17.6	16.2	933
D_2	2代	干水库	砂岩	358	15	全坡向	无	1.36	5.0	18.4	14.2	833
E_1	1代	西南桦	花岗岩	557	15	东北坡	下坡	1.40	16.0	19.4	13.0	1083
E_2	2代	新路下	花岗岩	546	15	东北坡	下坡	1.27	17.0	20.3	12.3	900
F_1	1代	双电杆	砂岩	1250	18	东南坡	下坡	1.28	6.0	12.0	13.2	1933
F_2	2代	子妹坡	砂岩	1330	18	东南坡	下坡	1.19	9.0	15.9	16.3	1550
G_1	1代	春光	砂岩	1213	19	西北坡	下坡	1.31	3.0	18.4	14.4	1116
G_2	2代	沙坝	砂岩	1280	19	西北坡	下坡	1.22	5.0	15.6	15.1	1233
I_1	1代	岔路口	花岗岩	580	20	北坡	下坡	1.27	13.0	22.8	16.0	850
I_2	2代	水厂	花岗岩	541	20	北坡	下坡	1.20	20.0	18.4	18.1	1233

注：A_1、A_2、C_1、C_2……、I_1、I_2 分别代表不同林龄的1、2代配对样地。土壤密度为0~20cm和>20~40cm两层的平均值。

2. 样地调查及样品采集

在林相基本一致的林分内，选择代表性强的地段设置标准样地，共设标准样地7组，标准样地面积为600m²。在标准样地内按正规调查方法，进行每木检尺和按径阶测树高，然后计算各林分测树因子。按S形多点混合采样法，分别对0~20cm和>20~40cm土层采样，进行土壤化学性质及土壤微量元素分析；另用环刀取原状土测定土壤密度、孔隙度等主要土壤物理性质。

3. 土壤肥力指标测定方法

土壤密度测定：环刀法；土壤有机质：重铬酸钾氧化－外加热法；全 N：凯氏法；水解 N：碱解－扩散法；全 P：氢氧化钠碱熔－钼锑抗比色法；有效 P：0.05mol/L HCl–0.025mol/L 1/2 H_2SO_4 浸提法；全 K：氢氧化钠碱熔－火焰光度计法；有效 K：乙酸浸提－火焰光度计法；土壤 pH 值：水浸－酸度计测定；土壤全 Ca、全 Mg 测定：Na_2CO_3 熔融－原子吸收分光光度法；土壤全 Fe 测定：Na_2CO_3 熔融－邻啡啰啉比色法；土壤全 Cu、全 Zn、全 Mn 测定：原子吸收分光光度法；土壤全 Al 测定：Na_2CO_3 熔融－氟化钾取代 ETDA 容量法。

4. 数据统计分析

采用 Excel 和 SPSS13.0 进行数据统计，并进行 One-way ANOVA 分析。

二、结果与分析

（一）不同龄林、不同代数土壤主要物理性质比较

土壤密度表明土壤的松紧程度及孔隙状况，反映土壤的透水性、通气性和根系生长的阻力状况，是土壤物理性质的一个重要指标。连栽对不同龄林、不同代数马尾松林土壤密度均产生一定影响。从表 7-2 可看出，对幼龄林和中龄林，1 代与 2 代相比，相同层次林地土壤密度均表现出下降趋势，其中幼龄林 0～20cm 和＞20～40cm 层土壤密度 2 代较 1 代分别下降 4.65% 和 6.43%；中龄林 0～20cm 和＞20～40cm 层土壤密度 2 代较 1 代分别下降 10.40% 和 12.68%，且中龄林＞20～40cm 层土壤密度在 1、2 代间的差异达显著水平，这是由于连栽在土壤中存留了较多根系，并受根系的长期穿串作用影响。从不同土层看，无论是幼龄林，还是中龄林，土壤密度均表现出 0～20cm 土层低于＞20～40cm 土层，主要是因为上层含有大量有机质及植物根系，所以土壤密度较小，随着下层土壤有机质含量的减少，矿质比例增加，密度也有所增大。

土壤孔隙的大小、数量及分布是土壤物理性质的基础，也是评价土壤结构特征的重要指标，它的组成直接影响土壤的通气性、透水性和根系穿插的难易程度，并且对土壤中水、肥、气、热和微生物活性等发挥不同的调节功能。由表 7-2 可知，对幼龄林和中龄林，随栽植代数增加，土壤总孔隙度均呈上升趋势，其中幼龄林 0～20cm 和＞20～40cm 层土壤总孔隙度 2 代较 1 代分别上升 4.46% 和 7.15%；而中龄林 0～20cm 和＞20～40cm 层土壤总孔隙度 2 代较 1 代分别上升 9.68% 和 14.30%，且中龄林

＞20～40cm 层土壤总孔隙度在 1、2 代间的差异达显著水平。土壤总孔隙度在不同龄林均随土层深度的增加而减小。

表 7-2　土壤主要物理性质比较

林龄	土层 /cm	项目	1 代	2 代	F 值
幼龄林	0～20	土壤密度 /（g·cm^{-3}）	1.29±0.06	1.23±0.02	0.809
		总孔隙度 /%	51.57±2.36	53.87±0.56	0.895
		自然含水率 /%	19.56±1.74	20.85±3.57	0.105
	＞20～40	土壤密度 /（g·cm^{-3}）	1.40±0.06	1.31±0.04	1.296
		总孔隙度 /%	47.44±2.42	50.83±1.63	1.350
		自然含水率 /%	20.37±3.61	20.75±5.09	0.004
中龄林	0～20	土壤密度 /（g·cm^{-3}）	1.25±0.02	1.12±0.08	2.312
		总孔隙度 /%	52.71±1.05	57.81±3.16	2.335
		自然含水率 /%	21.30±2.43	26.33±1.92	2.629
	＞20～40	土壤密度 /（g·cm^{-3}）	1.42±0.04	1.24±0.08	3.506[*]
		总孔隙度 /%	46.57±1.38	53.23±3.26	3.536[*]
		自然含水率 /%	24.42±1.96	27.10±1.95	0.941

注：* 表示 5% 水平差异显著。

　　土壤含水量能较好地反映土壤水分和林内湿润状况，是土壤孔隙状况与持水能力的综合体现。连栽使林地土壤保水持水性得到提高。从表 7-2 看，无论是幼龄林还是中龄林，2 代林地土壤含水量均高于 1 代，其中幼龄林 0～20cm 和＞20～40cm 层土壤自然含水率 2 代较 1 代分别上升 6.60% 和 1.87%；而中龄林 0～20cm 和＞20～40cm 层土壤自然含水率 2 代较 1 代分别上升 23.62% 和 10.97%，但差异均不显著。

　　上述结果表明，通过连栽可较好地改变林地土壤的物理性质，特别是 0～20cm 层土壤。由于马尾松根系的分布，特别是侧根的分布主要在 0～20cm，对该层土壤的物理性质起到较好的改良作用。因此，土壤密度有了较明显下降，在土壤密度降低的同时，土壤的通气性、透水性也能相应得到改善，这些变化对 2 代马尾松的生长非常有利。杨承栋等在做这方面研究时，也曾得出类似结论。

（二）不同龄林、不同代数土壤化学性质比较

　　一般而言，土壤养分供应容量和强度与植物生长速度相关性较大，特别是对主要依靠土壤自然肥力生长的林木尤为明显。从表 7-3 可看出，连栽后马尾松幼龄林和中龄林土壤除全 K、全 Mg 2 代低于 1 代外，其余土壤全量养分及速效养分均呈上升趋势。其中幼龄林 0～20cm 和＞20～40cm 层土壤有机质、全 N、全 P、全 Ca 2 代较 1 代分别

上升 36.72%、39.73%、9.43%、13.45% 和 27.68%、33.33%、15.56%、29.79%；0～20cm 和＞20～40cm 层土壤水解 N、有效 P、速效 K 2 代较 1 代分别上升 45.75%、8.70%、29.68% 和 14.79%、5.91%、23.67%；而 0～20cm 和＞20～40cm 层土壤全 K、全 Mg 2 代较 1 代分别下降 13.41%、36.59% 和 6.54%、20.86%，且 0～20cm 层土壤有效 P 在 1、2 代间的差异达显著水平。

中龄林 0～20cm 和＞20～40cm 层土壤有机质、全 N、全 P、全 Ca 2 代较 1 代分别上升 34.60%、43.84%、30.23%、34.39% 和 28.57%、37.50%、28.57%、39.52%；0～20cm 和＞20～40cm 层土壤水解 N、有效 P、速效 K 2 代较 1 代分别上升 41.75%、7.72%、33.91% 和 22.61%、8.22%、27.52%；而 0～20cm 和＞20～40cm 层土壤全 K、全 Mg 2 代较 1 代分别下降 19.37%、37.96% 和 19.25%、31.89%。1、2 代中龄林的全 N、有效 P、速效 K、全 K 的含量，在 0～20cm 和＞20～40cm 层土壤的差异均达显著水平，0～20cm 层土壤的水解 N 在 1、2 代间的差异也达显著水平。

从表 7-3 还可看出，连栽后无论是幼龄林还是中龄林，土壤 pH 值均趋于下降。其中幼龄林 0～20cm 和＞20～40cm 层土壤 pH 值 2 代较 1 代分别下降 4.93% 和 6.31%，中龄林 0～20cm 和＞20～40cm 层土壤 pH 值 2 代较 1 代分别下降 3.74% 和 4.46%，且幼龄林土壤 pH 值在 1、2 代间的差异达显著水平。

马尾松连栽能有效提高土壤有机质含量和养分供给能力，土壤肥力有一定改善和提高，未出现土壤肥力明显下降现象，但连栽后林地土壤 pH 值略有下降。2 代林分土壤全 K 和全 Mg 的含量比 1 代有所下降，这可能与 1、2 代林下植被种类、凋落物的数量及其化学组成以及土壤风化速度等因素有关，而这些因素又直接影响土壤养分的贮量及有效性等。

表7-3　土壤化学性质的比较

林龄	土层 /cm	项目	1 代	2 代	F 值
幼龄林	0～20	有机质 /（g·kg^{-1}）	14.35±5.80	19.62±0.30	0.822
		水解 N/（mg·kg^{-1}）	64.70±20.14	94.30±19.18	1.132
		全 N/（g·kg^{-1}）	0.73±0.03	1.02±0.19	2.370
		有效 P/（mg·kg^{-1}）	2.30±0.09	2.50±0.05	3.774[*]
		全 P/（g·kg^{-1}）	0.53±0.01	0.58±0.01	2.200
		速效 K/（mg·kg^{-1}）	123.37±37.03	159.99±61.63	0.259
		全 K/（g·kg^{-1}）	1.79±0.18	1.55±0.05	1.744
		全 Ca/（g·kg^{-1}）	2.75±1.52	3.12±1.69	0.026
		全 Mg/（g·kg^{-1}）	1.64±0.47	1.04±0.24	1.260
		pH 值	5.68±0.04	5.40±0.04	4.500[*]

续表

林龄	土层 /cm	项目	1 代	2 代	F 值
幼龄林	>20～40	有机质 / (g · kg⁻¹)	11.09±3.83	14.16±6.55	0.164
		水解 N/ (mg · kg⁻¹)	55.59±18.68	63.81±7.51	0.167
		全 N/ (g · kg⁻¹)	0.48±0.11	0.64±0.03	2.283
		有效 P/ (mg · kg⁻¹)	2.20±0.02	2.33±0.12	1.246
		全 P/ (g · kg⁻¹)	0.45±0.03	0.52±0.03	1.722
		速效 K/ (mg · kg⁻¹)	90.95±4.85	112.48±24.86	0.723
		全 K/ (g · kg⁻¹)	1.53±0.01	1.43±0.09	1.220
		全 Ca/ (g · kg⁻¹)	2.35±1.42	3.05±2.03	0.080
		全 Mg/ (g · kg⁻¹)	1.39±0.09	1.10±0.28	0.974
		pH 值	5.86±0.01	5.49±0.03	9.520*
中龄林	0～20	有机质 / (g · kg⁻¹)	13.67±2.20	18.40±1.95	2.577
		水解 N/ (mg · kg⁻¹)	60.89±7.21	86.31±2.42	11.151**
		全 N/ (g · kg⁻¹)	0.73±0.19	1.05±0.06	4.897*
		有效 P/ (mg · kg⁻¹)	2.46±0.07	2.65±0.10	4.287*
		全 P/ (g · kg⁻¹)	0.43±0.06	0.56±0.08	1.603
		速效 K/ (mg · kg⁻¹)	107.96±12.15	144.57±14.61	3.708*
		全 K/ (g · kg⁻¹)	1.91±0.21	1.54±0.09	3.579*
		全 Ca/ (g · kg⁻¹)	1.57±0.66	2.11±0.03	0.659
		全 Mg/ (g · kg⁻¹)	2.45±0.66	1.52±0.34	1.529
		pH 值	5.35±0.10	5.15±0.11	1.767
	>20～40	有机质 / (g · kg⁻¹)	10.36±2.13	13.32±1.12	1.513
		水解 N/ (mg · kg⁻¹)	49.04±10.36	60.13±4.76	0.947
		全 N/ (g · kg⁻¹)	0.40±0.04	0.55±0.05	3.575*
		有效 P/ (mg · kg⁻¹)	2.19±0.04	2.37±0.05	6.583*
		全 P/ (g · kg⁻¹)	0.35±0.05	0.45±0.07	1.203
		速效 K/ (mg · kg⁻¹)	96.15±9.64	122.61±10.27	3.523*
		全 K/ (g · kg⁻¹)	1.61±0.11	1.30±0.06	6.091*
		全 Ca/ (g · kg⁻¹)	1.24±0.53	1.73±0.19	0.759
		全 Mg/ (g · kg⁻¹)	2.54±0.67	1.73±0.38	1.092
		pH 值	5.60±0.11	5.35±0.06	3.455

注：* 表示 5% 水平差异显著，** 表示 1% 水平差异显著。

（三）不同龄林、不同代数土壤微量元素比较

土壤是森林生态系统中相对稳定的组成要素，是微量元素的重要来源，也是微量元素迁移、转化和积累的重要场所。土壤中微量元素的含量主要与成土母质有关，同时受成土过程的淋洗、风化及植物吸收富集、归还等因素影响。马尾松生长发育所需的微量元素主要来自土壤，故土壤中微量元素的含量对马尾松生长有重要影响。

表7-4　土壤微量元素的比较

林龄	土层/cm	项目	1代	2代	F值
幼龄林	0～20	全Fe/（g·kg^{-1}）	51.45±16.37	33.05±20.21	0.501
		全Al/（g·kg^{-1}）	127.21±67.08	94.20±60.35	0.134
		全Cu/（mg·kg^{-1}）	22.72±2.05	18.77±4.79	0.575
		全Zn/（mg·kg^{-1}）	67.04±0.82	55.07±8.23	2.093
		全Mn/（mg·kg^{-1}）	83.07±12.52	48.22±9.48	4.928*
	>20～40	全Fe/（g·kg^{-1}）	57.40±20.18	36.29±18.51	0.594
		全Al/（g·kg^{-1}）	146.63±77.57	101.78±56.75	0.218
		全Cu/（mg·kg^{-1}）	24.60±3.67	22.25±4.14	0.181
		全Zn/（mg·kg^{-1}）	82.19±1.68	64.57±12.27	2.024
		全Mn/（mg·kg^{-1}）	113.31±16.45	58.80±16.16	5.585*
中龄林	0～20	全Fe/（g·kg^{-1}）	64.60±14.03	44.06±10.54	1.370
		全Al/（g·kg^{-1}）	139.76±34.29	97.58±31.51	0.820
		全Cu/（mg·kg^{-1}）	23.07±4.20	16.22±2.81	1.838
		全Zn/（mg·kg^{-1}）	71.40±9.70	42.80±12.81	3.167*
		全Mn/（mg·kg^{-1}）	90.51±12.59	56.94±12.74	3.508*
	>20～40	全Fe/（g·kg^{-1}）	71.90±13.79	50.45±11.95	1.382
		全Al/（g·kg^{-1}）	165.72±33.81	111.80±37.18	1.151
		全Cu/（mg·kg^{-1}）	26.77±4.85	17.16±3.27	2.697
		全Zn/（mg·kg^{-1}）	86.88±11.18	52.60±10.68	4.912*
		全Mn/（mg·kg^{-1}）	128.78±19.11	78.55±22.42	3.906*

从表7-4可看出，连栽后幼龄林和中龄林土壤微量元素含量均呈下降趋势，全Zn、全Mn表现尤为明显。其中幼龄林0～20cm和>20～40cm层土壤全Fe、全Al、全Cu、全Zn、全Mn含量2代较1代分别下降35.76%、25.95%、17.39%、17.86%、41.95%和36.78%、30.59%、9.55%、21.44%、48.11%，且全Mn含量在1、2代间的差异达显著水平。

而中龄林0～20cm和>20～40cm层土壤全Fe、全Al、全Cu、全Zn、全Mn

含量2代较1代分别下降31.80%、30.18%、29.69%、40.06%、37.09%和29.83%、32.54%、35.90%、39.46%、39.00%，且全Zn、全Mn含量在1、2代间的差异达显著水平。

三、小结与讨论

（1）马尾松连栽可以较好地改变林地土壤的物理性质。连栽后，无论是幼龄林还是中龄林，林地土壤密度均表现出下降趋势，而土壤总孔隙度、含水率则呈上升趋势。中龄林＞20～40cm层土壤密度和总孔隙度在1、2代间的差异达显著水平。

（2）连栽后，无论是幼龄林还是中龄林，林地土壤全K、全Mg及pH值均趋于下降，而有机质、全N、全P、全Ca及速效N、速效P、速效K均呈上升趋势。幼龄林0～20cm层土壤有效P含量以及0～20cm和＞20～40cm层土壤pH值、中龄林0～20cm层土壤水解N含量以及0～20cm和＞20～40cm层土壤全N、有效P、速效K、全K含量在1、2代间的差异达显著或极显著水平。

（3）连栽后，幼龄林和中龄林土壤微量元素含量均呈下降趋势，全Zn、全Mn表现尤为明显。幼龄林全Mn含量以及中龄林全Zn、全Mn含量在1、2代间的差异达显著水平。

关于连栽后林地土壤微量元素含量2代明显低于1代，尤其是全Mn含量，无论是幼龄林还是中龄林，随栽植代数的增加和林分的长时间生长，更趋于缺乏的现象，这可能与连栽后1、2代林下的植被类型不同、营养元素归还速度不同以及林木的选择吸收等因素有关；其次，由于某些元素在植物体内的积累，使其吸收系数和归还系数相差很大，从而导致某些元素供应不足。同时通过对1、2代幼龄林、中龄林树高生长的分析比较，2代幼龄林、中龄林平均树高生长较1代分别提高10.81%和4.75%，树高生长2代总体均高于1代，表明随着林分生长的进行，林木不断从土壤中吸收各种营养元素。马尾松在连栽时，尽管有大量的枯落物归还，但大量元素相对归还较快、较多，而微量元素归还得很少；而林木在生长过程中，对微量元素的消耗是不断累积增加的，因此可能出现连栽后大量元素未发生衰退而微量元素出现下降现象。同时本课题组的另一项研究表明：马尾松针叶凋落前后各养分转移率不同，5种大量元素N、P、K、Ca、Mg的平均转移率分别为54.56%、64.60%、80.22%、–66.32%、19.46%；4种微量元素Fe、Mn、Zn、Cu的平均转移率分别为–90.31%、–51.80%、–10.5%、–20.60%。除Ca外，4种大量元素均表现为正值，说明它们发生了转移；而Ca和4种微量元素则表现为负值，说明它们未发生转移或发生负转移，这一点也可能是引起马尾松连栽后大量元素未发生衰退而微量元素出现下降现象的主要原因。因此，对连栽马尾松林增施各种微量元素可以提高林木生长、防治地力衰退。

第二节   1、2代不同林龄马尾松人工林土壤微量元素及酶活性

本研究采用以空间代时间和配对样地法，通过在贵州省和广西壮族自治区马尾松主产县选取配对样地，以1、2代马尾松幼龄林、中龄林为主要研究对象，对1、2代不同林龄马尾松人工林土壤微量元素及酶活性进行调查研究，以探讨连栽对其土壤微量元素及酶活性的影响作用，为马尾松人工林的经营管理提供理论依据。

一、研究材料与方法

（一）材料来源

研究样地位于广西凭祥市中国林业科学研究院热带林业实验中心伏波实验场、广西忻城县欧洞林场以及贵州龙里林场。伏波实验场位于东经106°50′，北纬22°10′，属南亚热带季风气候区，年均气温21℃，年均降水量1500mm，海拔130～1045m，地貌类型以低山为主，土壤为花岗岩发育形成的红壤，土层厚度在1m以上，林下植被主要有五节芒、鸭脚木、东方乌毛蕨、白茅等，林下植被覆盖度大。

欧洞林场位于广西忻城县北端，地处东经108°42′～108°49′，北纬24°14′～24°19′，属南亚热带气候区，年平均气温19.3℃，年均降水量1445.2mm，样地所在处海拔300～700m，整个场区多属低山丘陵地貌，土壤主要是石英砂岩发育形成的红壤，土层较薄，林下植被主要有东方乌毛蕨、五节芒、小叶海金沙、南方荚蒾等，林下植被覆盖度较低。

贵州龙里林场地处东经106°53′，北纬26°28′，气候为中亚热带温和湿润类型，年平均气温14.8℃，年均降水量1089.3mm，年均相对湿度79%，试验地海拔为1213～1330m，山原丘陵地貌，土壤是石英砂岩发育形成的黄壤，林下植被主要有茅栗、小果南烛、铁芒箕、白栎等，林下植被覆盖度低。

（二）研究方法

1. 标准地的选设

试验采用配对样地法（严格要求所配样地的立地类型相同、立地质量相近），选择不同栽植代数（1、2代）、不同发育阶段（8、9、15、18、20年）的马尾松人工林为研究对象，

共选取 9 组配对样地，分别用 A₁、A₂、C₁、C₂……、I₁、I₂ 表示，其中 8、9 年林分属幼龄林，15、18、19、20 年 6 组样地属中龄林。样地基本概况见表 7-5。

表 7-5　配对样地基本概况

样地号	代数	地点	母岩	海拔 /m	林龄 /年	坡向	坡位	土壤密度 / (g·cm⁻³)	平均胸径 /cm	平均树高 /m
A₁	1 代	伏波站	花岗岩	591	8	南坡	上坡	1.28	13.3	8.4
A₂	2 代	稀土矿	花岗岩	519	8	南坡	上坡	1.24	14.7	9.4
B₁	1 代	伏波站	花岗岩	550	8	东南坡	下坡	1.19	15.3	10.1
B₂	2 代	稀土矿	花岗岩	490	8	东南坡	下坡	1.12	13.8	8.9
C₁	1 代	更达	砂岩	460	9	西北坡	下坡	1.41	7.8	7.2
C₂	2 代	坳水塘	砂岩	375	9	西北坡	下坡	1.30	11.3	7.9
D₁	1 代	八亩地	砂岩	339	15	全坡向	无	1.42	17.6	16.2
D₂	2 代	干水库	砂岩	358	15	全坡向	无	1.36	18.4	14.2
E₁	1 代	西南桦	花岗岩	557	15	东北坡	下坡	1.40	19.4	13.0
E₂	2 代	新路下	花岗岩	546	15	东北坡	下坡	1.27	20.3	12.3
F₁	1 代	双电杆	砂岩	1250	18	东南坡	下坡	1.28	12.0	13.2
F₂	2 代	子妹坡	砂岩	1330	18	东南坡	下坡	1.19	15.9	16.3
G₁	1 代	春光	砂岩	1213	19	西北坡	下坡	1.31	18.4	14.4
G₂	2 代	沙坝	砂岩	1280	19	西北坡	下坡	1.22	15.6	15.1
H₁	1 代	岔路口	花岗岩	614	20	南坡	上坡	1.36	21.7	14.9
H₂	2 代	水厂	花岗岩	568	20	南坡	上坡	1.15	20.8	14.6
I₁	1 代	岔路口	花岗岩	580	20	北坡	下坡	1.27	22.8	16.0
I₂	2 代	水厂	花岗岩	541	20	北坡	下坡	1.20	18.4	18.1

注：A₁、A₂、B₁、B₂……I₁、I₂ 分别代表不同林龄的 1、2 代配对样地。土壤密度为 0～20cm 和＞20～40cm 两层的平均值。

2. 样地调查及样品采集

样地调查及样品采集分别对 0～20cm 和＞20～40cm 的土层采样，进行土壤有效微量元素及酶活性的分析测定。

3. 土壤有效微量元素测定方法

土壤有效 Fe、有效 Mn：DTPA 浸提 – 原子吸收分光光度法；土壤有效 Cu：0.1mol·L⁻¹HCl 浸提 – 原子吸收分光光度法；土壤有效 Zn：0.1mol·L⁻¹HCl 浸提 – 原子吸收分光光度法；土壤交换性 Ca²⁺、Mg²⁺：1mol·L⁻¹NH₄OAc 浸提—原子吸收分光光度法。

4. 土壤酶活性测定方法

脲酶：苯酚 – 次氯酸钠比色法，活性用 NH_3-N mg·$(g·24h)^{-1}$ 表示；蛋白酶：比色法，活性用 NH_2-N mg·$(g·24h)^{-1}$ 表示；过氧化氢酶：高锰酸钾滴定法，活性用 0.1N $KMnO_4$ mL·g^{-1} 表示；多酚氧化酶：碘量滴定法，活性用 0.01 N I_2 mL·g^{-1} 表示；磷酸酶：磷酸苯二钠比色法，活性用酚 mg·g^{-1} 表示。

5. 数据统计分析

采用 Excel 和 SPSS13.0 进行数据统计分析。1、2 代统计样本数 N=36。

二、结果与分析

（一）1、2 代不同林龄土壤有效微量元素质量分数比较

土壤是森林生态系统中相对稳定的组成要素，是微量元素的重要来源，也是微量元素迁移、转化和积累的重要场所。土壤中的微量元素状况，可用全量和有效量来衡量，其质量分数既与母岩和成土母质有密切关系，同时受成土过程的淋洗、风化及植物吸收富集、归还等因素影响。

研究结果表明，马尾松连栽对幼龄林、中龄林不同层次土壤中有效微量元素质量分数产生不同程度的影响。从表 7-6 可看出，连栽后幼龄林土壤中有效微量元素质量分数均呈不同程度上升趋势，尤以有效 Mn 表现最明显。0～20cm 层土壤有效 Fe、有效 Mn、有效 Cu、有效 Zn 质量分数 2 代较 1 代分别上升 4.17%、163.62%、4.62%、27.98%；＞20～40cm 层土壤有效微量元素质量分数变化也表现出相同的规律，2 代较 1 代分别上升 43.51%、193.62%、25.71%、10.84%，且两层次土壤中有效 Mn 质量分数变化在 1、2 代间差异达显著水平。从不同土壤层次看，土壤中有效微量元素质量分数在 1、2 代表现出相似的变化规律，其有效 Fe、有效 Zn 质量分数在 1、2 代中均随土层深度增加表现出下降的趋势，且差异显著；而有效 Mn、有效 Cu 质量分数则随土层深度增加而略有上升，但差异不显著。

对中龄林的影响，从表 7-6 可看出，连栽后，无论是 0～20cm，还是＞20～40cm 层土壤中有效 Fe、有效 Cu、有效 Zn 质量分数 2 代较 1 代仍呈不同程度上升趋势，而有效 Mn 质量分数则呈下降趋势。0～20cm 和＞20～40cm 层土壤有效 Mn 质量分数 2 代较 1 代分别下降 33.84% 和 16.02%；而土壤有效 Fe、有效 Cu、有效 Zn 质量分数 2 代较 1 代分别上升 74.57%、26.23%、36.55% 和 73.61%、41.28%、49.50%，且有效 Fe、有效 Cu 质量分数在 1、2 代间的差异达显著水平。从不同土壤层次看，土壤中有效微量元素

质量分数在中龄林中的变化有所不同,其土壤有效 Fe、有效 Mn、有效 Cu、有效 Zn 质量分数在 1、2 代变化均表现出随土层深度增加呈下降趋势,且有效 Cu 质量分数在 1、2 代不同层次土壤中差异显著。

从表 7-6 也可看出,对不同林龄而言,无论是 1 代还是 2 代,其幼龄林 0～20cm 层土壤有效 Fe、有效 Zn 质量分数较中龄林高;而有效 Mn、有效 Cu 质量分数在 1、2 代幼龄林、中龄林中变化有所不同。对同代林分而言,1 代林中,有效 Mn 质量分数幼龄林较中龄林低,2 代林中幼龄林较中龄林高,而有效 Cu 质量分数在同代幼龄林、中龄林中的变化规律则相反。>20～40cm 层土壤有效 Fe、有效 Mn、有效 Cu、有效 Zn 质量分数在 1、2 代幼龄林、中龄林中也存在一定差异。>20～40cm 层土壤有效 Fe、有效 Zn 质量分数 1、2 代中龄林较 1、2 代幼龄林高,且在 2 代幼、中龄林差异达显著水平;而 1、2 代幼龄林、中龄林>20～40cm 层土壤有效 Mn、有效 Cu 质量分数变化规律与在 1、2 代幼龄林、中龄林 0～20cm 层土壤中相似,且>20～40cm 层土壤有效 Cu 质量分数在 1 代幼、中龄林中差异达显著水平。

(二) 1、2 代不同林龄土壤酶活性比较

土壤酶是土壤生态系统的重要组分之一,通常认为土壤酶在很大程度上起源于土壤微生物,是土壤肥力的重要指标之一。土壤酶在土壤的物质循环和能量转化过程中起着重要作用,在它们参与下不断进行着土壤的生物呼吸、有机物质的分解和转化过程,其活性的高低可以反映土壤养分转化的强度,因此研究土壤酶的活性强度有助于了解土壤肥力状况和演变。

连栽对马尾松幼龄林、中龄林不同层次土壤酶活性的影响见表 7-7。从表 7-7 可以看出,幼龄林、中龄林相同层次土壤脲酶、蛋白酶、磷酸酶、过氧化氢酶和多酚氧化酶活性 2 代均高于 1 代。其幼龄林 0～20cm 和>20～40cm 层土壤脲酶、蛋白酶、磷酸酶、过氧化氢酶、多酚氧化酶活性 2 代较 1 代分别上升 60.33%、57.14%、29.87%、62.16%、8.33% 和 60.10%、28.57%、46.00%、78.57%、9.32%;中龄林 2 代较 1 代分别上升 33.07%、36.36%、29.17%、36.96%、8.77% 和 41.04%、25.00%、45.45%、64.52%、9.38%。且幼龄林 0～20cm 层土壤蛋白酶、磷酸酶和两层次土壤脲酶、过氧化氢酶,中龄林 0～20cm 层土壤蛋白酶、磷酸酶、多酚氧化酶和>20～40cm 层土壤脲酶、磷酸酶、过氧化氢酶、多酚氧化酶活性在 1、2 代间的差异达显著水平。

对不同林龄而言,无论是 1 代还是 2 代,0～20cm 层土壤脲酶、蛋白酶、过氧化氢酶和多酚氧化酶活性中龄林高于幼龄林,且 1 代 0～20cm 层土壤脲酶、过氧化氢酶和 2 代 0～20cm 层土壤多酚氧化酶活性在幼、中龄林间差异达显著水平。0～20cm 和>20～40cm 层土壤磷酸酶活性在 1、2 代中龄林均低于幼龄林,且 1 代>20～40cm 层

表 7-6　1、2 代不同林龄土壤有效微量元素的质量分数比较

林分类型	土层/cm	有效 Fe/(mg·kg⁻¹)		有效 Mn/(mg·kg⁻¹)		有效 Cu/(mg·kg⁻¹)		有效 Zn/(mg·kg⁻¹)	
		1代	2代	1代	2代	1代	2代	1代	2代
幼龄林	0~20	26.39±8.07a	27.49±9.19a	1.82±0.13a	4.81±3.29a	0.65±0.38a	0.68±0.11a	2.43±0.38a	3.11±0.63a
	>20~40	12.30±3.16ab	17.66±3.27ab	1.83±0.13a	5.37±3.98ab	0.70±0.25a	0.88±0.37a	1.66±0.32ab	1.84±0.31ab
中龄林	0~20	15.26±3.37ab	26.64±4.96a	2.63±0.72a	1.74±0.06a	0.61±0.11a	0.77±0.33ab	1.97±0.05a	2.69±0.57a
	>20~40	14.02±3.10ab	24.34±4.52a	2.06±0.31a	1.73±0.05a	0.43±0.06ab	0.61±0.23a	1.74±0.34a	2.61±0.64a

注：表中数值为平均值±标准差。1、2 代各指标平均值右侧标有相同字母者，则表示两两之间差异不显著。

表 7-7　1、2 代不同林龄土壤酶活性比较

林分类型	土层/cm	脲酶/(mgNH₃-N·g⁻¹)		蛋白酶/(mgNH₂-N·g⁻¹)		磷酸酶/(mg·g⁻¹)		过氧化氢酶/(mL·g⁻¹)		多酚氧化酶/(mL·g⁻¹)	
		1代	2代	1代	2代	1代	2代	1代	2代	1代	2代
幼龄林	0~20	4.89±0.66a	7.84±1.84ab	0.07±0.01a	0.11±0.02ab	0.77±0.17a	1.00±0.20a	0.37±0.06a	0.60±0.13ab	1.68±0.11a	1.82±0.01a
	>20~40	4.23±0.49a	6.81±1.46ab	0.07±0.01a	0.09±0.01a	0.50±0.09a	0.73±0.13a	0.28±0.03a	0.50±0.16ab	1.61±0.12a	1.76±0.02a
中龄林	0~20	6.44±0.80ab	8.57±1.13ab	0.11±0.01ab	0.15±0.01ab	0.72±0.06ab	0.93±0.05ab	0.46±0.05ab	0.63±0.08ab	1.71±0.04a	1.86±0.02ab
	>20~40	4.41±0.37a	6.22±0.67ab	0.08±0.01a	0.10±0.01a	0.44±0.02ab	0.64±0.06a	0.31±0.04a	0.51±0.06ab	1.60±0.04a	1.75±0.02ab

注：表中数值为平均值±标准差。1、2 代各指标平均值右侧标有相同字母者，则表示两两之间差异不显著。

土壤磷酸酶活性在幼龄林、中龄林间差异达显著水平，而 1、2 代＞20～40cm 层土壤脲酶、蛋白酶、过氧化氢酶和多酚氧化酶活性在幼龄林、中龄林中差异不明显。

从不同土壤层次看，无论是幼龄林还是中龄林，是 1 代还是 2 代，土壤脲酶、蛋白酶、磷酸酶、过氧化氢酶和多酚氧化酶活性均随土层厚度加深呈不同程度的下降趋势，且 2 代幼龄林土壤蛋白酶、磷酸酶，1 代中龄林土壤脲酶、磷酸酶、过氧化氢酶，2 代中龄林土壤蛋白酶、磷酸酶活性在两层次土壤间差异均达显著水平。土壤酶活性在 1、2 代幼龄林、中龄林土壤中随土层厚度加深，酶活性下降，这可能与随着土层厚度加深，土壤中有机质质量分数减少、土壤有机养分质量分数下降以及 2 代林木生长对土壤性质所产生的特殊影响有关，也可能与随着土层厚度加深，影响该酶活性的激活剂质量分数逐渐减少有关。

三、结论与讨论

连栽对马尾松幼龄林、中龄林土壤有效微量元素质量分数均产生不同程度影响。连栽后，幼龄林土壤中有效微量元素质量分数均呈不同程度的上升趋势，且有效 Mn 质量分数变化在 1、2 代间差异达显著水平（$P < 0.05$）。对中龄林土壤有效微量元素的影响，无论是 0～20cm，还是＞20～40cm 层土壤，随着林分生长发育的进行，土壤有效 Fe、有效 Cu、有效 Zn 质量分数仍不同程度地上升，而有效 Mn 质量分数则呈下降趋势，且有效 Fe、有效 Cu 质量分数在 1、2 代间差异显著（$P < 0.05$）。从不同土壤层次看，无论是 1 代还是 2 代，幼龄林土壤中有效 Fe、有效 Zn 质量分数表现出随土层深度的增加呈下降趋势，且差异显著（$P < 0.05$），而有效 Mn、有效 Cu 质量分数表现出随土层深度的增加呈上升趋势；中龄林土壤中有效 Fe、有效 Mn、有效 Cu、有效 Zn 质量分数均表现出随土层深度的增加呈下降趋势，且有效 Cu 质量分数在 1、2 代不同层次土壤中差异显著（$P < 0.05$）。土壤有效 Fe、有效 Mn、有效 Cu、有效 Zn 质量分数在同代相同土壤层次的幼龄林、中龄林中也存在一定差异，且＞20～40cm 层土壤有效 Fe、有效 Zn 质量分数在 2 代幼龄林、中龄林差异以及＞20～40cm 层土壤有效 Cu 质量分数在 1 代幼龄林、中龄林中差异显著（$P < 0.05$）。

连栽后，幼龄林、中龄林相同层次土壤脲酶、蛋白酶、磷酸酶、过氧化氢酶和多酚氧化酶活性 2 代均高于 1 代，且幼龄林 0～20cm 层土壤脲酶、蛋白酶、磷酸酶、过氧化氢酶和＞20～40cm 层土壤脲酶、过氧化氢酶，中龄林 0～20cm 层土壤蛋白酶、磷酸酶、多酚氧化酶和＞20～40cm 层土壤脲酶、磷酸酶、过氧化氢酶、多酚氧化酶活性在 1、2 代间的差异显著（$P < 0.05$）。对同代相同土壤层次而言，土壤脲酶、蛋白酶、磷酸酶、过氧化氢酶和多酚氧化酶活性在幼龄林、中龄林中也存在一定差异。其中 1、2

代 0～20cm 层土壤脲酶、蛋白酶、过氧化氢酶和多酚氧化酶活性中龄林高于幼龄林，1、
2 代＞20～40cm 层土壤脲酶、蛋白酶、过氧化氢酶和多酚氧化酶活性在幼龄林、中龄
林中差异不明显，而土壤磷酸酶活性在 1、2 代 0～20cm 和＞20～40cm 层土壤中龄林
均低于幼龄林。无论是幼龄林，还是中龄林，是 1 代还是 2 代，土壤脲酶、蛋白酶、磷
酸酶、过氧化氢酶和多酚氧化酶活性均随土层厚度加深呈不同程度的下降趋势。

　　综上所述，通过对 1、2 代不同林龄马尾松人工林土壤有效微量元素及酶活性的比
较研究，揭示了连栽马尾松林在不同发育阶段土壤中有效微量元素及酶活性变化的内在
规律。研究结果表明：连栽后林地土壤有效微量元素质量分数在不同林龄阶段、不同土
壤层次有所不同。1、2 代相比，在幼龄阶段土壤有效微量元素质量分数呈不同程度的上
升趋势，这有利于林木的生长与发育，但随着林木生长发育的进行，到中龄阶段，土壤
有效 Mn 质量分数开始呈下降趋势，这可能与连栽后 1、2 代林下植被种类、凋落物的
数量及化学组成、根分泌物的种类和数量、林木的选择吸收以及元素归还速度不同等因
素有关，而这些因素又直接影响土壤养分的贮量及有效性等。连栽后 2 代林土壤酶活性
普遍高于相同层次 1 代林，这对马尾松林木的生长发育具有重要意义。通常情况下森林
土壤酶活性的高低与土壤中有机质质量分数的多少呈正相关。本研究结果与 2 代林土壤
有机质质量分数较高，而 1 代林质量分数较低等研究结论一致。从马尾松人工林的生
长情况看，早期生长较好。然而，随着林木的不断生长，林木根系不断扩展，需要不断
地从土壤中吸收各种养分，长此以往则会导致土壤养分的耗竭、地力的衰退。而土壤养
分耗竭、地力衰退又会导致土壤微生物活动所需的 C 源、N 源等营养物质减少，其活动
能力减弱，从而将大大降低土壤酶活性，阻碍林木根系对养分的吸收和利用。因此，从
长期角度看，为提高其林分生产力，防止马尾松人工林地力衰退，在营林时，特别是连
栽马尾松，宜采用营造马尾松混交林、保留枯枝落叶、合理施肥、通过间伐发展林下植
被等技术措施，改善林地土壤的理化性质及生物活性，使其土壤长期处于一种良好的状
态，以达到土壤生产力的可持续发展。

第三节　连栽马尾松林根际与非根际土壤养分及酶活性研究

　　林木根际是林木和土壤进行物质、能量交换的场所，也是生化活性最强的区域。林
木根系通过分泌各类有机物质和对元素的不平衡吸收来影响土壤性质，这种影响首先会
以根际土壤性质的变化反映出来。近年来，根际微生态系统的土壤环境引起了人们的广
泛关注，但有关马尾松连栽对林地根际、非根际土壤性质动态变化的研究甚少，从根际

与非根际土壤生物活性角度揭示连栽马尾松林土壤性质变化趋势的研究仅见少数报道。针对这些问题，本研究通过选择不同栽植代数（1、2代）的马尾松林作为研究对象，对连栽马尾松林根际、非根际土壤养分及酶活性的差异性进行比较研究，以揭示连栽马尾松人工林地力变化的内在机制，从而对探讨马尾松连栽是否引起林地土壤肥力发生衰退以及对马尾松人工林的经营、林地养分管理等具有重要的现实意义。

一、研究材料与方法

（一）材料来源

研究地区位于广西凭祥市中国林业科学研究院热带林业实验中心伏波实验场、广西忻城县欧洞林场及贵州龙里林场。伏波实验场位于东经106°50′，北纬22°10′，属南亚热带季风气候区，年均气温21℃，年均降水量1500mm，海拔130～1045m，地貌类型以低山为主，土壤为花岗岩发育形成的红壤，土层厚度在1m以上，林下植被主要有五节芒、鸭脚木、东方乌毛蕨、白茅等，林下植被覆盖度大。

欧洞林场位于广西忻城县北端，地处东经108°42′～108°49′，北纬24°14′～24°19′，属南亚热带气候区，年平均气温19.3℃，年均降水量1445.2mm，样地所在处海拔300～700m，整个场区多属低山丘陵地貌，土壤主要是石英砂岩发育形成的红壤，土层较薄，林下植被主要有东方乌毛蕨、五节芒、小叶海金沙、南方荚蒾等，林下植被覆盖度较低。

贵州龙里林场地处东经106°53′，北纬26°28′，气候为中亚热带温和湿润类型，年平均气温14.8℃，年均降水量1089.3mm，年均相对湿度79%，试验地海拔为1213～1330m，山原丘陵地貌，土壤是石英砂岩发育形成的黄壤，林下植被主要有茅栗、小果南烛、铁芒箕、白栎等，林下植被覆盖度低。

（二）研究方法

1. 标准地的选设

试验通过配对样地法，选择不同栽植代数（1、2代）的马尾松幼龄林作为研究对象，共选取3组配对样地，分别用A_1、A_2、B_1、B_2、C_1、C_2表示。样地基本概况见表7-8。

表7-8　试验样地概况

样地编号	代数	地点	母岩	土壤	地貌	海拔/m	林龄/年	坡向	坡位
A_1	1代	伏波站	花岗岩	红壤	低山	591	8	南坡	上坡
A_2	2代	稀土矿	花岗岩	红壤	低山	519	8	南坡	上坡
B_1	1代	伏波站	花岗岩	红壤	低山	550	8	东南坡	下坡
B_2	2代	稀土矿	花岗岩	红壤	低山	490	8	东南坡	下坡
C_1	1代	更达	砂岩	红壤	丘陵	460	9	西北坡	下坡
C_2	2代	坳水塘	砂岩	红壤	丘陵	375	9	西北坡	下坡

2. 样品采集和处理

在林相基本一致的林分内，选择代表性强、立地条件相似的1、2代马尾松幼龄林标准样地共3组，每块标准样地面积为20m×30m。在每块标准地进行每木检尺，找出平均木，分别选择马尾松标准木多株，按多点混合采样法采集根际与非根际土壤，进行酶活性及土壤化学性质的分析测定。

3. 土壤养分测定方法

土壤有机质：重铬酸钾氧化–外加热法；全N：凯氏法；碱解N：碱解–扩散法；全P：氢氧化钠碱熔–钼锑抗比色法；速效P：0.05mol·L^{-1} HCl–0.025mol·L^{-1} 1/2 H$_2$SO$_4$浸提法；全K：氢氧化钠碱熔–火焰光度计法；速效K：乙酸浸提–火焰光度计法；土壤全Ca、全Mg测定：Na$_2$CO$_3$熔融–原子吸收分光光度法；土壤全Fe测定：Na$_2$CO$_3$熔融–邻啡啰啉比色法；土壤全Cu、全Zn、全Mn测定：原子吸收分光光度法；土壤全Al测定：Na$_2$CO$_3$熔融–氟化钾取代ETDA容量法。

4. 土壤酶活性测定方法

脲酶：苯酚–次氯酸钠比色法，活性用NH$_3$–N mg·(g·24h)$^{-1}$表示；蛋白酶：比色法，活性用NH$_2$–N mg·(g·24h)$^{-1}$表示；过氧化氢酶：高锰酸钾滴定法，活性用0.1N KMnO$_4$ mL·g^{-1}表示；多酚氧化酶：碘量滴定法，活性用0.01N I$_2$ mL·g^{-1}表示；磷酸酶：磷酸苯二钠比色法，活性用酚 mg·g^{-1}表示。

5. 数据统计分析

采用Excel 2003和SPSS13.0进行数据统计，并进行One-way ANOVA分析。

二、结果与分析

（一）不同代数根际与非根际土壤大量元素的比较

林木在生长过程中，根系从土壤中摄取养分和水分，同时也向土壤中分泌质子、离子并释放大量的有机物质，这些有机物质不仅为根际微生物提供丰富的碳源，而且极大地改变根际微区的物理和化学环境，对根际土壤养分产生重大影响。

连栽对马尾松林根际与非根际土壤大量元素的影响见表 7-9。从表 7-9 可看出，根际与非根际土壤全 N、全 K、全 Ca 和全 Mg 平均含量 2 代均低于 1 代。其中根际土壤全 N、全 K、全 Ca 和全 Mg 平均含量 2 代分别较 1 代下降 48.24%、4.08%、52.38% 和 27.71%；非根际土壤全 N、全 K、全 Ca 和全 Mg 平均含量 2 代分别较 1 代下降 37.93%、5.97%、33.05% 和 28.14%，且根际土壤全 N 含量在 1、2 代之间的差异达显著水平。根际与非根际土壤有机质、碱解 N、速效 P、全 P 和速效 K 平均含量 2 代却高于 1 代。其中有机质、碱解 N、速效 P、全 P 和速效 K 根际土壤平均含量 2 代分别较 1 代上升 23.92%、35.47%、35.90%、10.61% 和 48.43%；非根际土壤平均含量 2 代分别较 1 代上升 22.16%、40.49%、31.53%、9.52% 和 41.30%，且根际与非根际土壤有机质、碱解 N 和速效 P 含量在 1、2 代之间的差异达显著或极显著水平。

可见，马尾松连栽能有效提高根际土壤有机质含量和提升根际土壤养分水平，土壤肥力得到一定程度的改善，杨承栋等在研究时也曾得出类似结论。连栽后林地土壤全 N、全 K、全 Ca 和全 Mg 含量在 2 代林分相对有所下降，这可能与 1、2 代林下植被种类、凋落物的数量及化学组成、根分泌物的种类和数量、元素归还速度以及土壤风化速度等因素有关，而这些因素又直接影响土壤养分的贮量及有效性等。因此，对连栽马尾松林增施氮肥、钾肥及钙镁肥对于提高林木生长、防治地力衰退是非常必要的。

（二）不同代数根际与非根际土壤微量元素的比较

土壤是森林生态系统中相对稳定的组成要素，是微量元素的重要来源，也是微量元素迁移、转化和积累的重要场所。土壤中微量元素的含量，主要与成土母质有关，同时受成土过程的淋洗、风化及植物吸收富集、归还等因素影响。马尾松生长发育所需的微量元素主要来自土壤，尤其是根际土壤，故根际土壤中微量元素的含量对马尾松生长有重要影响。

表 7-9 不同代数根际与非根际土壤大量元素的比较

代数	土壤	有机质/ (g·kg⁻¹)	碱解 N/ (mg·kg⁻¹)	全 N/ (g·kg⁻¹)	速效 P/ (mg·kg⁻¹)	全 P/ (g·kg⁻¹)	速效 K/ (mg·kg⁻¹)	全 K/ (g·kg⁻¹)	全 Ca/ (g·kg⁻¹)	全 Mg/ (g·kg⁻¹)
1 代	根际土	44.69±2.58	137.54±15.49	1.14±0.11	1.17±0.15	0.66±0.05	135.30±20.52	1.47±0.06	5.25±1.29	1.66±0.27
2 代	根际土	55.38±3.35	186.32±4.08	0.59±0.19	1.59±0.10	0.73±0.03	200.83±34.78	1.41±0.06	2.50±0.94	1.20±0.15
	升降率/%	23.92	35.47	−48.25	35.90	10.61	48.43	−4.08	−52.38	−27.71
	F 值	5.388	9.275	6.006	5.278	1.710	1.740	0.390	2.964	2.297
	显著性	*	*	*	*					
1 代	非根际土	38.00±2.67	125.20±13.49	0.58±0.10	1.11±0.14	0.63±0.06	123.88±18.50	1.34±0.08	3.48±1.22	1.67±0.24
2 代	非根际土	46.42±2.73	175.89±1.67	0.36±0.13	1.46±0.05	0.69±0.02	175.04±20.64	1.26±0.03	2.33±1.00	1.20±0.12
	升降率/%	22.16	40.49	−37.93	31.53	9.52	41.30	−5.97	−33.05	−28.14
	F 值	4.863	13.910	1.872	5.360	1.105	1.313	1.067	0.535	3.046
	显著性	*	**		*					

注：表中数据为多点测定平均值，升降率表示 1 代至 2 代升降百分率，* 和 ** 分别代表在 5%、1% 水平上差异显著。

连栽对根际土壤微量元素的影响见表 7-10。从表 7-10 可看出，根际土壤全 Al、全 Cu 和全 Zn 平均含量 2 代高于 1 代，分别较 1 代上升 4.82%、3.16% 和 3.90%，但各含量在 1、2 代之间的差异均未达显著水平；而全 Fe 和全 Mn 平均含量 2 代却低于 1 代，分别较 1 代下降 2.27% 和 51.94%，且全 Mn 含量在 1、2 代之间的差异达显著水平。对非根际土壤微量元素的影响，除全 Cu 平均含量 2 代高于 1 代外，其全 Fe、全 Al、全 Zn 和全 Mn 平均含量 2 代均低于 1 代，分别较 1 代下降 32.34%、29.04%、29.25% 和 57.59%，且各含量在 1、2 代之间的差异均达到显著或极显著水平。

表 7-10　不同代数根际与非根际土壤微量元素的比较

代数	土壤	全 Fe/($g \cdot kg^{-1}$)	全 Al/($g \cdot kg^{-1}$)	全 Cu/($mg \cdot kg^{-1}$)	全 Zn/($mg \cdot kg^{-1}$)	全 Mn/($mg \cdot kg^{-1}$)
1 代	根际土	55.06±13.20	156.07±26.98	17.41±2.57	87.20±12.22	134.34±22.54
2 代	根际土	53.81±8.77	163.60±21.97	17.96±2.89	90.60±18.15	64.56±17.27
	升降率 /%	−2.27	4.82	3.16	3.90	−51.94
	F 值	0.006	0.015	0.020	0.024	6.040
	显著性					*
1 代	非根际土	70.12±5.14	206.86±11.42	14.98±2.58	109.91±8.03	113.13±19.04
2 代	非根际土	47.44±1.74	146.78±3.17	21.14±0.91	77.76±10.77	47.98±3.56
	升降率 /%	−32.34	−29.04	41.12	−29.25	−57.59
	F 值	17.491	25.709	5.080	5.725	11.311
	显著性	**	**	*	*	**

注：表中数据为多点测定平均值，升降率表示 1 代至 2 代升降百分率，* 和 ** 分别代表在 5%、1% 水平上差异显著。

由此可见，马尾松连栽后由于林下植被种类、营养元素归还速度的不同及林木的选择性吸收，除对土壤中的大量元素产生影响外，对土壤微量元素也产生明显影响。相关研究表明林下植被类型不同会影响土壤中微量元素的富集。连栽后林地非根际土壤全 Cu 含量 2 代高于 1 代，而全 Fe、全 Al、全 Zn 和全 Mn 含量 2 代明显低于 1 代，尤其是全 Mn 含量随栽植代数的增加，林分的生长发育表现出更加缺乏的状态。这可能与连栽后 1、2 代林下的植被类型不同以及林木在生长发育过程对各微量元素的需求量不同等因素有关，同时由于某些元素在植物体内的积累，使其吸收系数和归还系数相差很大，从而导致某些元素供应不足。

（三）不同代数根际与非根际土壤酶活性的比较

在土壤的物质循环和能量转化过程中，土壤酶起着重要作用，它们参与着土壤的生物呼吸、有机物质的分解和转化过程，因此研究土壤酶的活性强度将有助于了解土壤肥力状况和演变。根际土壤中酶活性的变化主要有两方面的原因：一是林木根系能够分泌酶类物质进入土壤。二是土壤酶活性与微生物是分不开的，林木根系直接影响的土壤范围是微生物特殊的生境，根际内微生物数量总是比根际外要高得多，当微生物受到环境因素刺激时，便不断向周围介质分泌酶，致使根际内外酶活性存在很大的差异。林木根际的大量沉积物及活跃的微生物活动，使得根际土壤酶活性处在一个特殊环境中。

马尾松连栽对根际与非根际土壤酶活性的影响见表7–11。从表7–11可看出，连栽后，根际与非根际土壤脲酶、蛋白酶、磷酸酶、过氧化氢酶和多酚氧化酶活性2代均高于1代，其中根际土壤脲酶、蛋白酶、磷酸酶、过氧化氢酶和多酚氧化酶活性2代分别较1代上升109.30%、40.63%、46.46%、70.00%和9.70%，非根际土壤脲酶、蛋白酶、磷酸酶、过氧化氢酶和多酚氧化酶活性2代分别较1代上升119.56%、19.23%、63.10%、63.64%和6.13%，脲酶、磷酸酶和过氧化氢酶活性在1、2代之间的差异均达显著或极显著水平。

表7–11　不同代数根际与非根际土壤酶活性的比较

代数	土壤	脲酶/NH$_3$–N mg·(g·24h)$^{-1}$	蛋白酶/NH$_2$–N、mg·(g·24h)$^{-1}$	磷酸酶/酚 mg·g^{-1}	过氧化氢酶/ 0.1N KMnO$_4$ mL·g^{-1}	多酚氧化酶/ 0.01N I$_2$ mL·g^{-1}
1代	根际土	9.35±1.04	0.32±0.04	0.99±0.15	0.50±0.08	1.65±0.16
2代	根际土	19.57±1.67	0.45±0.05	1.45±0.00	0.85±0.09	1.81±0.15
	升降率/%	109.30	40.63	46.46	70.00	9.70
	F值	27.004	4.540	8.928	9.188	0.502
	显著性	**		*	*	
1代	非根际土	7.67±1.18	0.26±0.05	0.84±0.14	0.55±0.08	1.63±0.16
2代	非根际土	16.84±1.27	0.31±0.03	1.37±0.05	0.90±0.09	1.73±0.11
	升降率/%	119.56	19.23	63.10	63.64	6.13
	F值	28.075	0.773	12.249	9.188	0.288
	显著性	**		**	*	

注：表中数据为多点测定平均值，升降率表示1代至2代升降百分率，*和**分别代表在5%、1%水平上差异显著。

三、结论与讨论

（1）马尾松连栽后，根际与非根际土壤全N、全K、全Ca和全Mg含量2代均低于1代，而有机质、碱解N、速效P、全P和速效K平均含量2代却高于1代；根际与非根际土壤有机质、碱解N和速效P含量以及根际土壤全N含量在1、2代之间的差异达显著或极显著水平。

（2）连栽后，根际土壤全 Al、全 Cu 和全 Zn 含量 2 代高于 1 代，而全 Fe 和全 Mn 含量 2 代却低于 1 代，且全 Mn 含量在 1、2 代之间的差异达显著水平。对非根际土壤微量元素的影响除全 Cu 含量 2 代高于 1 代外，其全 Fe、全 Al、全 Zn 和全 Mn 含量 2 代均低于 1 代，且各含量在 1、2 代之间的差异均达到显著或极显著水平。

（3）连栽对根际土壤酶活性与非根际土壤酶活性的影响作用一致。连栽后，根际与非根际土壤脲酶、蛋白酶、磷酸酶、过氧化氢酶和多酚氧化酶活性 2 代均高于 1 代，且脲酶、磷酸酶和过氧化氢酶活性在 1、2 代之间的差异均达显著或极显著水平。

结果表明：连栽后林地根际土壤多数大量元素含量、土壤酶活性有所上升。其中脲酶和蛋白酶活性升高，相应影响了土壤中水解氮、碱解氮等的转化及其动态平衡；多酚氧化酶活性上升则减少了土壤中多酚氧化酶类物质的积累，从而不致引起土壤中毒。与此同时，过氧化氢酶活性增强，则加速了土壤中有毒物质的分解；磷酸酶活性增强，又可加速土壤中多糖类物质和磷酸化物等物质的分解和转化。土壤各类酶活性的提高，对改良森林土壤性质很有价值，且对土壤酶的催化产物无机态氮、无机磷等养分在根际中的累积有积极作用，有助于土壤养分的循环。全 N、全 K、全 Ca、全 Mg 及多数微量元素趋于下降，尤其是全 Mn 含量下降特别明显，因此对连栽马尾松林增施各种微量元素、氮肥、钾肥及钙镁肥对于提高林木生长、防治地力衰退是非常必要的。马尾松连栽后为什么根际土壤各类酶活性有所提高、有些养分呈上升趋势而有些养分则呈下降趋势？产生该现象的机理则有待进一步研究。通过 1、2 代马尾松林根际土壤性质的比较研究，对揭示马尾松人工林土壤性质动态变化趋势、防治地力衰退及今后马尾松人工林的经营、林地养分管理等提供较明确的科学依据。

第四节　马尾松连栽对根际与非根际土壤微量元素及微生物的影响

马尾松连栽后林地土壤肥力、微生物是否发生变化等已成为学术和生产上十分关注的热点问题。林木根际是林木和土壤进行物质、能量交换的场所，也是生化活性最强的区域，林木根系通过分泌各类有机物质和对元素的不平衡吸收来影响土壤性质，这种影响首先会以根际土壤性质的变化反映出来。近年来，根际微生态系统的土壤环境引起了人们的广泛关注，但有关马尾松连栽对林地根际、非根际土壤性质动态变化的研究报道甚少，从根际与非根际土壤生物活性角度揭示连栽马尾松林土壤性质变化趋势的研究仅见少数报道。针对这些问题，本研究采用以空间代时间和配对样地法，通过在贵州省和广西壮族自治区马尾松主产县选取配对样地，以不同栽植代数（1、2 代）的马尾松林作为研究对象，对连栽马尾松林根际、非根际土壤微量元素、微生物及生化作用强度变化进行调查研究，以揭示连栽后林地根际与非根际土壤有效微量元素、微生物及生化作用变化规律，为马尾松人工林的经营管理提供理论依据。

一、材料与方法

（一）材料来源

研究样地位于广西凭祥市中国林业科学研究院热带林业实验中心伏波实验场、广西忻城县欧洞林场以及贵州龙里林场。伏波实验场位于东经106°50′，北纬22°10′，属南亚热带季风气候区，年均气温21℃，年均降水量1500mm，海拔130～1045m，地貌类型以低山为主，土壤为花岗岩发育形成的红壤，土层厚度在1m以上，林下植被主要有五节芒、鸭脚木、东方乌毛蕨、白茅等，林下植被覆盖度大。

欧洞林场位于广西忻城县北端，地处东经108°42′～108°49′，北纬24°14′～24°19′，属南亚热带气候区，年平均气温19.3℃，年均降水量1445.2mm，样地所在处海拔300～700m，整个场区多属低山丘陵地貌，土壤主要是石英砂岩发育形成的红壤，土层较薄，林下植被主要有东方乌毛蕨、五节芒、小叶海金沙、南方荚蒾等，林下植被覆盖度较低。

贵州龙里林场地处东经106°53′，北纬26°28′，气候为中亚热带温和湿润类型，年平均气温14.8℃，年均降水量1089.3mm，年均相对湿度79%，试验地海拔1213～1330m，山原丘陵地貌，土壤是石英砂岩发育形成的黄壤，林下植被主要有茅栗、小果南烛、铁芒萁、白栎等，林下植被覆盖度低。

（二）研究方法

1.标准地的选设

试验采用配对样地法（严格要求所配样地的立地类型相同、立地质量相近），选择不同栽植代数（1、2代）、不同发育阶段（8、9、15、18、20年）的马尾松人工林为研究对象，共选取7组配对样地，分别用A_1、A_2、C_1、C_2……、I_1、I_2表示，其中8、9年林分属幼龄林，15、18、19、20年5组样地属中龄林。样地基本概况见表7-12。

表 7-12 配对样地立地条件及林分状况

样地号	代数	地点	母岩	海拔/m	林龄/年	坡向	坡位	土壤密度/(g·cm⁻³)	平均胸径/cm	平均树高/m
A_1	1 代	伏波站	花岗岩	591	8	南坡	上坡	1.28	13.3	8.4
A_2	2 代	稀土矿	花岗岩	519	8	南坡	上坡	1.24	14.7	9.4
B_1	1 代	伏波站	花岗岩	550	8	东南坡	下坡	1.19	15.3	10.1
B_2	2 代	稀土矿	花岗岩	490	8	东南坡	下坡	1.12	13.8	8.9
C_1	1 代	更达	砂岩	460	9	西北坡	下坡	1.41	7.8	7.2
C_2	2 代	坳水塘	砂岩	375	9	西北坡	下坡	1.30	11.3	7.9
D_1	1 代	八亩地	砂岩	339	15	全坡向	无	1.42	17.6	16.2
D_2	2 代	干水库	砂岩	358	15	全坡向	无	1.36	18.4	14.2
E_1	1 代	西南桦	花岗岩	557	15	东北坡	下坡	1.40	19.4	13.0
E_2	2 代	新路下	花岗岩	546	15	东北坡	下坡	1.27	20.3	12.3
F_1	1 代	双电杆	砂岩	1250	18	东南坡	下坡	1.28	12.0	13.2
F_2	2 代	子妹坡	砂岩	1330	18	东南坡	下坡	1.19	15.9	16.3
G_1	1 代	春光	砂岩	1213	19	西北坡	下坡	1.31	18.4	14.4
G_2	2 代	沙坝	砂岩	1280	19	西北坡	下坡	1.22	15.6	15.1
H_1	1 代	岔路口	花岗岩	614	20	南坡	上坡	1.36	21.7	14.9
H_2	2 代	水厂	花岗岩	568	20	南坡	上坡	1.15	20.8	14.6
I_1	1 代	岔路口	花岗岩	580	20	北坡	下坡	1.27	22.8	16.0
I_2	2 代	水厂	花岗岩	541	20	北坡	下坡	1.20	18.4	18.1

注：A_1、A_2、B_1、B_2……I_1、I_2 分别代表不同林龄的 1、2 代配对样地。土壤密度为 0～20cm 和 >20～40cm 两层的平均值。

2. 样地调查及样品采集

在林相基本一致的林分内，选择代表性强的地段设置标准样地，共设标准样地 9 组，标准样地面积为 600m²。在每块标准样地进行每木检尺，找出平均木，分别选择马尾松标准木多株，按多点混合采样法采集根际与非根际土壤，进行土壤微量元素、微生物及生化作用的分析测定。

3. 土壤微量元素测定方法

土壤有效 Fe、Mn：DTPA 浸提–原子吸收分光光度法；土壤有效 Zn：0.1mol·L⁻¹HCl 浸提–原子吸收分光光度法；土壤有效 Cu：0.1mol·L⁻¹HCl 浸提–原子吸收分光光度法；土壤交换性 Ca^{2+}、Mg^{2+}：1mol·L⁻¹NH₄OAc 浸提–原子吸收分光光度法。

4.土壤生化作用测定方法

土壤微生物分析采用稀释平板法；细菌培养采用牛肉膏蛋白胨培养基；放线菌培养采用改良高氏1号培养基（pH值为7.2～7.4），以3%重铬酸钾抑制细菌；真菌培养采用马铃薯培养基；土壤硝化作用强度测定采用溶液培养法；氨化作用强度测定采用土壤培养法。

5.数据统计分析

采用Excel 2003和SPSS13.0进行数据统计，并进行One–Way ANOVA分析。

二、结果与分析

（一）对根际与非根际土壤有效微量元素的影响

土壤是森林生态系统中相对稳定的组成要素，是微量元素的重要来源，也是微量元素迁移、转化和积累的重要场所。土壤中的微量元素状况，可用全量和有效量来衡量，其含量既与母岩和成土母质有密切的关系，同时受成土过程的淋洗、风化及植物吸收富集、归还等因素影响。马尾松生长发育所需的微量元素主要来自土壤，尤其是根际土壤，故根际土壤中微量元素的含量对其生长有重要影响。

连栽对根际与非根际土壤有效微量元素的影响见表7–13。由表7–13可看出，连栽后，根际与非根际土壤有效微量元素含量均呈上升趋势，尤其对有效Fe含量影响最明显。其中1、2代根际土壤交换性Ca^{2+}、交换性Mg^{2+}、有效Fe、有效Mn、有效Cu、有效Zn平均含量分别为54.17mg·kg^{-1}、11.62mg·kg^{-1}、76.79mg·kg^{-1}、2.77mg·kg^{-1}、0.68mg·kg^{-1}、4.56mg·kg^{-1}和98.41mg·kg^{-1}、19.45mg·kg^{-1}、172.51mg·kg^{-1}、9.85mg·kg^{-1}、0.80mg·kg^{-1}、5.75mg·kg^{-1}，2代较1代分别上升81.67%、67.38%、124.65%、255.60%、17.65%和26.10%，且交换性Mg^{2+}、有效Fe含量在1、2代之间的差异达显著水平。

非根际土壤中有效微量元素含量变化也表现出相似的规律。1、2代非根际土壤交换性Ca^{2+}、交换性Mg^{2+}、有效Fe、有效Mn、有效Cu、有效Zn平均含量分别为33.14mg·kg^{-1}、9.90mg·kg^{-1}、68.66mg·kg^{-1}、2.00mg·kg^{-1}、0.64mg·kg^{-1}、3.40mg·kg^{-1}和85.87mg·kg^{-1}、14.49mg·kg^{-1}、165.40mg·kg^{-1}、8.91mg·kg^{-1}、0.79mg·kg^{-1}、4.92mg·kg^{-1}，2代较1代分别上升159.11%、46.36%、140.90%、345.50%、23.44%和44.71%，且交换性Ca^{2+}、交换性Mg^{2+}及有效Fe含量在1、2代之间的差异达显著水平。

表 7-13　1、2 代根际与非根际土壤有效微量元素比较

土壤	微量元素	1 代	2 代	F 值
根际土	交换性 Ca^{2+}/（$mg \cdot kg^{-1}$）	54.17±12.26	98.41±31.91	1.674
	交换性 Mg^{2+}/（$mg \cdot kg^{-1}$）	11.62±0.98	19.45±3.14	5.640*
	有效 Fe/（$mg \cdot kg^{-1}$）	76.79±17.11	172.51±49.29	3.365*
	有效 Mn/（$mg \cdot kg^{-1}$）	2.77±0.80	9.85±6.89	1.038
	有效 Cu/（$mg \cdot kg^{-1}$）	0.68±0.19	0.80±0.21	0.038
	有效 Zn/（$mg \cdot kg^{-1}$）	4.56±0.75	5.75±0.87	1.064
非根际土	交换性 Ca^{2+}/（$mg \cdot kg^{-1}$）	33.14±3.63	85.87±26.67	3.838*
	交换性 Mg^{2+}/（$mg \cdot kg^{-1}$）	9.90±0.78	14.49±1.52	6.180*
	有效 Fe/（$mg \cdot kg^{-1}$）	68.66±20.67	165.40±49.59	3.241*
	有效 Mn/（$mg \cdot kg^{-1}$）	2.00±0.57	8.91±6.84	1.011
	有效 Cu/（$mg \cdot kg^{-1}$）	0.64±0.12	0.79±0.20	0.395
	有效 Zn/（$mg \cdot kg^{-1}$）	3.40±0.29	4.92±0.67	2.479

注：表中数值为平均值 ± 标准差，* 代表在 5% 水平上差异显著。

（二）对根际与非根际土壤微生物的影响

土壤微生物数量直接影响土壤的生物化学活性及土壤养分的组成与转化，是林地土壤肥力的重要指标之一。土壤中细菌、放线菌和真菌数量及其活性与土壤有机物质组成、种类、含量，土壤生物活性等有着十分密切的关系，也与土壤中无机物养分的组成和含量密切相关。同时，微生物代谢活动产物也影响土壤中的生物活性、生物化学活性及土壤有机物质的组成和含量。根际土壤比非根际土壤更能反映林木不同发育阶段的微生物变化规律。

连栽对根际与非根际土壤三大类微生物数量的影响情况见表 7-14。从表 7-14 可看出，无论是根际还是非根际，土壤中细菌、放线菌、真菌和微生物总数 2 代均高于 1 代，其中根际土壤细菌、放线菌、真菌和微生物总数 2 代较 1 代分别上升 40.44%、49.35%、70.87% 和 40.63%，且放线菌、真菌数量在 1、2 代间的差异达极显著水平。非根际土壤也表现出相似的变化规律，其土壤细菌、放线菌、真菌和微生物总数 2 代较 1 代分别上升 52.71%、36.52%、77.05% 和 52.32%，且放线菌、真菌数量在 1、2 代之间的差异达显著或极显著水平。对相同代数的马尾松林，根际土壤细菌、放线菌、真菌数量及微生物总数均明显高于非根际土壤。

在 1、2 代根际与非根际土壤微生物区系组成中，细菌数量占微生物总数百分比最高，远远高于真菌和放线菌，其次是放线菌，真菌最少。1、2 代根际与非根际土壤细菌、放线菌、真菌占微生物总数百分比具体见表 7-14。

表7-14　1、2代根际与非根际土壤微生物数量

土壤	微生物	1代	2代	F值
根际土	细菌	2275.00±263.74（98.08）	3195.00±391.42（97.94）	3.799
	放线菌	42.35±4.17（1.83）	63.25±4.00（1.94）	13.060**
	真菌	2.30±0.18（0.10）	3.93±0.29（0.12）	22.384**
	微生物总数	2319.65±267.31	3262.18±389.17	3.985
非根际土	细菌	1385.00±180.38（97.27）	2115.00±440.92（97.52）	2.348
	放线菌	37.10±4.98（2.60）	50.65±4.52（2.34）	4.048*
	真菌	1.83±0.09（0.13）	3.24±0.40（0.15）	11.426**
	微生物总数	1423.93±185.15	2168.89±438.19	2.452

注：表中数值为平均值 ± 标准差，括号中数据表示该菌占微生物总数的百分比，微生物数量为每克土壤中有 $1×10^4$ 个，* 和 ** 分别代表在 5%、1% 水平上差异显著。

（三）对根际与非根际土壤硝化和氨化作用的影响

连栽对根际、非根际土壤生化作用强度的影响见图 7-1、图 7-2。从研究结果可以看出：连栽后，无论是根际还是非根际土壤，1、2 代相比，土壤硝化作用强度趋于上升，而氨化作用强度则趋于下降。其中 1、2 代根际土壤硝化作用强度分别为 4.80mg·g^{-1} 和 8.10mg·g^{-1}，非根际土壤分别为 2.92mg·g^{-1} 和 4.94mg·g^{-1}，根际与非根际土壤硝化作用强度 2 代较 1 代分别上升 68.75% 和 69.18%，且根际土壤硝化作用强度在 1、2 代之间的差异达显著水平。

1、2 代根际土壤氨化作用强度分别为 588.55mg·kg^{-1} 和 246.14mg·kg^{-1}，非根际土壤分别为 348.50mg·kg^{-1} 和 159.63mg·kg^{-1}，根际与非根际土壤氨化作用强度 2 代较 1 代分别下降 58.18% 和 54.20%，且在 1、2 代之间的差异均达显著水平。在相同代数的林分中，无论是 1 代还是 2 代，根际土壤硝化、氨化作用强度均明显高于非根际土壤。

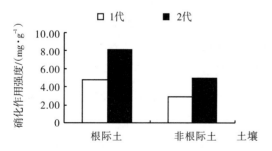

图 7-1　1、2 代根际与非根际土壤硝化作用强度比较

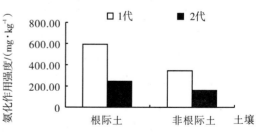

图 7-2　1、2 代根际与非根际土壤氨化作用强度比较

三、结论与讨论

（1）连栽后，随着连栽马尾松林分的生长发育，根际与非根际土壤有效微量元素含量均呈上升趋势。其中根际土壤交换性 Ca^{2+}、交换性 Mg^{2+}、有效 Fe、有效 Mn、有效 Cu、有效 Zn 含量 2 代较 1 代分别上升 81.67%、67.38%、124.65%、255.60%、17.65% 和 26.10%，非根际土壤 2 代较 1 代分别上升 159.11%、46.36%、140.90%、345.50%、23.44% 和 44.71%，且交换性 Mg^{2+}、有效 Fe 含量在 1、2 代之间的差异达显著水平。

（2）对土壤微生物的影响。连栽后，根际土壤细菌、放线菌、真菌和微生物总数 2 代较 1 代分别上升 40.44%、49.35%、70.87% 和 40.63%，非根际土壤 2 代较 1 代分别上升 52.71%、36.52%、77.05% 和 52.32%，且根际与非根际土壤放线菌、真菌数量在 1、2 代之间的差异达显著或极显著水平；土壤微生物总数 2 代也高于 1 代，但差异不显著。在 1、2 代根际与非根际土壤微生物区系组成中，细菌数量占微生物总数百分比最高，其次是放线菌，真菌最少。连栽后，2 代林根际与非根际土壤中细菌、放线菌、真菌数量高于 1 代。土壤中三大类微生物数量趋于上升，这势必影响森林根际土壤有机物质的分解和转化，进而影响土壤有机物质的组成和含量，该研究结果与 2 代马尾松林根际与非根际土壤中有机质含量上升的结论一致。

土壤氨化及硝化作用的强度是在土壤微生物各主要生理类群直接参与下进行的，这些微生物群体对维持土壤生态系统的 C、N 平衡起着重要作用。通常把土壤生化作用强度作为土壤微生物活性的综合指标之一。连栽后，无论是根际还是非根际土壤，硝化作用强度趋于上升，而氨化作用强度则趋于下降。根际土壤硝化、氨化作用强度与非根际土壤氨化作用强度在 1、2 代之间的差异均达显著水平。

综上所述，通过对连栽马尾松林根际与非根际土壤有效微量元素、微生物及生化作用的比较研究，揭示了连栽马尾松林土壤性质变化的内在规律。对相同代数的马尾松林，无论是 1 代还是 2 代，土壤交换性 Ca^{2+}、交换性 Mg^{2+} 及有效 Fe、有效 Mn、有效 Cu、有效 Zn 含量根际普遍高于非根际，加上根际土壤微生物数量远比非根际的要多，这对马尾松根系吸收和利用养分具有重要意义。从马尾松人工林的生长状况来看，早期生长普遍较好，这也许正是这种生化特性的反映。然而，随着林木的不断生长，林木根系不断扩展，需要不断地从土壤中吸收养分，长此以往必然会导致土壤养分的耗竭、地力的衰退。反过来，土壤养分耗竭、地力衰退会使土壤微生物活动所需的 C 源、N 源等营养物质减少，其活动能力减弱，这就可能大大地降低土壤微生物数量及其活性，从而阻碍了林木根系对养分的吸收和利用。因此，从长远生态、经济角度看，为防止马尾松林地地力衰退，提高其林分生产力，建议在营林上，特别是对连栽马尾松宜采用营造马尾松混交林、保留枯枝落叶、合理施肥、通过间伐发展林下植被等技术措施，改善根际土壤的理化性质及生物活性，使其根际土壤长期处于一种良好的状态中，以达到土壤生产力的可持续发展。

第五节　1、2代不同林龄马尾松林土壤微生物及生化作用比较

马尾松连栽后是否对其林地土壤微生物及生化作用产生影响等成为学术和生产上十分关注和迫切需要解决的问题。相关研究表明，连栽能在一定程度上改变土壤微生物区系状况、病原菌和害虫生存环境，减少土壤有毒物质的积累，改善林地土壤生物活性条件，从而起到培肥土壤、维护地力的作用，但有关马尾松连栽对其林地土壤微生物及生化作用产生变化的研究报道较少。针对这些问题，本研究采用以空间代时间和配对样地法，通过在贵州省和广西壮族自治区马尾松主产县选取配对样地，以1、2代马尾松幼龄林、中龄林为主要研究对象，对1、2代马尾松人工林土壤微生物及生化作用进行调查研究，以揭示连栽后林地土壤微生物、生化作用及其性质变化。

一、研究材料与方法

（一）材料来源

研究样地位于广西凭祥市中国林业科学研究院热带林业实验中心伏波实验场、广西忻城县欧洞林场以及贵州龙里林场。伏波实验场位于东经106°50′，北纬22°10′，属南亚热带季风气候区，年均气温21℃，年均降水量1500mm，海拔130～1045m，地貌类型以低山为主，土壤为花岗岩发育形成的红壤，土层厚度在1m以上，林下植被主要有五节芒、鸭脚木、东方乌毛蕨、白茅等，林下植被覆盖度大。

欧洞林场位于广西忻城县北端，地处东经108°42′～108°49′，北纬24°14′～24°19′，属南亚热带气候区，年平均气温19.3℃，年均降水量1445.2mm，样地所在处海拔300～700m，整个场区多属低山丘陵地貌，土壤主要是石英砂岩发育形成的红壤，土层较薄，林下植被主要有东方乌毛蕨、五节芒、小叶海金沙、南方荚蒾等，林下植被覆盖度较低。

贵州龙里林场地处东经106°53′，北纬26°28′，气候为中亚热带温和湿润类型，年平均气温14.8℃，年均降水量1089.3mm，年均相对湿度79%，试验地海拔1213～1330m，山原丘陵地貌，土壤是石英砂岩发育形成的黄壤，林下植被主要有茅

栗、小果南烛、铁芒萁、白栎等，林下植被覆盖度低。

(二) 研究方法

1. 标准地的选设

试验采用配对样地法（严格要求所配样地的立地类型相同、立地质量相近），选择不同栽植代数（1、2代）、不同发育阶段（8、9、15、18、20年）的马尾松人工林为研究对象，共选取9组配对样地，分别用 A_1、A_2、B_1、B_2……、I_1、I_2 表示，其中8、9年林分属幼龄林，15、18、19、20年林分属中龄林。各配对样地基本概况见表7-15。

2. 样地调查及样品采集

在林相基本一致的林分内，选择代表性强的地段设置标准样地，共设标准样地7组，标准样地面积为 $600m^2$。在标准样地内按正规调查方法，进行每木检尺和按径阶测树高，然后计算各林分测树因子。采用S形多点混合采样法，分别对 $0～20cm$ 和 $>20～40cm$ 土层采样，进行土壤微生物及生化作用强度的分析测定。

3. 土壤微生物测定方法

土壤微生物分析采用稀释平板法；细菌培养采用牛肉膏蛋白胨培养基；放线菌培养采用改良高氏1号培养基（pH值为7.2～7.4），以3%重铬酸钾抑制细菌；真菌培养采用马铃薯培养基。

4. 土壤生化作用测定方法

土壤硝化作用强度测定采用溶液培养法；氨化作用强度测定采用土壤培养法。

5. 数据统计分析

采用 Excel 和 SPSS13.0 进行数据统计，并进行 One-way ANOVA 分析。

表7-15 配对样地立地条件及林分状况

样地号	代数	地点	母岩	海拔/m	林龄/年	坡向	坡位	平均胸径/cm	平均树高/m	现存密度/(株·hm⁻²)
A_1	1代	伏波站	花岗岩	591	8	南坡	上坡	13.3	8.4	1683
A_2	2代	稀土矿	花岗岩	519	8	南坡	上坡	14.7	9.4	1433
B_1	1代	伏波站	花岗岩	550	8	东南坡	下坡	15.3	10.1	1033
B_2	2代	稀土矿	花岗岩	490	8	东南坡	下坡	13.8	8.9	1516
C_1	1代	更达	砂岩	460	9	西北坡	下坡	7.8	7.2	2100
C_2	2代	坳水塘	砂岩	375	9	西北坡	下坡	11.3	7.9	1850

续表

样地号	代数	地点	母岩	海拔/m	林龄/年	坡向	坡位	平均胸径/cm	平均树高/m	现存密度/（株·hm⁻²）
D_1	1代	八亩地	砂岩	339	15	全坡向	无	17.6	16.2	933
D_2	2代	干水库	砂岩	358	15	全坡向	无	18.4	14.2	833
E_1	1代	西南桦	花岗岩	557	15	东北坡	下坡	19.4	13.0	1083
E_2	2代	新路下	花岗岩	546	15	东北坡	下坡	20.3	12.3	900
F_1	1代	双电杆	砂岩	1250	18	东南坡	下坡	12.0	13.2	1933
F_2	2代	子妹坡	砂岩	1330	18	东南坡	下坡	15.9	16.3	1550
G_1	1代	春光	砂岩	1213	19	西北坡	下坡	18.4	14.4	1116
G_2	2代	沙坝	砂岩	1280	19	西北坡	下坡	15.6	15.1	1233
H_1	1代	岔路口	花岗岩	614	20	南坡	上坡	21.7	14.9	867
H_2	2代	水厂	花岗岩	568	20	南坡	上坡	20.8	14.6	1266
I_1	1代	岔路口	花岗岩	580	20	北坡	下坡	22.8	16.0	850
I_2	2代	水厂	花岗岩	541	20	北坡	下坡	18.4	18.1	1233

注：A_1、A_2、B_1、B_2……I_1、I_2分别代表不同林龄的1、2代配对样地。土壤密度为0～20cm和＞20～40cm两层的平均值。

二、结果与分析

（一）1、2代不同林龄土壤微生物状况比较

森林土壤中细菌、放线菌和真菌数量及其活性与土壤有机物质组成、种类、含量，土壤生物活性等有着十分密切的关系，也与土壤中无机养分的组成和含量密切相关。同时，微生物代谢活动产物也影响土壤中的生物活性、生物化学活性及土壤有机物质的组成和含量。连栽对马尾松幼龄林、中龄林土壤中三大类微生物数量的影响情况见表7-16。从研究结果可看出，无论是幼龄林还是中龄林，相同层次土壤中细菌、放线菌、真菌、微生物总数2代均高于1代。其中幼龄林0～20cm和＞20～40cm土壤细菌、放线菌、真菌、微生物总数2代较1代分别上升67.88%、71.03%、65.93%、68.33%和29.13%、115.87%、42.75%、37.01%，且0～20cm土壤细菌、真菌及两层次土壤微生物总数在1、2代间的差异达显著（$\alpha=0.05$）或极显著（$\alpha=0.01$）水平；中龄林0～20cm和＞20～40cm土壤细菌、放线菌、真菌、微生物总数2代较1代分别上升18.94%、16.56%、82.09%、19.03%和25.13%、8.72%、101.54%、23.87%，且0～20cm土壤真菌、＞20～40cm土壤细菌、真菌及微生物总数在1、2代间的差异达显著（$\alpha=0.05$）或极

显著（$\alpha=0.01$）水平。

在1、2代幼龄林、中龄林土壤微生物区系组成中，细菌数量占微生物总数百分比最高，其次是放线菌，真菌最少。1、2代幼龄林、中龄林不同层次土壤细菌、放线菌、真菌占微生物总数百分比具体见表7-16。

可见，马尾松连栽后，土壤中三大类微生物数量升高，这必然影响森林枯枝落叶的分解，影响森林土壤有机物质的分解和转化。2代马尾松幼龄林、中龄林土壤中细菌、放线菌、真菌数量上升，同时也影响土壤有机物质的组成和含量。该研究结果与2代马尾松幼龄林、中龄林土壤中有机质含量上升的结论相一致。

表7-16　1、2代不同林龄 0 ～ 20cm 和 >20 ～ 40cm 土壤微生物数量

林龄	土层 /cm	微生物	1 代	2 代	F 值
幼龄林	0 ～ 20	细菌	171.25±31.25（84.59）	287.50±22.50（84.37）	9.114*
		放线菌	29.38±6.37（14.51）	50.25±21.25（14.75）	0.885
		真菌	1.82±0.41（0.90）	3.02±0.46（0.89）	3.707*
		微生物总数	202.44±24.46	340.77±1.79	11.948**
	>20 ～ 40	细菌	158.75±21.25（90.26）	205.00±30.00（85.07）	1.583
		放线菌	15.75±0.50（8.95）	34.00±16.50（14.11）	1.222
		真菌	1.38±0.27（0.78）	1.97±0.38（0.82）	1.555
		微生物总数	175.88±21.47	240.97±13.12	6.691*
中龄林	0 ～ 20	细菌	220.00±32.62（88.53）	261.67±45.42（88.47）	0.555
		放线菌	27.17±2.84（10.93）	31.67±3.10（10.71）	1.145
		真菌	1.34±0.10（0.54）	2.44±0.44（0.82）	5.914*
		微生物总数	248.50±31.63	295.78±42.91	0.786
	>20 ～ 40	细菌	152.50±3.81（90.07）	190.83±6.01（90.99）	8.986*
		放线菌	16.17±0.08（9.55）	17.58±0.72（8.38）	3.753
		真菌	0.65±0.23（0.38）	1.31±0.08（0.62）	6.775*
		微生物总数	169.32±3.82	209.73±5.24	18.790**

注：表中数值为平均值 ± 标准差，表中括号中数据表示该菌占微生物总数的百分比，微生物数量为每克土壤中有 1×10^4 个，* 和 ** 分别代表在 $\alpha=0.05$、$\alpha=0.01$ 水平上差异显著。

（二）1、2代不同林龄土壤硝化和氨化作用比较

土壤氨化及硝化作用是在土壤微生物各主要生理类群直接参与下进行的，土壤在这些微生物群体的作用下，对维持其生态系统的 C、N 平衡起着重要的作用。通常把土壤生化作用强度作为土壤微生物活性的综合指标之一。

连栽对幼龄林、中龄林不同层次土壤生化作用强度的变化见图7-3、图7-4、图7-5、图7-6。从图示分析表明：连栽后，无论是幼龄林、还是中龄林，土壤硝化作用强度2代较1代有所上升，而氨化作用强度趋于下降。其中幼龄林土壤硝化作用强度2代较1代分别上升36.74%和34.48%；土壤氨化作用强度2代较1代分别下降27.12%和23.64%，但差异均不显著。中龄林土壤硝化作用强度2代较1代分别上升43.46%和37.63%，且在1、2代间的差异达显著（$\alpha=0.05$）或极显著（$\alpha=0.01$）水平；土壤氨化作用强度2代较1代分别下降28.03%和29.06%。

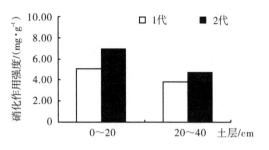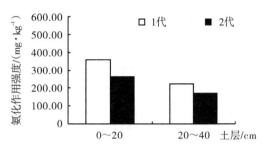

图7-3　1、2代幼龄林不同土层土壤硝化作用的比较　图7-4　1、2代幼龄林不同土层土壤氨化作用的比较

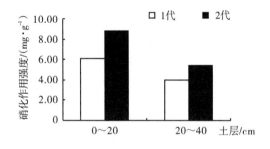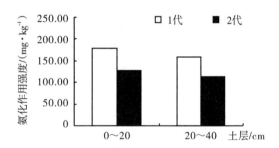

图7-5　1、2代中龄林不同土层土壤硝化作用的比较　图7-6　1、2代中龄林不同土层土壤氨化作用的比较

三、结论与讨论

连栽后，土壤中三大类微生物数量的变化，无论是幼龄林还是中龄林，相同层次土壤中细菌、放线菌、真菌及微生物总数2代均高于1代。幼龄林0～20cm土壤细菌、真菌及两层次土壤微生物总数，中龄林0～20cm土壤真菌、>20～40cm土壤细菌、真菌及微生物总数在1、2代间的差异均达显著（$\alpha=0.05$）或极显著（$\alpha=0.01$）水平。在1、2代幼龄林、中龄林土壤微生物区系组成中，细菌占微生物总数百分比最高，其次是放线菌，真菌最少。

连栽后，土壤硝化作用和氨化作用的变化，无论是幼龄林、还是中龄林，土壤硝化作用强度2代较1代有所上升，表明随着马尾松连栽，土壤硝化作用强度并未出现下降趋势，而氨化作用强度则趋于下降，说明土壤矿化作用开始下降，且中龄林土壤硝化作用强度在 1、2 代间的差异达显著（α=0.05）或极显著（α=0.01）水平。

从不同林龄阶段看，连栽后，中龄林土壤硝化、氨化作用强度变化较幼龄林明显。在相同代数的马尾松林土壤中，无论是幼龄林、还是中龄林，随着土层厚度加深，土壤硝化、氨化作用强度均呈不同程度下降趋势，而造成土壤硝化、氨化作用强度的这种随土层厚度加深呈递减分布特征的原因还有待于进一步研究。

第八章

马尾松人工林近自然经营

马尾松是我国南方主要造林树种。传统的炼山造林方式及大面积成片纯林经营，导致马尾松人工林病虫害、火灾频发，林分生产力下降，严重制约其可持续经营。因此，改进造林技术，借鉴天然林的树种结构状况，选择适宜的混交树种进行近自然化改造，形成针阔混交林，增加群落结构层次和生物多样性，对提高其林分稳定性、维持林地生产力具有重要意义。

第一节　马尾松人工林造林技术改进研究

我国南方用材林主要造林方式是砍草炼山后，穴状整地，裸根苗定植，每年抚育2次，连续抚育3年的栽培模式。对此，不少专家学者进行过调查研究，提出了不少的改进意见，但目前尚无法从根本上改变这种栽培模式。马尾松是我国南方主要造林树种，为此，我们选择多种栽培模式，主要考虑是否为炼山、是否使用化学除草剂（草甘膦）、抚育次数、杉萌芽条去留等因素，从中比较经济效益、生态效果及对幼龄林生长的影响，选择最佳的栽培模式。

一、材料与方法

试验林设在广西凭祥市中国林业科学研究院热带林业实验中心伏波实验场，东经106°50′，北纬22°10′，海拔130～1045m，地貌类型以低山为主，年均气温21℃，年均降水量1500mm，属南亚热带季风气候区，土壤为花岗岩发育成的红壤，土层厚度1m以上。前茬为杉木。

采用方差分析对数据结果进行分析，并进行经济效益评价。试验处理均采用穴状整地，同一规格百日营养杯苗造林，造林密度3333株·hm^{-2}。试验采用随机设计，5种处理，3次重复。设计因素主要考虑是否为炼山、是否使用化学除草剂（草甘膦）、抚育次数、杉萌芽条去留等。试验小区面积20m×20m。试验设计见表8-1。

表8-1　低成本造林试验设计

处理	株行距	炼山	抚育次数（年）	除草剂	萌条
A	2m×1.5m	炼	2（3）	不用	留
B	2m×1.5m	炼	1（2）	用	不留

续表

处理	株行距	炼山	抚育次数（年）	除草剂	萌条
C	2m×1.5m	炼	1（2）	不用	留
D	2.5m×1.2m	不炼	2（3）	不用	留
E	2.5m×1.2m	不炼	1（2）	用	不留

二、结果与分析

（一）不同造林方式的幼龄林生长情况

造林 7 年后，马尾松幼龄林生长情况及方差分析见表 8-2 和表 8-3，结果表明不同造林措施对幼龄林生长及造林保存率都有显著差异。

由表 8-2 分析可知，各项生长指标以 A、C 处理较好，B、D、E 处理较差。7 年生时最优处理 C 的胸径、树高、蓄积、保存率分别为 7.71cm、6.36m、48.38m³、86.3%，最差处理 E 的胸径、树高、蓄积、保存率分别为 5.59cm、5.09m、12.05m³、47.3%，最优处理 C 比最差处理 E 分别高 37.92%、24.95%、301.49%、82.45%。这种现象表明，B、E 处理用除草剂虽能杀死杂草，但同时对松苗产生毒害，抑制生长，降低保存率。D 处理虽没用除草剂，但因不炼山及保留杉萌条，造林当年杂草丛生与杉萌条的联合抑制作用，使得松幼苗生长空间及光照受到抑制，胸径及树高生长量显著低于 A、C 处理。A与 C 处理多重比较分析可知各项生长指标均无显著差异，表明炼山后的造林地每年及时铲草抚育 1 次既可节约生产用工，又不降低林分质量，在适宜的造林地段应大力推广。

表 8-2 不同造林方式马尾松幼龄林生长情况

指标	处理	林龄 / 年						
		1	2	3	4	5	6	7
胸径 /cm	A		1.94	2.88	4.60	6.08	7.02	7.30
	B		1.48	2.14	3.24	4.72	5.76	6.41
	C		2.04	2.89	4.65	6.18	7.23	7.71
	D		1.46	2.17	3.34	4.66	5.57	6.04
	E		1.21	1.78	2.74	3.94	4.96	5.59
树高 /m	A	0.66	2.06	2.47	3.42	4.31	5.28	6.07
	B	0.47	1.97	2.18	2.91	3.73	4.69	5.53
	C	0.68	2.17	2.56	3.56	4.38	5.65	6.36
	D	0.56	1.95	2.17	2.88	3.65	4.61	5.52
	E	0.34	1.79	1.90	2.53	3.35	4.15	5.09

续表

指标	处理	林龄/年						
		1	2	3	4	5	6	7
蓄积/m³	A		1.45	3.68	11.55	23.90	37.43	45.40
	B		0.43	1.20	3.83	25.37	16.10	21.93
	C		1.55	3.53	11.68	24.10	39.83	48.38
	D		0.65	1.65	4.73	10.75	18.15	24.13
	E		0.15	0.53	1.85	4.73	8.43	12.05
保存率/%	A	96.6	95.3	94.7	94.3	94.3	93.3	93.0
	B	93.1	64.7	69.3	66.7	64.0	61.0	59.7
	C	94.1	91.0	90.3	90.3	90.3	89.3	86.3
	D	98.2	87.7	85.0	82.0	80.0	78.6	77.0
	E	88.5	65.7	64.0	52.0	51.0	48.7	47.3

表8-3　不同处理马尾松生长指标方差分析

指标	林龄/年						
	1	2	3	4	5	6	7
胸径		8.47	7.43	14.73	16.16	8.78	6.28
树高	34.2	27.28	9.25	12.79	9.71	10.56	9.41
蓄积		18.94	10.69	22.47	21.10	12.85	11.69
保存率		4.09	4.54	11.01	8.58	8.16	7.93

注：$F_{0.01}=5.04$；$F_{0.05}=3.11$。

由表8-3各年度的方差分析可知，一直持续到7年生，各项生长指标一直表现出显著或极显著差异。经多重比较，A、C处理比B、D、E处理差异显著。

（二）不同抚育措施对林地植被生长的影响

不同抚育措施下林地杂草总盖度及杂草平均高度调查数据见表8-4。由表8-4可以看出，抚育前以D、E处理，即不炼山，结果发现以带状堆积迹地剩余物的杂草生长最快，而炼山能在造林后的前几个月内抑制杂草生长。但至此以后，不同抚育措施下，林地杂草量大不一样。喷除草剂的B、E处理及每年铲草抚育2次的A处理杂草生长量最少，而炼山但每年只铲草抚育1次的C处理及不炼山、带状铲草抚育2次的D处理草本生长最多。

表8-4　不同处理的杂草盖度及杂草平均高度调查

处理	抚育前（1年）			抚育后（1年）			抚育前（2年）		
	灌木层①	草本层	总盖度	灌木层	草本层	总盖度	灌木层	草本层	总盖度
A	9.2/21	13.6/22	22.2	4.6/19	8.0/29	12.6	9.4/59	36.3/60	45.7
B	26.2/74	17.0/58	42.2	27.6/69	10.0/34	36.4	13.7/117	48.0/87	61.7
C	19.0/38	26.8/28	45.2	29.0/78	51.0/36	76.0	4.0/120	89.0/102	93.0
D	24.8/62	44.0/65	66.6	10.6/137	56/106	64.0	26.0/87	72.0/72	98.0
E	36.2/90	42.4/53	75.8	12.2/47	8.4/72	18.6	16.8/76	52.3/28	69.1

注：①盖度（%）/平均高（cm）。

从杂草种类来说，该林区新造林地是以野漆、盐肤木、五节芒、白茅、蔓生莠竹、线羽凤尾蕨等种类为主。由于林地清理方式、幼龄林抚育方式的不同，影响林内植被的组成及主要种类。炼山处理的林地，造林初期草本数量较少，多以野漆、白茅、棕叶芦、蔓生莠竹等种类为主；不炼山的多以五节芒、线羽凤尾蕨、蔓生莠竹等为主，且数量多。经抚育措施后，草本数量减少。在种类组成上，喷除草剂的林地以双子叶类草灌木为多，人工铲草的林地双子叶、单子叶类植物都有。

综合表8-2、表8-4可知，C处理林分3年生时，杂灌草盖度虽大，但因林分1年时的杂草盖度小，当年林木生长正常，平均树高达0.68m，而杂草平均高较小，仅0.36m，松苗成为林地内植物优势品种，后期生长效果好。B、D、E处理造林当年10月苗木高与杂草高对比无显著优势，苗木生长受抑制，后期生长效果一直不理想，这种现象表明造林当年松苗能否成为林地植物优势品种，关系到造林成功与否以及林木的后期生长状况，因此造林当年除草保苗是关键措施。

（三）不同造林方式成本投入比较

表8-5　不同造林方式造林成本投入

指标	类别	处理				
		A	B	C	D	E
林地清理	林地清理/（工·hm⁻²）	18.75	18.75	18.75	20.83	20.83
	防火线/（工·hm⁻²）	8.00	8.00	8.00		
	炼山/（工·hm⁻²）	1.50	1.50	1.50		
整地	整地/（工·hm⁻²）	27.78	27.78	27.78	27.78	27.78
	定植/（工·hm⁻²）	13.33	13.33	13.33	13.33	13.33

续表

指标	类别	处理				
		A	B	C	D	E
幼龄林抚育（2年抚育）	次抚育/（工·hm⁻²）	115.00	10.00	55.00	40.00	10.00
	药剂费/（元·hm⁻²）	292.50	292.50			
合计用工/（工·hm⁻²）		184.36	79.36	124.36	101.94	71.94
合计支出/（元·hm⁻²）		7374.40	3476.90	4974.40	4077.60	3160.10

表 8-5 为不同造林方式下，造林林地清理、整地及第 1 年抚育直接造林用工的投资成本，每个用工按 40 元计。结果表明，不同造林措施，造林投资成本相差很大。投资最多的是 A 处理（炼山 + 每年全铲抚育 2 次），其次 C 处理（炼山 + 抚育 2 次），投资最少的是 E 处理（不炼山 + 喷除草剂 2 次）。

三、结论与讨论

（1）不同造林方式对幼龄林的保存率及生长均有显著影响。以"炼山 + 人工铲草抚育"效果最好，使用除草剂较差。7 年生时最佳处理 C 的胸径、树高、蓄积、保存率比最差处理 E 分别高 37.92%、24.95%、301.49%、82.45%。

（2）不同造林方式对林地植被影响不一样。造林当年抚育前杂灌木总盖度炼山处理小于不炼山处理，以后因不同抚育措施对杂灌木生长影响不一样，其中每年铲草抚育 2 次的处理或使用除草剂的处理总盖度较小。

（3）造林当年的杂灌木生长状况对林木生长影响较大。C 处理 1995 年（3 年）虽盖度大，但 1993 年（1 年）抚育前盖度小，利于苗木生长，林木后期生长效果一直很好。所以造林当年除草保苗至关重要。

（4）免炼山造林。在造林地草本生长不是很繁茂时，对本地区低山区小地形的山上部、中部及丘陵区造林，仍是好办法。不但造林成本低，而且有利于生态保护。

（5）除草剂草甘膦是一种广谱性除草剂，对单子叶禾本科杂草，如对林地恶性杂草五节芒、白茅、蔓生莠竹等有特效。

第二节　马尾松人工林近自然化改造对林木生长的影响

我国有关马尾松人工林近自然化改造已有较多的研究报道，但对于马尾松林下套种阔叶树种缺乏较长期的动态研究，且尚未见有关马尾松系列强度采伐后套种阔叶树种的研究报道。自 2005 年以来，中国林业科学研究院热带林业实验中心陆续开展了马尾松人工林近自然化改造的探索。借鉴全国马尾松林下套种阔叶树的经验，本研究于 2008 年初在 14 年生马尾松林系列强度采伐后，开展套种乡土阔叶树种试验。通过定期生长观测，揭示不同强度采伐条件下 5 种阔叶树种的生长动态，为马尾松人工林近自然经营提供理论依据。现将近自然化改造后 9 年的试验结果总结如下。

一、试验地概况

试验地位于广西凭祥市中国林业科学研究院热带林业实验中心伏波实验场，该地属于南亚热带季风气候，年平均气温 20.5～21.7℃，年均降水量 1200～1500mm，主要集中在 4～9 月，年日照时数 1218～1620 时，年均蒸发量 1261～1388mm，有霜期 3～5 天，土壤为花岗岩发育形成的红壤。参试马尾松人工纯林建于 1993 年 2 月，种源为宁明桐棉，采用 1 年生裸根苗造林，株行距为 2m×2.5m，未施肥。1999 年底和 2003 年底分别进行了透光伐（强度约 20%）和抚育性采伐（强度约 30%）。

二、研究方法

（一）试验设计

2007 年 10 月，选择立地条件和马尾松生长表现基本一致的地段，实施系列强度采伐后开展林下套种阔叶树试验。试验采用完全随机区组设计，设置 80%（A）、73%（B）、66%（C）和 59%（D）4 个采伐强度，其保留木密度分别为 225 株·hm^{-2}、300 株·hm^{-2}、375 株·hm^{-2} 和 450 株·hm^{-2}，4 次重复，共 16 个小区，每小区面积为 1500m^2。2008 年 2 月按照 4m×5m 株行距均匀随机套种大叶栎、红椎、格木、灰木莲和香梓楠等阔叶树种，穴规格为 30cm×30cm×40cm，采用 1 年生苗造林。由于马尾松保留密度不同，套种阔叶树的株数为 450～525 株·hm^{-2}，5 个树种在每个小区是随机排列，尽量保证每个小区内各树种数量基本一致。

（二）生长观测

2008 年 12 月，于每个小区内每个阔叶树种进行挂牌标记、每木检尺；应用 VERTEX 超声波测高器调查树高，分东、南、西、北 4 个方向测定冠幅。此后每隔两年进行生长观测。

（三）数据处理

采用单因素方差分析和 Duncan 多重比较检验系列强度采伐的马尾松林下套种阔叶树的胸径、树高和冠幅生长变化，应用 SPSS16.0 软件进行数据分析。

三、结果与分析

（一）胸径生长动态

由表 8-6 方差分析结果表明：在同一采伐强度处理下，大叶栎、格木、红椎、灰木莲、香梓楠 5 个树种间各年龄的胸径生长均差异显著（$P < 0.05$）。大叶栎胸径生长高峰出现在第 3 年，其连年生长量为 1.93cm，此后逐年减缓。格木胸径生长量则逐年增大，第 9 年的连年生长量为 1.51cm。红椎、灰木莲、香梓楠的胸径生长高峰出现在第 5 年，连年生长量分别为 1.48cm、1.65cm 和 0.97cm。马尾松林下套种的阔叶树胸径生长速度为大叶栎＞灰木莲＞红椎＞香梓楠＞格木。

表 8-6　马尾松林下套种阔叶树种的胸径生长表现

树种	采伐处理	套种阔叶树种的年龄 / 年				
		1*	3	5	7	9
大叶栎	A	1.06±0.16a	5.24±0.31a	10.04±0.58a	11.12±0.57ab	16.25±0.61a
	B	0.94±0.07a	4.95±0.23ab	9.03±0.41ab	11.79±0.54a	15.27±0.58ab
	C	1.06±0.11a	4.84±0.22ab	8.27±0.41bc	10.56±0.61ab	13.63±0.53ab
	D	1.05±0.11a	4.52±0.32b	7.33±0.51c	10.15±0.62b	12.21±0.53b
格木	A	0.61±0.05b	1.42±0.16a	1.97±0.09ab	2.6±0.37a	5.70±0.26ab
	B	0.58±0.05b	1.50±0.12a	2.57±0.23a	2.93±0.46a	5.93±0.24ab
	C	0.79±0.05a	1.68±0.12a	2.01±0.06ab	2.69±0.24a	6.33±0.38a
	D	0.68±0.07ab	1.45±0.12a	1.54±0.24b	2.55±0.33a	4.85±0.15b
红椎	A	0.53±0.05a	2.63±0.35a	5.64±0.37a	6.18±0.34ab	8.16±0.28ab
	B	0.23±0.08b	2.20±0.18b	4.90±0.34b	5.86±0.81ab	7.83±0.48ab
	C	0.38±0.04ab	1.86±0.21b	5.61±0.23a	6.94±0.48a	8.96±0.44a
	D	0.46±0.04a	1.54±0.12c	3.92±0.42c	4.96±0.39b	6.67±0.35b

续表

树种	采伐处理	套种阔叶树种的年龄 / 年				
		1*	3	5	7	9
灰木莲	A	0.90±0.06a	3.03±0.18a	6.61±0.50a	8.31±0.57a	10.51±0.46a
	B	0.97±0.12a	2.98±0.30a	6.93±0.57a	8.10±0.42a	10.56±0.59a
	C	0.88±0.06a	3.07±0.27a	6.68±0.46a	9.07±0.56a	10.13±0.52a
	D	0.92±0.07a	1.95±0.25b	4.02±0.44b	5.49±0.48b	8.87±0.49b
香梓楠	A	0.82±0.14b	1.43±0.32b	3.25±0.50b	4.65±0.35ab	6.00±0.21b
	B	0.78±0.11b	1.53±0.29b	3.40±0.10b	4.30±0.20b	5.75±0.25b
	C	0.75±0.08b	1.45±0.22b	3.55±0.45ab	5.36±0.31a	7.47±0.27a
	D	1.03±0.08a	1.82±0.17a	3.80±0.34a	5.22±0.40a	7.17±0.34a

注：*表示差异显著，同列数据后不同小写字母表示差异显著（$P < 0.05$）。

　　四个采伐强度处理间比较，大叶栎和灰木莲在套种当年胸径生长差异不显著；在套种后第 3、5、7 和 9 年，胸径生长差异显著，呈现采伐强度越大，胸径生长越快的规律。格木在套种当年处理 C 的胸径显著高于处理 A、B；随着时间的推移，到第 3、5、7 年时 4 个采伐处理对格木胸径生长无显著影响；到第 9 年时，采伐处理 C 的格木胸径生长显著高于处理 D。红椎在套种当年处理 A、D 的胸径显著高于处理 B；第 3 年时，处理 A 的胸径显著大于其余 3 个处理；到第 5、7、9 年时，处理 A、B、C 的红椎胸径较处理 D 生长显著增大。香梓楠在套种当年和第 3 年，采伐处理 D 的胸径生长显著高于其余 3 个处理；套种第 5、7、9 年时，采伐处理 C、D 的胸径生长显著高于处理 A、B。同一年龄比较，采伐处理显著影响各树种的胸径生长。大叶栎在套种后第 3、5、9 年，采伐处理 A 显著优于 D；第 7 年，采伐处理 B 显著优于处理 D。格木套种后第 5 年，处理 B 显著优于处理 D；第 9 年，处理 C 显著优于处理 D。红椎在套种后第 3 年，处理 A 显著优于其他 3 个处理；第 5 年，处理 A、C 显著优于处理 B、D；第 7、9 年，处理 C 显著优于其他 3 个处理。灰木莲套种后第 3、5、7、9 年，处理 D 显著低于其他 3 个处理。香梓楠在套种后第 3 年，处理 D 显著优于其他 3 个处理；第 5 年，处理 D 显著优于处理 A、B；第 7 年，处理 C、D 显著优于处理 B；第 9 年，处理 C、D 显著优于处理 A、B。

（二）树高生长动态

　　由表 8-7 可知，大叶栎、红椎、灰木莲前期树高生长较快，第 3 年即达生长高峰，其连年生长量分别为 2.17m、1.36m 和 1.12m，此后逐年减缓；格木、香梓楠第 7 年之后树高生长较快，第 9 年达生长最大值，其连年生长量分别为 1.50m 和 0.98m。5 个阔叶树种的树高生长速度表现为大叶栎＞红椎＞灰木莲＞香梓楠＞格木。

表 8-7　马尾松林下套种阔叶树的树高生长表现

树种	采伐处理	套种阔叶树种的年龄/年				
		1	3	5	7	9
大叶栎	A	1.25±0.07a	6.00±0.39a	9.13±0.54a	10.13±0.66a	13.82±0.54a
	B	1.16±0.07a	5.33±0.19b	8.82±0.25a	11.15±0.29a	13.23±0.41b
	C	1.23±0.10a	5.49±0.37b	8.23±0.45	a10.75±0.61a	12.98±0.64b
	D	1.09±0.08a	5.27±0.28b	6.91±0.54b	9.13±0.40b	13.13±0.66b
格木	A	0.52±0.05ab	2.02±0.22a	2.07±0.12ab	3.48±0.47ab	6.22±0.42ab
	B	0.48±0.03b	1.88±0.15a	2.42±0.22a	3.70±0.47a	6.80±0.32a
	C	0.62±0.03a	2.03±0.14a	2.63±0.09a	3.75±0.31a	6.93±0.35a
	D	0.52±0.04ab	1.37±0.18b	1.51±0.26b	2.50±0.36b	5.45±0.35b
红椎	A	0.65±0.06a	3.79±0.31a	6.55±0.52a	7.82±0.29a	8.56±0.27ab
	B	0.43±0.02b	3.57±0.25ab	5.00±0.41b	6.98±0.30ab	8.53±0.41ab
	C	0.60±0.06ab	2.94±0.24b	5.48±0.33ab	7.31±0.55ab	9.12±0.32a
	D	0.56±0.03ab	2.83±0.15b	4.33±0.37c	5.84±0.36b	7.37±0.38b
灰木莲	A	0.85±0.06ab	3.48±0.16a	6.34±0.47a	7.83±0.37a	8.57±0.30a
	B	0.93±0.10a	3.24±0.45a	5.49±0.35b	7.04±0.42a	8.88±0.46a
	C	0.95±0.07a	3.28±0.42a	5.94±0.49ab	7.56±0.58a	8.96±0.64a
	D	0.78±0.06b	2.54±0.22b	3.41±0.41c	4.88±0.44b	7.43±0.50b
香梓楠	A	0.65±0.07ab	2.00±0.13a	3.25±0.45a	4.90±0.28a	7.55±0.25a
	B	0.50±0.07	2.05±0.26a	3.32±0.20a	4.80±0.20a	7.20±0.30a
	C	0.69±0.05ab	2.11±0.18a	3.35±0.25a	4.72±0.21a	6.13±0.26ab
	D	0.80±0.05a	2.14±0.15a	2.99±0.17b	4.27±0.17b	5.68±0.33b

注：同列数据后不同小写字母表示差异显著（$P < 0.05$）。

比较 4 个采伐处理的林分，其套种的 5 个阔叶树的树高生长亦存在显著差异（见表8-7）。大叶栎在套种当年各处理树高生长差异不显著；第 3 和第 9 年时，采伐处理 A 的树高显著高于其余 3 个处理；第 5、7 年时，采伐处理 A、B、C 的树高显著高于处理 D。格木在套种当年处理 C 的树高显著高于处理 B；随着时间的推移，到第 3、5、7、9 年时，采伐处理 A、B、C 的树高显著高于处理 D。红椎在套种当年处理 A 的树高显著高于处理 B；第 3 年时，处理 A 下套种红椎的树高显著高于处理 C、D；而第 5、7、9 年时，处理 A、B、C 下套种红椎的树高较处理 D 生长显著增大。灰木莲树高生长动态与大叶栎相似，在套种后 9 年间，采伐处理 A、B、C 的树高显著高于处理 D。香梓楠在套种当年，采伐处理 D 的树高生长显著高于其余 3 个处理；第 3 年时，各处理间没有显著差异；第 5、7、9 年时，采伐处理 A、B、C 的树高生长显著高于处理 D。

（三）冠幅生长动态

同一采伐强度下，林下套种阔叶树种间冠幅生长的比较，其表现为大叶栎＞红椎＞灰木莲＞香梓楠＞格木（见表 8-8）。大叶栎和灰木莲的冠幅生长高峰都在第 3 年，其生长量分别为 1.14m 和 0.86m；格木、红椎、香梓楠的冠幅生长高峰出现在第 9 年，其生长量分别为 1.31m、1.04m、0.73m。马尾松采伐后林下套种的阔叶树，由于树种的特性差异，冠幅生长受不同采伐保留密度影响显著。大叶栎属于速生宽冠型先锋树种，对光照要求高，套种当年以及第 3 和第 9 年，采伐处理 A、B、C 的大叶栎冠幅显著大于处理 D，第 5、7 年，处理 A、B、C 均大于处理 D。格木属于地带性顶极树种，前期适度遮阴环境更利于其生长；套种当年和第 3 年，格木冠幅在 4 个采伐处理下差异不显著，而第 5、7 年，采伐处理 A、B 的格木冠幅显著大于处理 D，第 9 年，采伐处理 A、B、C 的格木冠幅显著大于处理 D。红椎是速生宽冠型顶极树种，前期生长需要足够的光照，套种当年红椎冠幅在 4 个采伐处理下无明显差异，随着时间的推移，其冠幅随着采伐强度的加大而增大。灰木莲属于速生宽冠形树种，第 3 年以后，采伐处理 A、B、C 的灰木莲冠幅显著大于处理 D。香梓楠属于慢生窄冠型树种，套种当年和第 3 年，采伐处理 D 的香梓楠冠幅大于其余 3 个处理，第 5、7 年时，4 个处理对香梓楠的冠幅无显著影响，第 9 年时，采伐处理 A 的香梓楠冠幅显著大于处理 D。

表 8-8　马尾松林下套种阔叶树的树冠生长表现

树种	采伐处理	套种阔叶树种的年龄 / 年				
		1	3	5	7	9
大叶栎	A	0.87±0.19a	3.36±0.40a	4.05±0.37a	5.23±0.50b	7.71±0.62a
	B	0.70±0.11ab	2.97±0.11ab	4.53±0.18a	6.38±0.26a	7.46±0.21ab
	C	0.86±0.17a	3.08±0.13ab	4.12±0.19a	5.05±0.23b	7.27±0.39ab
	D	0.61±0.13b	2.76±0.13b	3.43±0.29b	4.48±0.38c	6.79±0.49b
格木	A	0.38±0.07a	1.11±0.12a	1.56±0.08a	2.19±0.22a	5.13±0.24a
	B	0.23±0.03b	1.12±0.06a	1.64±0.44a	2.35±0.41a	4.83±0.17ab
	C	0.33±0.05a	1.01±0.11a	1.40±0.06ab	1.86±0.12ab	4.78±0.22ab
	D	0.28±0.07ab	1.05±0.22a	1.25±0.15b	1.68±0.21b	3.80±0.20b
红椎	A	0.24±0.03a	2.04±0.17a	3.27±0.22a	4.02±0.19ab	6.04±0.14ab
	B	0.21±0.04a	1.88±0.12ab	3.46±0.23a	4.18±0.24ab	6.41±0.14a
	C	0.24±0.03a	1.46±0.10b	3.52±0.24a	4.34±0.34a	6.67±0.26a
	D	0.20±0.03a	1.89±0.12ab	2.63±0.28b	3.45±0.29b	5.17±0.23b

续表

树种	采伐处理	套种阔叶树种的年龄 / 年				
		1	3	5	7	9
灰木莲	A	0.18±0.02b	2.32±0.12a	3.22±0.30ab	4.49±0.23ab	5.30±0.16a
	B	0.35±0.14a	2.15±0.19ab	3.10±0.19ab	3.90±0.27b	5.22±0.23a
	C	0.21±0.02ab	2.04±0.15ab	3.53±0.18a	4.86±0.19a	5.55±0.20a
	D	0.31±0.05ab	1.4±0.16b	2.60±0.26b	3.09±0.28c	4.91±0.31b
香梓楠	A	0.18±0.04b	1.43±0.17ab	1.94±0.06a	3.27±0.18a	5.17±0.17a
	B	0.11±0.02c	1.55±0.23ab	2.01±0.01a	2.99±0.01a	4.10±0.06b
	C	0.27±0.05a	1.00±0.12b	2.04±0.09a	2.97±0.19a	4.72±0.16a
	D	0.33±0.05a	1.74±0.13a	2.20±0.13a	2.96±0.14a	4.00±0.22b

注：同列数据后不同小写字母表示差异显著（$P < 0.05$）。

四、结论与讨论

　　马尾松人工林通过林下套种阔叶树种实施阔叶化改造，形成针阔混交林，树种选择是其关键所在。本研究中，从马尾松中龄林下套种的 5 个阔叶树种的生长表现可以看出，先锋种大叶栎生长最快，地带性顶极种格木生长最慢。大叶栎、灰木莲、红椎的胸径、树高和冠幅生长随着采伐强度的增大而增大，而格木、香梓楠的生长则与采伐强度相关性不大。周志春等对马尾松次生林经 40%～50% 强度的采伐利用 6 年后，林分密度达 250 株·hm^{-2}，林下套种的地带性常绿阔叶树种快速生长。大叶栎为阳性树种，在光照条件充足的情况下生长快；其胸径、树高、冠幅的年均生长量高峰出现在套种后第 1～3 年。红椎和灰木莲属于中度耐荫树种，其胸径、树高、冠幅的年均生长量高峰出现在套种后第 3～5 年。格木、香梓楠为耐荫树种，而且生长相对缓慢；格木的胸径、树高、冠幅年均生长量以及香梓楠树高、冠幅年均生长量在观测的第 7～9 年为最大，尚不知其是否达到生长高峰；香梓楠的胸径年均生长量则相对复杂，采伐处理 A 和 B 在套种后第 3～5 年达到生长高峰，而处理 C 和 D 在第 3～5 年和第 7～9 年年均生长量约 1.0cm，亦无法判断其生长高峰是否出现。这些树种间的生长动态差异与其耐阴性及强度采伐后上层马尾松的树冠生长动态密切相关。马尾松树冠在采伐后第 1～3 年即呈现快速生长，林冠层逐渐得到恢复，林下光照减弱，从而导致阳性树种大叶栎在套种后第 1～3 年生长最快，中度耐荫树种红椎和灰木莲在套种后第 3～5 年生长最快，而格木和香梓楠则整体上在 7～9 年生长最快。这与 5 个树种生长随采伐强度的变化规律一致，即随着马尾松采伐强度的增大，大叶栎、红椎和灰木莲各年龄段的生长均加快，而格木、香梓楠则减慢。套种树种的生长差异除树种本身的遗传品质外，林下光环境也对树木的生长具有重要影响。上层马尾松和下层阔叶树都需要适当采伐，让下层阔叶树得到充足的光照，下层阔叶树保留长势好的树木，使林分结构趋于合理。本研究经过强度采伐马尾松纯林，套种阔叶树后采用近自然经营，是构造马尾松复层林的一种尝试。从胸径、树高和冠幅生长表现看，其表现为大叶栎＞红椎＞灰木莲＞香梓楠＞格木。结合其生长动态分析可知，大叶栎、红椎、灰木莲在采伐处理 A（225 株·hm^{-2}）下生长较好；香梓楠则在采伐处理 D（450 株·hm^{-2}）下生长较好；采伐强度对格木前期生长影响不显著，格木生长后期需光量逐渐增强，则在采伐处理 A 下生长较好。桂西南 15 年生的马尾松人工林在采伐处理 A、B 中宜选择大叶栎、红椎、灰木莲作为套种树种，而在采伐处理 C、D 中宜选择香梓楠、格木作为套种树种。本研究的观测时间有限，套种阔叶树大多还未进入林冠层，固定样地观测将继续每两年一次，随着阔叶树进入马尾松林冠层后会产生种间竞争，种间关系和林内小环境的变化将是下一步研究的重点。

第三节　马尾松、格木幼龄林混交效果研究

马尾松为速生工业用材树种，格木为乡土珍稀树种，国内部分林业科研工作者对两个树种的混交开展过相关的研究，但大部分研究集中在混交之后树木的生长情况、生物多样性以及涵养水分等方面，对马尾松、格木混交的模式以及混交比例等方面研究较少。本研究通过对马尾松、格木混交模式及混交比例进行研究，能为马尾松人工林近自然经营提供理论依据。

一、材料与方法

（一）试验地概况

试验林地设在广西友谊关森林生态系统国家定位观测站区域内的白云实验场。为2014 年营造的马尾松、格木混交林，前茬为杉木人工林，主伐后明火炼山。地理位置为东经 106° 48′，北纬 22° 06′，海拔 230m，地貌类型以低山为主，年均气温 20.5℃，年均降水量 1500mm，属于南亚热带季风气候区。土壤为花岗岩发育成的赤红壤，土层厚度 1m 以上，腐殖质厚度 10cm 以上，林下植被为芒萁、五节芒、淡竹叶、三叉苦、金毛狗等。

（二）样品的采集与处理

试验采用随机区组设计。马尾松与格木株行距均为2m，格木4株为1丛，试验共6个处理。A：马尾松＋格木（75丛·hm⁻²）；B：马尾松＋格木（150丛·hm⁻²）；C：马尾松＋格木（210丛·hm⁻²）；CK1：马尾松＋格木（4：1）进行行状混交；CK2：格木纯林；CK3：马尾松纯林。2018年6月开始进行数据调查，样地面积400m²，重复3次。

（三）数据处理

采用Excel 2007软件对数据进行统计分析并绘制图表。广西马尾松二元立木材积公式 $V_{松} = 0.714265437 \times 10^{-4} D^{1.867010} H^{0.9014632}$，格木二元立木材积公式 $V_{格} = 0.667054 \times 10^{-4} D^{1.84795450} H^{0.96657509}$。运用SPSS19.0软件对数据进行方差分析及多重比较。

二、结果与分析

（一）不同混交模式马尾松生长量差异

从图8-1可看出，不同混交模式马尾松胸径、树高、冠幅和单株材积均差异显著（$P < 0.05$）。其中处理A和处理CK3林分平均胸径最大，均为5.9cm；处理C林分平均胸径最小，为5.0cm；处理CK1与处理B介于二者之间，林分平均胸径为5.3cm和5.1cm。各处理及对照马尾松林分平均树高表现为CK3＞A＞CK1＞B＞C，树高依次为4.9m、4.7m、4.5m、4.2m和4.1m。处理CK3平均冠幅最大，为2.6m；处理C平均冠幅最小，为1.9m。从表8-9可以看出，处理CK3马尾松单株材积最大，为0.0082m³；其次为处理A 0.0080m³；处理C单株材积最小，为0.0051m³。

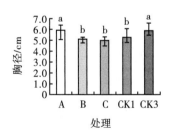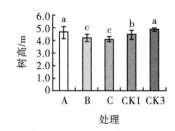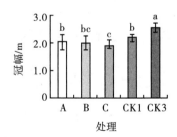

注：不同小写字母表示在0.05%水平显著差异。

图8-1 不同混交模式马尾松胸径、树高和冠幅差异

表8-9　马尾松、格木单株材积及单位面积蓄积量　　　　　　　单位：m³

蓄积量	处理A	处理B	处理C	CK1	CK2	CK3
马尾松 单株材积	0.0080± 0.0018a	0.0055± 0.0007bc	0.0051± 0.0008c	0.0062± 0.0016b		0.0082± 0.0014a
格木 单株材积	0.0057± 0.0016a	0.0052± 0.0010ab	0.0035± 0.0011b	0.0051± 0.0009ab	0.0058± 0.0011a	
单位面积	11.573± 0.932a	9.175± 1.238c	6.988± 0.840de	10.570± 1.313b	5.655± 0.872e	7.749± 0.946d

注：不同小写字母表示在0.05%水平显著差异。

（二）不同混交模式格木生长量差异

从图8-2可以看出，不同混交模式格木胸径、树高、冠幅和单株材积均差异显著（$P < 0.05$）。处理CK2胸径最大，为5.1cm；处理C胸径最小，为4.1cm；处理A、处理B和处理CK1介于二者之间，分别为4.9cm、4.7cm和4.6cm。处理A和处理CK1树高最高，均为4.8m，处理C树高最低，为4.0m；处理B和处理CK2树高分别为4.7m和4.5m。处理CK1平均冠幅最大，为2.6m；处理C平均冠幅最小，为2.1m；处理A、处理B和处理CK2平均冠幅均为2.45m。从表8-9中可以看出，处理CK2格木单株材积最大，为0.0058m³；处理C单株材积最小，为0.0035m³。

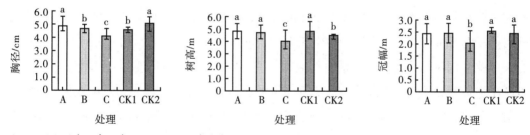

注：不同小写字母表示在0.05%水平显著差异。

图8-2　不同混交模式格木胸径、树高和冠幅差异

（三）不同混交模式径阶分布

统计分析各处理样地面积内马尾松和格木的径阶数量，绘制图8-3和图8-4。从图8-3可以看出，各处理马尾松的径阶呈正态分布，即大小径阶数量少，处于中间的径阶数量多。2cm径阶木数量在处理CK3中最少，仅为2株，且无12cm径阶木。处理A和处理CK1各有1株马尾松12cm径阶木。各处理格木的径阶也呈正态分布（图8-4）。处理A和处理CK1无2cm径阶木和10cm径阶木，只有CK3中有1株10cm径阶木。

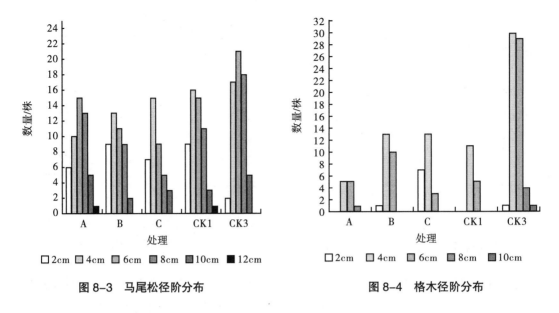

图 8-3　马尾松径阶分布　　　　　　　图 8-4　格木径阶分布

三、结论与讨论

马尾松人工林传统经营多为纯林模式。纯林造林和育林技术较简单，单位面积上蓄积量大，有利于实行机械化造林、抚育和采伐作业，营林成本较低，同时存在生物多样性降低、土壤肥力下降、易受病虫害及森林火灾危害等问题。马尾松与阔叶树混交，阔叶树种选择尤为重要，以往营建马尾松混交林，都是简单的行状混交，只是马尾松和阔叶树的比例略有不同。本研究结合生产实际，创新地运用了格木丛植的方式与马尾松混交，以此来探讨马尾松、格木适宜的混交模式及混交比例。格木以丛为单位进行种植，可减少造林的劳动量，提高造林成活率，增强抚育的针对性；同时 1 丛 4 株格木，可增加对杂草的竞争力，达到格木目标树选择年龄时 1 丛只保留 1 株目标树即可，有效减少间伐的成本。

不同混交模式下马尾松胸径、树高、冠幅和单株材积均差异显著，其中马尾松与格木（75 丛·hm⁻²）混交时马尾松纯林的胸径、树高、单株材积、平均冠幅均为最大；马尾松胸径、树高、冠幅和单株材积在马尾松与格木（210 丛·hm⁻²）混交下最小。说明在不同的混交模式及混交比例，马尾松生长表现是不同的。在马尾松纯林和马尾松与低密度格木（75 丛·hm⁻²）混交中马尾松生长表现最好，而在马尾松与高密度格木（210 丛·hm⁻²）混交中马尾松生长表现最差。这是因为格木具有固氮作用，马尾松与格木混交可实现加快土壤养分循环速率，改善土壤肥力，提高林分生产力和碳储量。但格木密度增大之后，增大了种间竞争，造成马尾松生长受到压制，故马尾松与高密度格木混交中马尾松生长表现最差。

在不同混交模式及混交比例下，格木胸径、树高、冠幅和单株材积均差异显著。马尾松与格木（75 丛·hm^{-2}）混交和格木纯林下格木胸径最大，马尾松与格木（75 丛·hm^{-2}）混交下格木单株材积最大，马尾松与格木（75 丛·hm^{-2}）混交和马尾松与格木行状混交下格木树高最大，马尾松与格木行状混交下格木平均冠幅最大。格木胸径、树高、冠幅和单株材积在马尾松与格木（210 丛·hm^{-2}）混交下最小。说明在不同混交模式及混交比例下，格木生长表现是不同的。格木在马尾松与低密度格木（75 丛·hm^{-2}）混交和马尾松与格木行状混交两种混交模式下生长表现最好，而在马尾松与高密度格木（210 丛·hm^{-2}）混交模式下生长表现最差。这是因为，马尾松与低密度格木混交和马尾松与格木行状混交，格木密度较小，遭受虫害的程度较低，所以具有较好生长量的干形。

不同混交模式单位面积（每公顷）总蓄积量不同，马尾松与格木（75 丛·hm^{-2}）混交下马尾松总蓄积量最大，为 $11.537m^3$；其次是马尾松与格木行状混交；马尾松与高密度格木（210 丛·hm^{-2}）混交下马尾松总蓄积量最小，仅为 $6.988m^3$。不同的混交模式和混交比例不影响径阶数量的分布规律，各处理及对照中马尾松和格木的径阶均呈正态分布。整体来看，马尾松和格木均在马尾松与格木（75 丛·hm^{-2}）低密度混交和马尾松与格木行状混交中，径阶分布表现较好。

目前数据分析来看，以培育马尾松大径材为经营目标，早期应选择马尾松与格木（75 丛·hm^{-2}）混交模式。因本研究仅为幼龄林阶段的混交效果，仅以 5 年试验数据进行分析，具有一定的局限性。随着林龄的增长，马尾松和格木种间竞争和种内竞争不断发生改变，以及林地土壤养分、水分等环境因子的改变及间伐等营林措施的实施而表现出不同的变化，是否此模式为最优模式值得继续研究。本研究下一步将持续对样地进行观测，以获得更科学、系统和完整的数据，同时对样地生物多样性、土壤理化性质、微生物的种类和数量等进行测定。通过分析掌握马尾松和格木不同混交模式下的生长动态，进而确定二者最佳的混交模式。

第四节　马尾松人工林近自然经营展望

马尾松作为南方最主要的人工林树种之一，在人工林可持续经营管理中一直是林业部门的重要任务。近自然改造是充分利用森林生态系统自然力的作用，通过树种组成和林分结构的调整，同时保护天然更新的幼苗和幼树，促使马尾松人工纯林转变成松阔异龄混交林，并逐渐形成具有地带性特征的近自然森林。

一、近自然化改造后对林分生长与结构的影响

马尾松纯林的近自然化改造经常与目标树的选择培育结合一起进行，目标树培育的主要特点是疏伐强度大、保留密度小、充分释放个体生长空间。不同保留密度的胸径、树高和蓄积量均存在极显著差异。作为阳性先锋树种，马尾松对密度以树冠最敏感，冠面积首先陡然增大，进而引起胸径的快速生长，枝下高比率降低。因此，马尾松纯林近自然化改造需要选择合适的疏伐强度，既能快速提高林分蓄积量，又能保证单株木材的规格。针对树种生物学特性不同，通过对疏伐后套种阔叶树种的研究，筛选出适宜的混交树种与混交模式，以促进马尾松人工林的可持续经营将是以后的研究重点。

二、马尾松人工林近自然化改造后对生物量及分配的影响

森林生物量和生产力的影响因素较多，气候、土壤、水热条件、森林类型都会对森林生产力产生影响。而对人工林来说，树种、林龄、造林模式及经营管理活动都会影响到林分的生物量和生产力。人工林近自然化改造，通过间伐强度和林下补植两种关键措施调整林分的群落结构，必然对生物量产生影响。马尾松人工林近自然化改造通过调整林分结构显著提升马尾松人工林生物量和生产力，乔木层生物量在林分生物量总量中占主导地位，并对林分生态系统总生物量变化起决定性作用。如何根据马尾松天然林树种结构特征来选择树种与混交方式，提升马尾松目的树种在林分中的生物量比率，将是人工林近自然化经营研究的重要课题。

不同经营模式的林分间，相同树种的相同器官的生物量在林分中的分配比例有显著差异，近自然化改造可以显著促进叶片和枝条的发育，而减少树干和树皮在林木生物量中的分配。近自然化改造以后，尤其是间伐强度和林下补植的干扰，林分结构得以改善，林木个体获得较好的生长条件和生长空间而实现快速生长。国内对人工林生物量和生产力的研究大多局限在不同人工林短期生物量和生产力的比较上，或者利用空间代替时间的方法研究生物量和生产力的动态特征，缺乏对人工林生物量生产力的定位观测研究。因而，准确而充分地认识近自然经营对人工林生物量及其分配的影响规律，需要开展长期定位观测研究，以便通过生物量动态变化规律深入了解近自然化改造对生物量及生产力的影响。

三、马尾松人工纯林对土壤理化性质和化学计量特征的影响

在营林工作中除了考虑木材效益外，还应考虑人工林经营对土壤质量的影响。现有

研究表明，马尾松混交林的土壤容重比纯林低，土壤含水量和毛管孔隙度比纯林高，表明了马尾松混交林改良土壤结构的能力较强。此外，混交林中物种丰富，归还于土壤的凋落物比纯林多，因此表层有机碳含量高于纯林。受植物生长、凋落物性质、林分干扰等影响，马尾松纯林的近熟林经营模式显著影响了土壤理化性状和 C、N、P 化学计量比。南方地区土壤普遍缺磷，延长马尾松林的经营期易导致植物生长受磷限制。为了解决马尾松人工林面临的这些问题，如何利用森林生态系统的自我调节功能以保持土壤理化性质的良性发展，将是人工林近自然化改造的重要研究内容。

四、马尾松人工林近自然化经营的效益评价

在马尾松南带产区，马尾松纯林通过套种红椎（格木）进行近自然改造可增长经济效益 20% 以上。经过近自然化改造如能解决马尾松人工纯林存在的问题，必将吸引大量林企和林农的加入，推动马尾松产业的升级，扩大农民的就业渠道，强力支撑乡村振兴，实现森林的经济效益、生态效益和社会效益。

参考文献

［1］郎奎健，唐守正. IBM-PC 系列程序集：数理统计·调查规划·经营管理［M］. 北京：中国林业出版社，1989.

［2］殷细宽. 地质学基础［M］. 北京：农业出版社，1998.

［3］盛炜彤，范少辉. 杉木人工林长期生产力保持机制研究［M］. 北京：科学出版社，2005.

［4］丁贵杰，周志春，王章荣，等. 马尾松纸浆用材林培育与利用［M］. 北京：中国林业出版社，2006.

［5］杨承栋，等著. 中国主要造林树种土壤质量演化与调控机理［M］. 北京：科学出版社，2009.

［6］潘瑞炽. 植物生理学：第7版［M］. 北京：高等教育出版社，2012.

［7］张大勇，赵松龄. 森林自疏过程中密度变化规律的研究［J］. 林业科学，1985，21（4）：369-375.

［8］丁贵杰，周政贤，严仁发，等. 下层间伐对马尾松林分影响的研究［J］. 贵州农学院学报，1994，13（1）：5-11.

［9］周志春，秦国峰，李光荣，等. 马尾松天然林木材化学组分和浆纸性能的地理模式［J］. 林业科学研究，1995（1）：1-6.

［10］柴修武，李贻铨，陈道东. 杉木林地施肥对木材性质的影响［J］. 林业科学研究，1996，9（9）：67-74.

［11］丁贵杰，周政贤. 马尾松不同造林密度和不同利用方式经济效果分析［J］. 南京林业大学学报（自然科学版），1996，20（2）：24-29.

［12］周运超，梁瑞龙. 马尾松人工中龄林针叶营养成分研究［J］. 贵州农学院学报，1996，15（1）：17-21.

［13］丁贵杰. 马尾松人工林密度变化规律和密度调控模型的研究［J］. 贵州农学院丛刊，1997，36（3）：8-14.

［14］丁贵杰. 马尾松人工林生长收获模型系统的研究［J］. 林业科学，1997，33（1）：57-66.

［15］丁贵杰. 造林密度对杉木生长进程及经济效果影响的分析［J］. 林业科学，1997，33（1）：67-75.

［16］周运超，梁瑞龙，蒙福祥，等. 马尾松中幼龄林施肥试验研究［J］. 贵州农学院丛刊，1997（马尾松专集Ⅳ）：72-78.

［17］丁贵杰，王鹏程，严仁发. 马尾松纸浆商品用材林生物量变化规律和模型研究
［J］. 林业科学，1998，34（1）：33-41.

［18］丁贵杰. 贵州马尾松人工建筑材林合理采伐年龄研究［J］. 林业科学，1998，34
（3）：40-46.

［19］焦如珍，杨承栋. 不同代杉木人工林根际及非根际土壤微生物数量及种类的变化
［J］. 林业科学研究，1999，12（1）：16-21.

［20］谌红辉，温恒辉. 马尾松人工幼龄林施肥肥效与增益持续性研究［J］. 林业科学研
究，2000，13（6）：652-658.

［21］丁贵杰，谢双喜，王德炉，等. 贵州马尾松建筑材林优化栽培模式研究［J］. 林业
科学，2000，36（2）：69-74.

［22］丁贵杰. 马尾松人工林生物量及生产力的变化规律：Ⅲ. 不同立地生物量及生产力变
化［J］. 山地农业生物学报，2000，19（6）：411-417.

［23］丁贵杰. 马尾松人工纸浆材林采伐年龄初步研究［J］. 林业科学，2000，36（1）：
15-20.

［24］谭学仁，胡万良，王忠利，等. 红松人工林大径材培育及种材兼用效果分析［J］.
东北林业大学学报，2000（3）：75-77.

［25］王鹏程，周志翔，涂炳坤，等. 湖北省马尾松纸浆材林主伐年龄的确定［J］. 华
中农业大学学报，2000，19（2）：168-172.

［26］温佐吾，谢双喜，周运超，等. 造林密度对马尾松林分生长、木材造纸特性及经济
效益的影响［J］. 林业科学，2000，36（专刊）：36-43.

［27］夏玉芳. 不同造林密度马尾松生长轮特性及其径向变异［J］. 贵州林业科技，
2000，28（2）：1-4.

［28］谌红辉，梁瑞龙，温恒辉. 广西马尾松低成本造林技术研究［J］. 林业科技通讯，
2001（6）：23-25.

［29］谌红辉，温恒辉. 马尾松人工中龄林施肥肥效与增益持续性研究［J］. 林业科学研
究，2001，14（5）：533-539.

［30］丁贵杰，王鹏程. 马尾松人工林生物量及生产力变化规律研究：Ⅱ. 不同林龄生物
量及生产力［J］. 林业科学研究，2002，15（1）：54-60.

［31］丁贵杰，吴协保，王鹏程，等. 马尾松纸浆材林经营模型系统及优化栽培模式研究
［J］. 林业科学，2002，38（5）：7-13.

［32］骆秀琴，姜笑梅，殷亚方，等. 人工林马尾松木材性质的变异［J］. 林业科学研
究，2002（1）：28-33.

［33］夏玉芳，谌红辉. 造林密度对马尾松木材主要性质的影响研究［J］. 林业科学，

2002, 38（2）: 113-118.

[34] 项文化, 田大伦. 不同年龄阶段马尾松人工林养分循环的研究 [J]. 植物生态学报, 2002, 26（1）: 89-95.

[35] 周运超, 张运吉, 谌红辉, 等. 施肥对马尾松人工中龄林生物归还的影响 [J]. 南京林业大学学报（自然科学版）, 2002（4）: 35-38.

[36] 丁贵杰. 马尾松人工林生物量和生产力变化规律研究: I. 不同造林密度生物量及密度效应 [J]. 福建林学院学报, 2003, 23（1）: 34-38.

[37] 吴协保, 丁贵杰. 马尾松纸浆材林经营模型系统（MPPMMS1.0）[J]. 南京林业大学学报（自然科学版）, 2003, 27（6）: 75-78.

[38] 薛立, 邝立刚, 陈红跃, 等. 不同林分土壤养分、微生物与酶活性的研究 [J]. 土壤学报, 2003, 40（2）: 280-285.

[39] 杨承栋, 孙启武, 焦如珍, 等. 大青山一二代马尾松土壤性质变化与地力衰退关系的研究 [J]. 土壤学报, 2003, 40（2）: 267-273.

[40] 陈立新. 落叶松人工林施肥对土壤酶和微生物的影响 [J]. 应用生态学报, 2004, 15（6）: 1000-1004.

[41] 谌红辉, 丁贵杰. 马尾松造林密度效应研究 [J]. 林业科学研究, 2004, 40（1）: 92-98.

[42] 黄勤坚. 培育马尾松大径材适宜松楠混交模式研究 [J]. 广西林业科学, 2004, 33（3）: 119-123.

[43] 温佐吾. 不同密度 2 代连栽马尾松人工林生产力水平比较 [J]. 浙江林学院学报, 2004, 21（1）: 22-27.

[44] 杨万勤, 王开运. 森林土壤酶的研究进展 [J]. 林业科学, 2004, 40（2）: 152-159.

[45] 曾德慧, 陈广生, 陈伏生, 等. 不同林龄樟子松叶片养分含量及其再吸收效率 [J]. 林业科学, 2005, 41（5）: 21-27.

[46] 涂育合, 叶功富, 林武星, 等. 杉木大径材定向培育的适宜经营密度 [J]. 浙江林学院学报, 2005（5）: 531-534.

[47] 薛立, 徐燕, 吴敏, 等. 4 种阔叶树种叶中氮和磷的季节动态及其转移 [J]. 生态学报, 2005, 25（3）: 520-526.

[48] 张学利, 杨树军, 张百习, 等. 不同林龄樟子松根际与非根际土壤的对比 [J]. 福建林学院学报, 2005, 25（1）: 1-4.

[49] 蔡琼, 丁贵杰. 黔中地区连栽马尾松林对土壤微生物的影响 [J]. 南京林业大学学报（自然科学版）, 2006, 30（3）: 131-133.

[50] 樊后保, 李燕燕, 黄玉梓, 等. 马尾松纯林改造成针阔混交林后土壤化学性质的变

化［J］．水土保持学报，2006（4）：77-81.

［51］唐效蓉，李午平，徐清乾，等．马尾松天然次生林施肥效应研究［J］．中南林学院学报，2006（1）：12-18.

［52］赵琼，曾德慧，于占源，等．沙地樟子松人工林土壤磷素转化的根际效应［J］．应用生态学报，2006，17（8）：1377-1381.

［53］蔡道雄，贾宏炎，卢立华，等．我国南亚热带珍优乡土阔叶树种大径材人工林的培育［J］．林业科学研究，2007，20（2）：165-169.

［54］褚建民，卢琦，崔向慧，等．人工林林下植被多样性研究进展［J］．世界林业研究，2007，20（3）：9-13.

［55］李昌荣，项东云，周国福，等．栽培密度与施肥对尾巨桉中大径材生长的影响［J］．广西林业科学，2007（1）：31-35.

［56］朱炜．马尾松胶合板材用材林优良家系生长与物理力学性质的研究［J］．林业调查规划，2007，32（2）：45-48.

［57］何佩云，丁贵杰．猴樟、鹅掌楸对马尾松苗木生理活性的他感效应［J］．浙江林学院学报，2008（5）：604-608.

［58］汤文彪．红锥马尾松混交林效益与营造技术［J］．安徽农学通报，2008（15）：169-171.

［59］徐少辉．不同采伐强度对闽南山地马尾松林下植被和土壤肥力的影响试验［J］．林业调查规划，2008，33（4）：136-139.

［60］郭月明，谢小宝．采脂湿地松林分保留密度与产脂量关系探索［J］．林业实用技术，2009（5）：10-12.

［61］康冰，刘世荣，蔡道雄，等．马尾松人工林林分密度对林下植被及土壤性质的影响［J］．应用生态学报，2009，20（10）：2323-2331.

［62］吕春花，郑粉莉，安韶山．子午岭地区植被演替过程中土壤养分及酶活性特征研究［J］．干旱地区农业研究，2009，27（2）：227-232.

［63］安宁，丁贵杰，谌红辉．林分密度及施肥对马尾松林产脂量的影响［J］．中南林业科技大学学报，2010，30（9）：46-50.

［64］曹建华，陶忠良，蒋菊生，等．不同年龄橡胶树各器官养分含量比较研究［J］．热带作物学报，2010，31（8）：1317-1323.

［65］谌红辉，方升佐，丁贵杰，等．马尾松间伐的密度效应［J］．林业科学，2010，46（5）：84-91.

［66］郭峰，周运超．不同密度马尾松林针叶养分含量及其转移特征［J］．南京林业大学学报（自然科学版），2010，34（4）：93-96.

［67］杨会侠，汪思龙，范冰，等. 不同林龄马尾松人工林年凋落量与养分归还动态［J］. 生态学杂志，2010，29（12）：2334-2340.

［68］赵琼，刘兴宇，胡亚林，等. 氮添加对兴安落叶松养分分配和再吸收效率的影响［J］. 林业科学，2010，46（5）：14-19.

［69］谌红辉，丁贵杰，温恒辉，等. 造林密度对马尾松林分生长与效益的影响研究［J］. 林业科学研究，2011，24（4）：470-475.

［70］何佩云，谌红辉. 连栽马尾松林根际与非根际土壤养分及酶活性研究［J］. 浙江林业科技，2011，31（1）：39-43.

［71］何佩云，丁贵杰，谌红辉. 连栽马尾松人工林土壤肥力比较研究［J］. 林业科学研究，2011，24（3）：357-362.

［72］安宁，丁贵杰. 广西马尾松松脂的化学组成研究［J］. 中南林业科技大学学报，2012，32（3）：59-62.

［73］谌红辉，丁贵杰，温恒辉，等. 马尾松近熟林施肥技术研究［J］. 林业资源管理，2012（2）：106-110.

［74］何佩云，丁贵杰，谌红辉. 1、2代马尾松人工林林分生长特性比较［J］. 辽宁林业科技，2012（1）：4-8.

［75］何佩云，丁贵杰，谌红辉. 第1代和第2代马尾松林土壤微生物及生化作用比较［J］. 浙江农林大学学报，2012，29（5）：703-709.

［76］何佩云，丁贵杰，谌红辉. 一二代不同林龄马尾松林分材积生长过程及林分结构比较［J］. 江苏农业科学，2012，40（6）：146-149.

［77］黄承标，黄新荣，覃其云，等. 施肥对马尾松人工幼龄林生长的影响［J］. 广东农业科学，2012，39（6）：78-80.

［78］黄承标，黄新荣，唐健，等. 施肥对马尾松人工幼龄林新鲜针叶及其林地枯枝落叶养分含量的影响［J］. 中国农学通报，2012，28（22）：81-85.

［79］周玮，周运超. 不同施肥处理对马尾松幼苗及根际环境的影响［J］. 中南林业科技大学学报，2012，32（7）：19-23.

［80］鲍斌，丁贵杰. 抚育间伐对马尾松林分生长与植物多样性的影响［J］. 中南林业科技大学学报，2013，33（3）：30-33，46.

［81］胡楠，晏升禄，李祖任，等. 雪松营养器官中树脂道的分布与发育［J］. 贵州农业科学，2013，41（7）：164-167.

［82］李瑞霞，闵建刚，彭婷婷，等. 间伐对马尾松人工林植被物种多样性的影响［J］. 西北农林科技大学学报（自然科学版），2013，41（3）：61-68.

［83］崔宁洁，刘小兵，张丹桔，等. 不同林龄马尾松（*Pinus massoniana*）人工林碳氮磷

分配格局及化学计量特征［J］. 生态环境学报，2014，23（2）：188-195.

［84］崔宁洁，张丹桔，刘洋，等. 不同林龄马尾松人工林林下植物多样性与土壤理化性质［J］. 生态学杂志，2014，33（10）：2610-2617.

［85］王岳，王海燕，李旭，等. 不同密度下近天然落叶松云冷杉林各土层土壤理化特征［J］. 草业科学，2014，31（8）：1424-1429.

［86］张荣健. 不同坡位和施肥量对马尾松幼龄林生长的影响［J］. 亚热带水土保持，2014，26（3）：12-13，18.

［87］周玮，周运超. 马尾松幼苗根际土壤对施肥的响应［J］. 浙江林业科技，2014，34（1）：33-37.

［88］郝建锋，李艳，王德艺，等. 雅安市谢家山两种密度柳杉人工林群落结构和物种多样性研究［J］. 生态环境学报，2015，24（2）：217-223.

［89］唐效蓉，张翼，杨骏，等. 马尾松不同密度中龄林施肥经济收益分析［J］. 湖南林业科技，2015，42（3）：20-23.

［90］陈剑锋，侯恩庆，张玲玲，等. 福建省马尾松和杉木针叶中 7 种营养元素含量特征［J］. 热带亚热带植物学报，2016，24（6）：595-602.

［91］宁秋蕊，李守中，姜良超，等. 亚热带红壤侵蚀区马尾松针叶养分含量及再吸收特征［J］. 生态学报，2016，36（12）：3510-3517.

［92］曾冀，雷渊才，贾宏炎，等. 桂西南马尾松人工林生长对不同强度采伐的动态响应［J］. 林业科学研究，2017，30（2）：335-341.

［93］陈虎，贾婕，罗群风，等. 马尾松谷胱甘肽过氧化物酶 PmGPX 基因的克隆及表达分析［J］. 浙江农林大学学报，2017，34（5）：856-863.

［94］陈绍栓，许建伟，吴载璋，等. 不同强度疏伐改造对马尾松林分水源涵养功能时空格局的影响［J］. 生态学报，2017，37（20）：6753-6760.

［95］翟凯燕，马婷瑶，金雪梅，等. 间伐对马尾松人工林土壤活性有机碳的影响［J］. 生态学杂志，2017，36（3）：609-615.

［96］冯源恒，李火根，杨章旗，等. 广西马尾松第 2 代育种群体的组建［J］. 林业科学，2017，53（1）：54-61.

［97］冯源恒，杨章旗，贾婕，等. 马尾松种子园交配系统的时间动态变异［J］. 东北林业大学学报，2017，45（6）：1-4，11.

［98］李德燕，周运超. 钙浓度对马尾松幼苗生长和生理特征的影响［J］. 林业科学研究，2017，30（1）：174-180.

［99］陆晓辉，丁贵杰. 马尾松人工纯林凋落松针数量及基质质量动态［J］. 生态学报，2017，37（22）：7568-7575.

［100］马婷瑶，翟凯燕，金雪梅，等. 间伐对马尾松人工林土壤活性氮组分的影响 ［J］. 西北农林科技大学学报（自然科学版），2017，45（12）：44-53.

［101］明安刚，刘世荣，李华，等. 近自然化改造对马尾松和杉木人工林生物量及其分配的影响［J］. 生态学报，2017，37（23）：7833-7842.

［102］欧强新，李海奎，杨英. 福建地区马尾松生物量转换和扩展因子的影响因素［J］. 生态学报，2017，37（17）：5756-5764.

［103］庞丽，周志春，张一，等. 马尾松二代无性系生长和针叶 N/P 化学计量特征［J］. 林业科学研究，2017，30（3）：417-423.

［104］谭健晖，冯源恒，黄永利，等. 26 年生马尾松初级种子园半同胞子代变异及家系选择［J］. 南京林业大学学报（自然科学版），2017，41（3）：189-192.

［105］涂洁，樊后保，王勇刚，等. 各径级马尾松树干 CO_2 释放速率及其温度敏感性［J］. 林业科学，2017，53（10）：154-159.

［106］喻素芳，佘光辉，李远发，等. 马尾松林经不同强度采伐后与肉桂混交对土壤微生物功能多样性的影响［J］. 生态学杂志，2017，36（9）：2438-2446.

［107］安宁，丁贵杰，谌红辉，等. 马尾松产脂量与树体因子关系研究［J］. 西北林学院学报，2018，33（3）：106-110.

［108］曹梦，潘萍，欧阳勋志，等. 飞播马尾松林林下植被组成、多样性及其与环境因子的关系［J］. 生态学杂志，2018，37（1）：1-8.

［109］程满环，翟大才，毕淑峰. 黄山松与马尾松松针挥发性成分对比分析［J］. 南京林业大学学报（自然科学版），2018，42（3）：93-98.

［110］冯源恒，杨章旗，李火根，等. 马尾松育种进程中的遗传增益与遗传多样性变化［J］. 南京林业大学学报（自然科学版），2018，42（5）：196-200.

［111］冯源恒，杨章旗，谭健晖，等. 广西马尾松第一代核心育种群体的建立［J］. 东北林业大学学报，2018，46（12）：20-24.

［112］郭丽玲，潘萍，欧阳勋志，等. 赣南马尾松天然林不同生长阶段碳密度分布特征［J］. 北京林业大学学报，2018，40（1）：37-45.

［113］胡小燕，段爱国，张建国，等. 南亚热带杉木人工成熟林密度对土壤养分效应研究［J］. 林业科学研究，2018，31（3）：15-23.

［114］罗晓蔓，丁贵杰，王艺. 菌根化马尾松苗木根际土壤浸提物有效成分及其对种子萌发的影响［J］. 林业科学，2018，54（8）：32-38.

［115］孙千惠，吴霞，王媚臻，等. 林分密度对马尾松林林下物种多样性和土壤理化性质的影响［J］. 应用生态学报，2018，29（3）：732-738.

［116］覃宇，张丹桔，李勋，等. 马尾松与阔叶树种混合凋落叶分解过程中总酚和缩合

单宁的变化 [J]. 应用生态学报, 2018, 29 (7): 2224-2232.

[117] 叶钰倩, 赵家豪, 刘畅, 等. 间伐对马尾松人工林根际土壤氮含量及酶活性的影响 [J]. 南京林业大学学报 (自然科学版), 2018, 42 (3): 193-198.

[118] 叶钰倩, 赵家豪, 刘畅, 等. 间伐对马尾松人工林根际土壤磷组分的影响 [J]. 生态学杂志, 2018, 37 (5): 1364-1370.

[119] 尹焕焕, 刘青华, 周志春, 等. 马尾松产脂性状与生长性状的无性系变异及相关性 [J]. 林业科学, 2018, 54 (12): 82-91.

[120] 詹学齐. 马尾松林冠下套种阔叶树 20 年间土壤肥力变化 [J]. 北京林业大学学报, 2018, 40 (6): 55-62.

[121] 安宁, 贾宏炎, 谌红辉, 等. 马尾松林木养分含量特征及其与产脂量的关系 [J]. 西北农林科技大学学报 (自然科学版), 2019, 47 (7): 87-93.

[122] 曾伟生, 贺东北, 蒲莹, 等. 含地域和起源因子的马尾松立木生物量与材积方程系统 [J]. 林业科学, 2019, 55 (2): 75-86.

[123] 陈坦, 张振, 楚秀丽, 等. 马尾松二代无性系种子园的花期同步性 [J]. 林业科学, 2019, 55 (1): 146-156.

[124] 陈婷婷, 叶建仁, 吴小芹, 等. 抗松材线虫病马尾松体胚发生与植株再生条件的优化 [J]. 南京林业大学学报 (自然科学版), 2019, 43 (3): 1-8.

[125] 王媌臻, 毕浩杰, 金锁, 等. 林分密度对云顶山柏木人工林林下物种多样性和土壤理化性质的影响 [J]. 生态学报, 2019, 39 (3): 981-988.

[126] 王晓荣, 曾立雄, 雷蕾, 等. 抚育择伐对马尾松林主要树种空间分布格局及其关联性的短期影响 [J]. 生态学报, 2019 (12): 4421-4431.

[127] 吴语嫣, 李守中, 孙眭涛, 等. 长汀水土流失区侵蚀劣地马尾松种群动态分析 [J]. 生态学报, 2019, 39 (6): 2082-2089.

[128] 项佳, 余坤勇, 陈善沐, 等. 长汀红壤侵蚀区马尾松林生物量估算模型的构建 [J]. 东北林业大学学报, 2019, 47 (5): 58-65.

[129] 赵辉, 周运超, 任启飞. 不同林龄马尾松人工林土壤微生物群落结构和功能多样性演变 [J]. 土壤学报, 2020, 57 (1): 227-238.

[130] 卜瑞瑛, 梁文俊, 魏曦, 等. 不同林分密度华北落叶松林的土壤养分特征 [J]. 森林与环境学报, 2021, 41 (2): 140-147.

[131] 谷振军, 刘倩, 曾纪孟, 等. 马尾松人工林密度控制对林下植被多样性的影响 [J]. 森林与环境学报, 2021, 41 (5): 504-509.

[132] 徐锡增, 吕士行, 王明庥, 等. 南方型无性系短周期工业用材林定向培育初报 [C] // 黑杨派南方型无性系速生丰产技术论文集. 1989: 42-45.

［133］陈天华. 马尾松木材性状过渡年龄及造纸材林最低伐龄的确定［C］//全国马尾松种子园课题协作组. 马尾松种子园建立技术论文集. 北京：学术书刊出版社，1990，86-92.

［134］GHOLZ H L, PERRY C S, CROPPER W P, et al. Litterfall, Decomposition, and Nitrogen and Phosphorus Dynamics in a Chronosequence of Slash Pine (Pinuselliottii) plantations［J］. Forest Science, 1985, 31（2）: 463-478.

［135］ZHONG A L, HSIUNG W Y. Evaluation and diagnosis of tree nutritional status in Chinese-fir［*Cunninghamia lanceolata*（lamb.）Hook.］plantations, Jiangxi, China［J］. Forest Ecology and Management, 1993, 62（1-4）: 245-270.

［136］ADAMS M B, ANGRADI T R. Decomposition and nutrient dynamics of hardwood leaf litter in the Fernow Whole-Watershed Acidification Experiment［J］. Forest Ecology and Management, 1996, 83（1-2）: 61-69.

［137］ABROL Y P, CHATTERJEE S R, KUMAR P A, et al. Improvement in nitrogen use efficiency: Physiological and molecular approaches［J］. Current Science, 1999, 76（10）: 1357-1364.

［138］LI X, HAGZHARA A. Density effect, self-thining and size distribution in Pinus densiflora Sieb［J］. et Zucc, stands, Ecological Reseach, 1999, 14（1）: 49-58.

［139］PEDERSEN L B, HANSEN J B. Comparison of litterfall and element fluxes in even aged Norway spruce, sitka spruce and beech stands in Denmark［J］. Forest Ecology and Management, 1999, 114（1）: 55-70.

［140］PHILLIPS M A, CROTEAU R B. Resin-based defenses in conifers［J］. Trends in Plant Science, 1999, 4（5）: 184-190.

［141］FRIES A, ERICSSON T, GREF R. High heritability of wood extractives in Pinus sylvestris progeny tests［J］. Canadian Journal of Forest Research, 2000, 30（11）: 1707-1713.

［142］Kong F, Y. Liu. Biochemical responses of the mycorrhizae in *Pinus massoniana* to combined effects of Al, Ca and low Ph［J］. Chemosphere, 2000, 40（3）: 311-318.

［143］MAXWELL K, JOHNSON G N. Chlorophyll fluorescence a practical guide［J］. Journal of Experimental Botany, 2000, 51（4）: 659-668.

［144］CALDENTEY J, I BRARRA M, HERNANDEZ J. Litter fluxes and decomposition in Nothofagu spumilio stands in the region of Magallanes, Chile［J］. Forest

Ecology and Management, 2001, 148（1）: 145-157.

［145］FERNANDEZ M A, TORNOS M P, GARCIA M D. Convergent evolution in plant specialized metabolism［J］. Journal of Pharmacy and Pharmacology, 2001, 53（6）: 867-872.

［146］KAWADIAS V A, ALIFRAGIS D, TSIONTSIS A, et al. Litterfall, litter accumulation and litter decomposition rates in four forest ecosystems in northern Greece［J］. Forest Ecology and Management, 2001, 144（1-3）: 113-127.

［147］MEDHURST J L, BEADLE C L, Neilsen W A. Early-age and later age thinning affects growth, dominance, and intraspecific competition in Eucalyptus nitens plantations［J］. Canadian Journal of Forestry Research,2001,31（2）: 187-197.

［148］SANTA R I, LEONARDI S, RAPP M. Foliar nutrient dynamics and nutrient-use efficiency in Castanea sativa coppice stands of sonthern Europe［J］. Forestry, 2001, 74（1）: 1-10.

［149］FRANCECHI V R, KREKLING T, CHRISTIANSEN E. Application of methyl jasmonate on Picea abies（Pinaceae）stems induces defense-related responses in phloem and xylem［J］. American Journal of Botany, 2002, 89（4）: 578-586.

［150］HARTLEY M J. Rationale and methods for conserving biodiversity in plantation forests［J］. Forest Ecology and Management, 2002, 155（1-3）: 81-95.

［151］LAI H L, WANG Z R, JIANG R R. Branching and growth of plantings in fifth year of a seedling seed orchard of Masson pine（*Pinus massoniana* Lamb）［J］. Journal of Forestry Research, 2002, 13（1）: 28-32.

［152］MARTIN D M, FALDT J, BOHLMANN J. Functional Characterization of Nine Norway Spruce TPS Genes and Evolution of Gymnosperm Terpene Synthases of the TPS-d Subfamily［J］. Plant Physiology, 2004, 135（4）: 1908-1927.

［153］HUBER D P W, PHILIPPE R N, MADILAO L L, et al. Changes in anatomy and terpene chemistry in roots of Douglas-fir seedlings following treatment with methyl jasmonate［J］. Tree Physiology, 2005, 25（8）: 1075-1083.

［154］ZHANG J W, OLIVER W W, POWERS R F. Long term effects of thinning and fertilization on growth of red fir in northeastern California［J］. Canadian Joural of Forest Research, 2005, 35（6）: 1285-1293.

［155］KERNS B K, THIES W G, NIWA C G. Season and severity of prescribed burn in ponderosa pine forests: Implications for understory native and exotic plants [J]. Ecoscience, 2006, 13: 44-55.

［156］GILLIAM F S. The ecological significance of the herbaceous layer in temperate forest ecosystems [J]. Bioscience, 2007, 57 (10): 845-858.

［157］KAZIMIERZ F, KRYSTYNA E. Effect of long-term organic and mineral fertilization on the yield and quality of red beet (Beta Vulgaris L.) [J]. Research Institute of Vegetable Crops, 2008, 68: 111-125.

［158］MOREIRA X, SAMPEDRO L, Zas R, et al. Alterations of the resin canal system of Pinus pinaster seedlings after fertilization of a healthy and of a Hylobius abietis attacked stand [J]. Trees Structure and Function, 2008, 22: 771-777.

［159］NORRIS M D, REICH P B.Modest enhancement of nitrogen conservation via retranslocation in response to gradients in N supply and leaf N status [J]. Plant and Soil, 2009, 316 (1-2): 193-204.

［160］POHL M, ALIG D, KOERNER C, et al. Higher plant diversity enhances soil stability in disturbed alpine ecosystems [J]. Plant and Soil, 2009, 324 (1-2): 91-102.

［161］LUIS VC, PUERTOLAS J, CLIMENT J. et al. Nursery fertilization enhances survival and physiological status in Canary Island pine (*Pinus canariensis*) seedlings planted in a semiarid environment [J]. European Journal of forest research, 2009, 128 (3): 221-229.

［162］ANTON L, DORNEANU A, BIREESCU G. et al. Foliar fertilization effect on production and metabolism of tomato plants [J]. Research Journal of Agricultural Science, 2011, 43 (3): 3-10.

［163］YAN Y, FEI B H, WANG H K, et al. Longitudinal mechanical properties of cell wall of Masson pine (*Pinus massoniana* Lamb) as related to moisture content : A nanoindentation study [J]. Holzforschung, 2011, 65 (1): 121-126.

［164］ESHETE A, STERCK J F, BONGERS F. Frankincense production is determined by tree size and tapping frequency and intensity [J]. Forest Ecology and Management, 2012, 274: 136-142.

［165］PERALTA-YAHYA P P, ZHANG F Z, DEL CARDAYRE S B, et al. Microbial engineering for the production of advanced biofuels [J]. Nature, 2012,

488（11）：320-328.

［166］CARDOSOA D J, LACERDA A B, Lima R T, et al. Influence of spacing regimes on the development of loblolly pine（Pinus taeda L.）in Southern Brazil ［J］. Forest Ecology and Management, 2013, 310：761-769.

［167］GAMFELDT L, SNÄLL T, BAGCHI R, et al. Higher levels of multiple ecosystem services are found in forests with more tree species［J］. Nature Communications, 2013, 4（1）：1340.

［168］MERBACH I, SCHULZ E . Long-term fertilization effects on crop yields, soil fertility and sustainability in the Static Fertilization Experiment Bad Lauchstädt under climatic conditions 2001-2010［J］. Archives of Agronomy and Soil Science, 2013, 59（8）：1041-1057.

［169］LIU Q H, ZHOU Z C, FAN H H, et al. Genetic variation and correlation among resin yield, growth, and morphologic traits of *Pinus massoniana*［J］. Silvae Genetica, 2013, 62（1-2）：38-43.

［170］ALI M A, LOUCHE J, DUCHEMIN M, et al. Positive growth response of Pinus pinaster seedlings in soils previously subjected to fertilization and irrigation［J］. Forest Ecology and Management, 2014, 318：62-70.

［171］YUAN Z Y, CHEN H Y H. Negative effects of fertilization on plant nutrient resorption［J］. Ecology, 2015, 96（2）：373-380.

［172］HERNANDEZ J, DEL PINO A, VANCE E D, et al. Eucalyptus and Pinus stand density effects on soil carbon sequestration［J］. Forest Ecology and Management, 2016, 368：28-38.

［173］SI CL, GAO Y, WU L, et al. Isolation and characterization of triterpenoids from the stem barks of *Pinus massoniana*［J］. Holzforschung, 2017, 71（9）：697-703.

［174］PETERSSON L, HOLMSTROM E, LINDBLADH M, et al. Tree species impact on understory vegetation：Vascular plant communities of Scots pine and Norway spruce managed stands in northern Europe［J］. Forest Ecology and Management, 2019, 448：330-345.

［175］BALLANRD R. Fertilization of plantations, in "Nutrition of Plantation Forests"［C］. Academic Press, 1984, 328：346-349.

附件 一

马尾松抚育经营技术规程

(LY/T 2697—2016，国家林业局 2016 年 7 月 27 日发布，2016 年 12 月 1 日起实施)

1　范围

本标准规定了马尾松主要林分类型、林木分级标准、幼龄林抚育、中幼龄林抚育间伐的要点、对象、起始期、方式、强度、间隔期及林地管理技术等。

本标准适用于马尾松主要分布区马尾松的经营。

2　规范性引用文件

下列文件对于本文件的应用是必不可少的。凡是注日期的引用文件，仅注日期的版本适用于本文件。凡是不注日期的引用文件，其最新版本（包括所有的修改单）适用于本文件。

　　GB 4285　农药安全使用标准

　　GB/T 8321.4　农药合理使用准则（四）

　　GB/T 15776　造林技术规程　GB/T 15781

　　森林抚育规程　LY/T 1496

　　马尾松速生丰产林

3　术语和定义

下列术语和定义适用于本文件。

3.1　马尾松人工林 plantation of *Pinus massoniana*

用植苗、播种和其他各种人为措施培育而成的马尾松林。

3.2　马尾松天然林 natural forest of *Pinus massoniana*

包括马尾松原始林和马尾松次生林，是由马尾松母树天然下种更新或人工促进天然更新（包括补植）所形成的马尾松林。对于人工起源而被大量天然下种苗侵入，群落外貌、结构与天然林相似的马尾松林分也按天然次生林处理。

3.3　除弱留壮 remaining strong seedling

对母树天然下种更新形成的密度过大的幼苗幼树，用人工拔除或割除过密的弱势植株，按合理密度保留生长健壮的幼苗幼树，以促进其生长的一种营林技术措施。

3.4　大径材 log

胸径在 26cm 径阶及以上的立木。

3.5　中径材 log

胸径在 18～24cm 径阶的立木。

3.6　小径材 undersizedlog

胸径在 16cm 径阶及以下的立木（以 2cm 为一个径阶）。

3.7　纤维原料林 standoffiberwood

培育生产木浆、纸张和纤维板等纤维原料的用材林。

4　马尾松主要林分类型

4.1　马尾松纯林

由马尾松一种树种组成，或虽由马尾松与其他树种组成，但马尾松的株数大于 80% 的人工林或次生林。

4.2　马尾松混交林

由马尾松与其他树种组成，且马尾松的株数占总株数 25%～80% 的人工林或次生林。

5　林木分级标准

5.1　同龄纯林的林木分级

根据林木生长情况，按克拉夫特的分级方法，将林木分成如下 5 级。

5.1.1　Ⅰ级木（优势木）

该级林木的树冠处于主林冠层以上，几乎不受挤压。

5.1.2　Ⅱ级木（亚优势木）

胸径、树高仅次于优势木，树冠是构成林冠层的主体，形成林冠层的平均高度，侧方会受到少量挤压。

5.1.3　Ⅲ级木（中等木）

胸径、树高均为中等大小，树冠能伸到主林冠层，但树冠较窄，且侧方受挤压。

5.1.4　Ⅳ级木（被压木）

树高和胸径生长均较差，且树干纤细，树冠狭窄或偏冠，处于主林冠层以下或只有树梢能达到主林冠层。

5.1.5　Ⅴ级木（濒死木及枯死木）

处于林冠层之下，生长差而衰弱，接近死亡或已经死亡。

5.2　马尾松混交林林木分级

根据林木在林冠层所处的地位、生长发育、干形、培育价值及与相邻树木间的关系，将天然林的林木分成如下 3 级。

5.2.1　优良木

树干圆满通直，天然整枝良好，树冠发育正常，生长旺盛，有培育前途的林木。

5.2.2　辅助木

有利于促进优良木天然整枝和形成良好干形的，对土壤有保护和改良作用，以及伐除后即可能出现林窗或林中空地的林木。

5.2.3　有害木

枯立木、濒死木、罹病木、被压木、弯曲木、霸王树、枝桠粗大的林木，以及妨碍优良木和辅助木生长的林木。

6　主要经营技术措施

6.1　马尾松人工林

6.1.1　幼龄林抚育

在幼龄林郁闭前，采用全面或带状（带宽 1m）或块状（1m×1m）进行除草松土，松土深度不超过 10m。造林当年抚育 1～2 次，抚育 1 次在 6 月进行（只砍灌割草，不松土），抚育 2 次，分别在 5 月和 9～10 月中旬前进行；第 2～第 3 年，每年抚育 2 次，第 1 次在 4 月中下旬～5 月中下旬进行，第 2 次在 9～10 月中旬前进行。

6.1.2　中、幼龄林抚育间伐

6.1.2.1　抚育间伐开始时间

当林分自然整枝高度占树高 1/3～1/2；或郁闭度达 0.85 以上，被压木占全林 20%～30% 时；或林分平均胸径连年生长量明显下降时进行抚育间伐。第 1 次抚育间伐时间见表 2。

表 1　不同造林密度、不同立地首次抚育间伐林龄　　　　　　单位：年

立地指数	12	14	16	18	20
3000 株 /hm²	8～10	7～9	7～9	—	—
2500 株 /hm²	9～11	8～10	8～10	7～9	7～9
2000 株 /hm²	—	11～12	10～12	9～11	8～10

注：造林保存率按 90% 计算。

6.1.2.2　抚育间伐方式

马尾松人工林及次生纯林，采用下层疏伐；混交林采用综合疏伐。

6.1.2.3　抚育间伐对象

马尾松人工纯林和次生纯林，以Ⅴ级木和Ⅳ级木作为重点间伐对象；混交林主要伐除有害木。

6.1.2.4　抚育间伐强度

每次间伐的株数强度控制在 20%～30%，伐后林分郁闭度控制在 0.6～0.7。

具体各次抚育间伐时间和强度参见附录 A，各年龄阶段合理保留密度参见附录 B（间伐当年的林分密度可比该表中的数值低 15% 左右）。

6.1.2.5　抚育间伐间隔期

抚育间伐间隔期参见附录 A。

6.2　马尾松天然林

6.2.1　培育方向判定

重点从立地和繁殖条件两个方面判定。立地指数在 14 及以上，且天然更新条件较好，种子或苗木充足的，可培育天然用材林。

6.2.2　成林前管理

6.2.2.1　合理封禁

生长季节实行全封，禁止一切人为活动。其他季节实行半封，可按作业设计进行除弱留壮、幼龄林抚育及抚育间伐等生产活动。

6.2.2.2　严格管护

设置专职或兼职护林员，对封育区进行严格管护，防止人、畜破坏，严防森林火灾。

6.2.2.3　保留母树

林分采伐之后，保留一定数量且分布均匀的健壮母树。母树保留数量控制在 15～45 株 /hm² 为宜。

6.2.2.4　补植补造

对密度过小，或有明显林窗和林中空地的疏地段，采用见缝插针方式，在造林季节，用Ⅰ、Ⅱ级马尾松苗木或阔叶树苗进行补植，以保证林分正常密度。补植后林分保留密度因培育目标而定，培育大、中径材林，保留 2000～2500 株 /hm² 为宜；培育中小径材林，保留 2500～3000 株 /hm² 为宜；培育纤维原料林，保留 2700～3300 株 /hm² 为宜。补植按 GB/T 15776 和 LY/T 1496 有关规定执行。

6.2.3　幼龄林抚育

结合除草、松土，在更新成苗后的第 2～第 3 年进行除弱留壮，除弱留壮要确保所留幼苗幼树分布均匀。培育建筑材林，除弱留壮两次进行，第 1 次（2～3 年）保留 3000～3450 株 /hm²，第 4～第 5 年进行最后 1 次定苗（树），保留 2250～2550 株/hm²。培育纤维原料林，经 1 次除弱留壮，保留 3300～3750株/hm²。

当幼龄林郁闭度达 0.85 以上，光照严重不足时，实施一次透光伐或进行定株抚育，抚育作业后郁闭度不低于 0.6。

其他技术环节和要求参照 6.1 执行。

6.2.4 中、幼龄林抚育间伐

重点间伐有害木，具体间伐时间、强度等参照 6.1 执行。

7 林地施肥

对于适合培育大、中径材的中、近成熟林，可分别在 12～16 年、21～25 年时，结合抚育间伐进行施肥，施肥组合及用量分别为：含磷 18% 的过磷酸钙（或钙镁磷肥）1000～1500g/ 株，含氮 46% 的尿素 150～300g/ 株，含钾 60% 的氯化钾 150～300g/ 株。

施肥方法：以树木根颈处为圆心，以稍小于 1/2 冠幅为半径，在坡上方向挖掘宽 10～15cm、深 10cm 左右的半圆形施肥沟，将肥料均匀混施于沟内，再覆盖挖出的浮土即可。

8 人工修枝

在幼龄林郁闭后 1～2 年进行首次修枝，首次修除林冠从上到下第 3 轮以下的枝条（首次修枝强度以不超过 35% 为宜）。此后，培育大、中径材的，每隔 2～3 年修一次枝，中龄林修枝强度控制在 40%～45% 为宜。培育锯材和胶合板等高档用材，修枝高度以 6.5～8.5m（材长 2m 一段）为宜；其他用材修枝高度以 4.5～6.5m 为宜。

修枝时留 1.0～2.5cm 的残桩，确保不伤及主干树皮。冬末春初修枝为宜。

9 病虫害防控

主要病虫害防控方法参见附录 C。合理用药参照 GB4285、GB/T8321.4 执行。

10 其他

补植补造及抚育作业的调查设计、作业施工、检查验收及管理程序参照 GB/T 15776 和 GB/T 15781 执行。

附 录 A

（资料性附录）

不同立地、培育目标及造林密度各次间伐时间及间伐强度表

不同立地、培育目标及造林密度各次间伐时间及间伐强度见表 A.1。

表 A.1 不同立地、培育目标及造林密度各次间伐时间及间伐强度表

立地指数	培育目标	造林密度 株/hm²	间伐次数	间伐年龄	间伐强度/%	间伐次数	间伐年龄	间伐强度/%	间伐次数	间伐年龄	间伐强度/%
12	小径材	3000	1	10	25	2	14	25	—	—	—
		2500	1	11	25	2	16	20	—	—	—
14	小径材	3000	1	9	30	2	14	25	—	—	—
		2500	1	10	25	2	14	20	—	—	—
16	中小径材	2500	1	10	25	2	14	25	—	—	—
	中径材	2000	1	12	25	2	16	20	—	—	—
18	中径材	2500	1	9	25	2	13	20	3	17	20
	大中径材	2000	1	11	20	2	15	20	3	19	20
20	大中径材	2500	1	8	25	2	13	25	3	17	20
	大径材	2000	1	10	25	2	14	20	3	18	20

附录 B

（资料性附录）

各年龄阶段林分合理保留密度表

B.1　培育目标

20 及以上指数级以培育大径材为主，18 指数级以培育大径材和中径材为主，16 指数级以培育中小径材为主，12 和 14 指数级以培育小径材和纤维用材为主；5 种立地指数均可培育工业纤维原料林，但 18 及以上指数级应以培育高规格的大、中径材为主。

B.2　合理保留密度

在综合考虑不同培育目标和不同立地的基础上，运用优化密度控制模型，并适当结合造林密度、抚育间伐及林分密度动态调控的长期定位试验结果，确定了各指数级、不同培育目标林分在各年龄阶段的合理保留密度，见表 B.1。

表 B.1　各年龄阶段林分合理保留密度表　　　　　　　　单位：株 /hm²

年龄	12		14		16		18		20	
	纤维原料林	小径材	纤维原料林	小径材	纤维原料林	中小径材	中径材	大中径材	大中径材	大径材
6	2700	2250	2430	2250	2340	2250	2250	1800	1800	1800
8	2700	2250	2430	2250	2340	2250	2250	1800	1800	1800
10	2700	2250	2430	2250	2340	2250	2220	1800	1800	1800
12	2760	2190	2475	2190	2205	2010	1800	1650	1605	1545
14	2490	2190	2190	2070	1950	1785	1605	1575	1440	1380
16	2250	2130	1995	1875	1770	1620	1470	1425	1305	1245
18	2070	1965	1830	1725	1635	1500	1290	1260	1155	1110
20	1920	1830	1710	1605	1530	1350	1215	1185	1080	1020
22	1815	1725	1605	1515	1440	1275	1140	1125	1035	975
24	1725	1635	1530	1440	1380	1215	1095	1065	975	930
26	1650	1560	1470	1380	1320	1170	1050	1020	945	885
28	1575	1500	1410	1335	1275	1125	1005	990	915	840
30	1530	1455	1365	1290	1230	1095	975	960	885	795

注：间伐当年的林分保留密度可比该表中的数值低 15% 左右。

附录 C
（资料性附录）

主要病虫害及防治

马尾松主要虫害及防治见表 C.1。

表 C.1　马尾松主要虫害及防治

虫害种类	防治时期	防治方法
马尾松毛虫 （Dendrolimus punctatus）	幼虫为害期 成虫发生期	①营林防治：营造混交林，实行多林种、多树种混交；保护林下植被，增植蜜源植物。 ②生物防治：人工繁殖赤眼蜂、黑卵蜂、平腹卵蜂等天敌，适时适量投放这些天敌；在 11 月至翌年 4 月，喷撒含量 1 亿 /mL～2 亿/mL 白僵菌液或每克含 30 亿～50 亿孢子的菌粉，以防治越冬代幼虫；夏、秋季节用苏云金杆菌或松毛杆菌等防治年生代幼虫。 ③保护益鸟：严禁枪杀林间益鸟，保护鸟巢和雏鸟，设置人工巢箱招引益鸟。 ④化学防治：松毛虫暴发前期或虫源地上，可喷 90% 晶体敌百虫 1000～2000 倍液；50% 敌敌畏乳油 1000～2000 倍液或 50% 马拉硫磷乳油 1000 倍液。 ⑤其他防治：成虫期可利用性信息素引诱、植物性杀虫剂、黑光灯等诱杀
松梢害虫 主要包括： 松梢螟 （Dioryctrias plendidella） 微红梢斑螟 （D.rubella） 松果梢斑螟 （D.mendacella） 松实小卷蛾 （Petrovacristata） 油松球果小卷蛾 （Gravitarmata margarotana）等	①注意对越冬代各虫期的防治 ②幼虫为害期 ③成虫羽化盛期	①加强营林管理：注意林内卫生，及时伐除小蠹虫寄生的林木和清除衰弱木、风倒木等；营造针阔叶混交林；修枝时留桩要短，切口要光滑；禁止乱砍乱伐和过度放牧，保护林下地被物；于越冬幼虫活动前剪除被害梢、被害果和发黄尚未干枯的针叶，并及时烧毁。 ②必要时在越冬代成虫羽化、幼虫入侵盛期，以触杀剂处理树冠。 ③生物防控：幼虫期可用苏云杆菌和白僵菌制剂进行防治；也可通过释放长距茧蜂或赤眼蜂防治幼虫及卵。 ④化学防控：越冬代成虫出现期和第一代幼虫孵化期，用 50% 杀螟松乳油 500 倍液，或 40% 乐果乳油 400 倍液，或 90% 敌百虫 800 倍液喷杀。10d 喷一次，连续喷 2 次

续表

虫害种类	防治时期	防治方法
日本松干蚧 （Matsucoccus matsumurae）	在蚧"显露期"加以防治 ① 1 龄若虫期 ②初孵若虫期	①加强检疫：严禁疫区苗木和木材向非疫区调运。 ②加强营林管理：加强封山育林和林地植被保护，营造针阔叶混交林；及时修枝（留桩要短，切口光滑）、间伐，清除有虫技、创建不适于松干蚧繁殖的条件；及时清除树冠土中的白色卵囊，并加以销毁；早春可用粗布或草把等工具抹杀树干周围的初孵若虫。 ③生物防治：保护利用天敌，如：利用日本弓背蚁、异色瓢虫、红缘瓢虫、蒙古光瓢虫、红点唇瓢虫、大草岭、澳洲瓢虫、大红瓢虫等，对松干蚧均有较强的抑制作用。 ④化学防治：树干刮皮涂药或打孔注药：对日本松干蚧、神农架松干蚧用50%久效磷水溶剂或40%氧化乐果乳油 5～10 倍液；树干树枝喷药：应用40%乐果乳油、50%马拉硫磷乳油、40%亚胶硫磷乳油、80%磷胺乳油、50%甲胺磷乳油 500～1000 倍液或80%敌敌畏 1000～1500 倍液喷杀初孵若虫；应用50%杀虫净油剂超低容量喷杀1龄寄生若虫；根施3%陕哺丹颗粒剂，每株 150～300g
松突圆蚧 （Hemiber lesiapitysophila）	第一代初孵若虫出壳高峰期进行防治效果最好。具体时间：每年3月份～5月份	①加强检疫：严禁疫区或疫情发生区内的苗木、盆景或特殊用苗及松属植物的木材、枝条、针叶、鲜球果等调出；加强对该蚧寄主松林的监测，及时发现及时采取措施进行处理；原木调运要作剥皮处理。 ②加强营林管理：加强封山育林和林地植被保护，营造针阔叶混交林；及时修枝（留桩要短，切口光滑）和间伐，保持冠高比在 2：5 左右，侧枝保留 6 轮以上；清除有虫技和树干感虫部分，修剪下的带蚧枝条要集中销毁，创建不适于松突圆蚧繁殖的条件。 ③生物防治：在疫情发生区，采用林间繁殖松突圆蚧花角蚜小蜂（Coccobiusazumai）种蜂，在林间人工释放就地繁育的种蜂，加强对当地天敌的保护和利用。 ④化学防治：采用50%杀扑磷、25%喹硫磷药剂 500 倍液防治；用松脂柴油乳剂在 10～11 月进行飞机喷洒或在 4～5 月进行地面喷洒
松梢小卷蛾 （Rhyscionia pinicolana）	卵期 幼虫活动前期 成虫羽化盛期	①加强营林管理：实行针阔混交，加强抚育管理，结合松土，于树干基部培土压实，以防止复梢小卷蛾成虫出土。 ②及时人工摘除虫苞并妥善处理；及时彻底清除被害木、枝、梢，并集中烧毁；成虫羽化期中可用黑光灯诱杀。 ③生物防治：用25%复方苏云朵杆菌（Bt）乳剂 200 倍液喷杀幼虫；卵期释放赤眼蜂，3 万头 /667m² ～5 万头 /667m²。 ④化学防治：幼虫为害期喷 90%敌百虫 1000～2000 倍液、50%敌敌畏乳油 1000～2000 倍液喷洒，或 75%辛硫磷乳油 2000 倍液；成虫羽化盛期 25%敌百虫粉剂喷洒，或用烟剂熏杀，或用 50%敌敌畏乳油 1000 倍液常规喷雾；对卵可用 50%杀螟松乳油 100～150 倍液喷雾

马尾松主要病害及防治见表C.2。

表C.2　马尾松主要病害及防治

虫害种类	防治时期	防治方法
松材线虫 （Aphelenchoi desxylophi）	①松褐天牛幼虫 幼龄期 ②在天牛羽化前	①加强检疫：对疫区木材及其产品在使用前或出境、进境前用60℃热处理或杀线虫剂处理；检疫中发现有携带松材线虫的松木及包装箱等制品，应立即用溴甲烷熏蒸处理；或浸泡于水中5个月以上；或立即送工厂切片后用作纤维板、刨花板或纸浆等工业原料以及作为燃料及时烧毁；对利用价值不大的小径木、枝桠等集中烧毁。保留寄主植物。 ②加强林地管理：及时砍除和烧毁病树和垂死树，清除病株残体，并及时进行无害化处理；设立有效隔离带。 ③疫木除治：对孤立疫点、新发生疫点、区域位置重要的疫点及病死树率高的地方要及时进行皆伐和消毁；对一些特殊重要疫区，无法短期内彻底根除疫情的地方，防治作业区以实际发生林分边缘为基准，向外至少延伸2000m，在松褐天牛成虫羽化前由外向内伐除包括病死松树、疑似感病木、衰弱木、受压木、风折木、旱死木、雪压木、当年枯死或已经萎蔫的侧枝以及各种人为乱砍滥伐的松树枝、干及伐桩等，所有伐除的松木及直径超过1cm的枝条均须作除害处理，并在松褐天牛成虫羽化前完成；伐桩高度最好不超过5cm。 ④生物防治：利用管氏肿腿蜂或川硬皮肿腿蜂，或利用诱木＋花斑花绒寄甲卵块或成虫防治，或直接在松林中释放花斑花绒寄甲卵块或成虫防治，或用管氏肿腿蜂或川硬皮肿腿蜂＋花斑花绒寄甲卵块或成虫防治。 ⑤化学防治：用噻虫啉在松褐天牛羽化初期和第一次药剂有效期末，连续2次采取飞机或地面喷药；或在松褐天牛幼龄幼虫期，对树干喷洒16%喹硫磷·丁硫克百威乳油80倍液，从树桠到树干基部，全株喷洒均匀；在晚夏和秋季（10月份以前）喷洒杀螟松乳剂（或油剂）于被害木表面（每平方米树表用药400～600mL）；在线虫侵染前数星期，用丰索磷、乙伴磷、治线磷等内吸性杀虫和杀线剂施于松树根部土壤中，或用丰索磷注射树干
松赤枯病 （Pestalotia psisfunerea）	病害发生期	合理抚育、修枝、间伐，砍除重病株集中烧毁。受害林分中，在6月上旬施放一次"621"烟剂或含30%硫磺粉的"621"硫烟剂（15～22.5kg/hm²）；喷施40%多菌灵胶悬剂500倍液（或90%疫霜灵1000倍液），20d喷一次；发病前喷施50%多菌灵（或托布津）等广谱性杀菌剂可湿性粉剂1000倍液
松落针病（Lophoder miumpinastri）	3～4月份为子囊孢子扩散期或病害发生期	①及时抚育，清除林地带病针叶，改善林地卫生状况，适时抚育间伐，促进林木生长，提高抗病力；营造针阔混交林，控制病原传播。 ②子囊孢子散发期，喷洒70%可湿性代森锌500倍液，或50%退菌特600～800倍液，2～3次，或70%敌克松500～800倍液

续表

虫害种类	防治时期	防治方法
松瘤病 （Cronartium quercum Miyabe）	春季锈孢子器未成熟以前和病害发生期	①加强营林管理：及时进行抚育、修枝、疏伐，使林间通风透光，促进林木健壮成长；在春季锈孢子器未成熟以前，结合抚育，剪除病枝和砍伐重病株；在病害较重地区避免营造松栎混交林，清除栎类杂灌木寄主。 ②药剂防治：幼龄林喷洒1%波尔多液，65%可湿性代森锌500倍液，65%可湿性福美铁或65%可湿性福美锌的300倍液；使用0.025%～0.05%链霉菌酮液喷洒树干，兼有预防和治疗作用
松梢枯病 （Diplodiapinea）	病害感染和发生期	①加强检疫：发现枯梢病后，将受病的针叶和枝梢清除烧毁；土壤严重缺硼地区，适当追施硼肥。 ②用等量式1%的波尔多液，或75%百菌清500～1000倍液，或可湿性托布津2000倍液喷防，或喷洒500倍的甲基托津防治

附件 二

马尾松速生丰产林

（LY/T 1496—2009，国家林业局 2009 年 6 月 18 日发布，2009 年 10 月 1 日起实施）

1　范围

本标准规定了马尾松速生丰产林的生长量指标和应采取的技术措施要点等。

本标准适用于马尾松速生丰产林中建筑材林、纸浆材林的营造。

2　规范性引用文件

下列文件中的条款通过本标准的引用而成为本标准的条款。凡是注日期的引用文件，其随后所有的修改单（不包括勘误的内容）或修订版均不适用于本标准，然而，鼓励根据本标准达成协议的各方研究是否可使用这些文件的最新版本。凡是不注日期的引用文件，其最新版本适用于本标准。

GB 2772 林木种子检验规程

GB 6000 主要造林树种苗木质量分级

GB 7908 林木种子质量分级

GB/T 8822.6 马尾松种子区划

GB/T 15776 造林技术规程

3　术语和定义

下列术语和定义适用于本标准。

3.1　立地类型 site type

立地分类的基本单位，是根据生态环境的差别所划分出的不同独立地块。同一立地类型，其环境因子组合（如：小地形、母岩、母质、土壤、小气候、植物群落）、森林生产力及经营利用方式大致相似。

3.2　立地指数 aite index

立地指数反映立地质量和林地生产力高低的数量指标，直接用各树种标准年龄时（马尾松标准年龄为 20 年）林分优势木的平均高来表示。

3.3　培育目标 silviculture target

3.3.1　建筑材林 sawn wood

其木材主要用于建筑的装修、装饰、矿柱、交通等，可进一步分为大径材、中径材和小径材等规格材。

大径材：胸径在 26（cm）径阶及以上的林木；

中径材：胸径在 18～24（cm）径阶的林木；

小径材：胸径在 16（cm）径阶及以下的林木。（以 2cm 为一个径阶）

3.3.2　纸浆材林 pulp wood

以培育生产木浆和造纸原料的速生丰产林。

4　产区划分

根据马尾松各分布区的自然地理特点和生长情况，并考虑到经营传统，将马尾松自然分布划分为三个地理带。在分带的基础上，又跨带划分为 3 类产区，即 I 、II 、III 类产区，其中 I 类产区又分为I1、I2 两个亚区，具体参见附录 A。

5　速生丰产林指标

5.1　生长量指标

5.1.1　建筑材速生丰产林的生长量以 20 年为计算标准，纸浆材以 15 年为计算标准，二者均不包括苗龄。

5.1.2　建筑材速生丰产林各带各指数级各林龄的下限生长指标应分别符合表 1 、表 2 、表 3 要求；纸浆材速生丰产林下限生长指标应符合表 4 要求。

表 1　南带建筑材林各指数级各年生长指标下限值

年龄	林分平均高 /m					林分平均胸径 /cm					蓄积年均生长量/[m³/(hm²·a)]				
	22	20	18	16	14	22	20	18	16	14	22	20	18	16	14
2	1.48	1.38	1.28	1.18	1.07	0	0	0	0	0	0	0	0	0	0
3	2.41	2.24	2.06	1.88	1.69	2.26	1.97	1.70	1.42	0	0	0	0	0	
4	3.41	3.12	2.86	2.70	2.35	3.70	3.46	3.00	2.51	2.07	0	0	0	0	0
5	4.60	4.12	3.80	3.50	3.05	5.26	4.75	4.24	3.70	3.10	2.30	1.71	1.32	0.99	0.62
6	5.80	5.18	4.78	4.31	3.75	6.90	6.25	5.60	4.85	4.20	3.95	2.95	2.30	1.71	1.07
7	7.01	6.28	5.79	5.14	4.46	8.57	7.80	7.02	6.15	5.31	6.07	4.59	3.60	2.58	1.63
8	8.12	7.33	6.66	5.85	5.07	10.26	9.40	8.48	7.45	6.38	8.53	6.58	5.39	3.55	2.27
10	10.20	9.25	8.22	7.25	6.22	13.46	12.3	10.98	9.68	8.31	12.23	10.08	7.78	5.54	3.61
12	12.16	11.01	9.76	8.51	7.29	16.26	14.78	13.23	11.42	9.98	14.86	12.40	9.71	7.21	4.91

续表

年龄	林分平均高 /m					林分平均胸径 /cm					蓄积年均生长量 /[m³/（hm²·a）]				
	22	20	18	16	14	22	20	18	16	14	22	20	18	16	14
14	14.04	12.66	11.21	9.76	8.29	18.63	16.88	15.21	13.25	11.37	16.73	13.76	10.94	8.34	6.02
15	14.90	13.48	11.90	10.36	8.79	19.50	17.85	16.05	14.06	12.13	16.91	14.31	11.49	8.81	6.29
16	15.75	14.25	12.57	10.94	9.27	20.30	18.78	16.85	14.80	12.81	17.26	14.72	11.80	9.06	6.59
18	17.39	15.70	13.86	12.06	10.21	21.78	20.13	18.23	16.14	14.09	17.95	15.19	12.34	9.60	7.14
20	18.99	17.09	15.08	13.13	11.09	23.10	21.25	19.34	17.3	15.18	18.03	15.17	12.52	10.01	7.48
22	20.40	18.40	16.25	14.16	11.95	24.18	22.28	20.36	18.29	16.16	18.24	15.28	12.63	10.25	7.81
24	21.64	19.60	17.34	15.15	12.77	25.09	23.18	21.27	19.14	16.97	17.78	15.31	12.67	10.41	7.92
25	22.23	20.15	17.84	15.63	13.17	25.49	23.58	21.68	19.52	17.32	17.44	14.90	12.59	10.42	7.95
26	22.76	20.67	18.31	16.09	13.56	25.86	23.95	22.06	19.85	17.65	17.02	14.71	12.46	10.36	8.06
28	23.72	21.62	19.20	16.95	14.33	26.45	24.56	22.73	20.39	18.29	16.54	14.70	12.43	10.09	8.05
30	24.55	22.46	19.99	17.68	15.08	26.8	25.05	23.35	20.81	18.81	16.05	14.51	12.29	9.91	8.02

表2　中带建筑材林各指数级各年生长指标下限值

年龄	林分平均高 /m				林分平均胸径 /cm				蓄积年均生长量 /[m³/（hm²·a）]			
	20	18	16	14	20	18	16	14	20	18	16	14
2	1.1	0.98	0.78	0.55	0	0	0	0	0	0	0	0
3	1.85	1.61	1.34	1.01	0.93	0.68	0	0	0	0	0	0
4	2.71	2.31	1.92	1.55	2.43	1.78	1.38	0.76	0	0	0	0
5	3.65	3.08	2.63	2.19	3.73	2.95	2.50	1.70	1.11	0.48	0.22	0.11
6	4.68	3.95	3.45	2.86	5.17	4.20	3.58	2.57	2.16	1.13	0.81	0.29
7	5.76	4.95	4.31	3.57	6.62	5.50	4.70	3.53	3.57	1.86	1.43	0.52
8	6.81	5.92	5.14	4.28	8.08	6.85	5.82	4.52	5.30	3.41	2.20	1.16
10	8.87	7.80	6.69	5.58	10.82	9.40	7.98	6.45	9.39	6.40	4.08	2.31
12	10.86	9.61	8.12	6.8	13.42	11.76	10.02	8.26	10.38	7.95	5.49	3.26
14	12.7	11.25	9.54	8.00	15.90	14.03	11.98	10.07	12.49	9.63	7.01	4.71
15	13.57	11.99	10.23	8.59	17.09	15.08	12.92	10.95	13.46	10.41	7.58	5.34
16	14.4	12.69	10.89	9.17	18.20	16.09	13.86	11.84	14.03	10.93	8.14	5.82
18	15.85	14.00	12.10	10.28	20.10	17.88	15.65	13.53	14.91	12.04	9.19	6.79
20	17.08	15.18	13.21	11.30	21.5	19.60	17.21	15.05	15.29	12.76	10.08	7.50
22	18.28	16.26	14.21	12.25	22.71	20.90	18.42	16.34	15.51	13.10	10.42	7.99
24	19.39	17.27	15.16	13.13	23.63	21.90	19.43	17.43	15.26	13.14	10.58	8.46

续表

年龄	林分平均高 /m				林分平均胸径 /cm				蓄积年均生长量 / [m³/ (hm²·a)]			
	20	18	16	14	20	18	16	14	20	18	16	14
25	19.90	17.74	15.62	13.53	24.03	22.29	19.87	17.87	15.02	13.00	10.78	8.56
26	20.43	18.21	16.04	13.92	24.4	22.63	20.28	18.27	14.75	12.81	10.75	8.62
28	21.45	19.12	16.90	14.68	25.01	23.21	21.02	18.97	14.28	12.29	10.68	8.51
30	22.4	19.99	17.70	15.40	25.46	23.70	21.58	19.61	13.87	12.06	10.33	8.42

表3　北带建筑材林各指数级各年生长指标下限值

年龄	林分平均高 /m				林分平均胸径 /cm				蓄积年均生长量 / [m³/ (hm²·a)]			
	20	18	16	14	20	18	16	14	20	18	16	14
2	1.13	0.97	0.83	0.70	0	0	0	0	0	0	0	0
3	1.85	1.60	1.33	1.10	1.24	0.94	0.67	0	0	0	0	0
4	2.70	2.30	1.90	1.56	2.47	1.93	1.44	1.01	0	0	0	0
5	3.60	3.05	2.50	2.11	3.97	3.18	2.44	1.77	1.00	0.59	0.30	0.14
6	4.65	3.90	3.25	2.73	5.58	4.58	3.61	2.69	2.07	1.27	0.66	0.32
7	5.73	4.85	4.04	3.41	7.19	6.02	4.85	3.72	3.56	2.27	1.22	0.63
8	6.80	5.85	4.90	4.13	8.72	7.44	6.11	4.79	5.35	3.55	2.00	1.07
10	8.88	7.70	6.55	5.48	11.61	10.00	8.50	6.91	9.05	6.29	3.99	2.32
12	10.95	9.37	7.90	6.82	14.37	12.49	10.55	8.85	11.84	8.65	5.99	3.79
14	12.93	11.17	9.51	8.15	16.73	14.78	12.68	10.51	14.20	10.71	7.80	5.33
15	13.63	11.87	10.11	8.60	17.75	15.76	13.63	11.37	14.59	11.47	8.32	5.76
16	14.47	12.64	10.82	9.24	18.64	16.68	14.54	12.20	15.17	11.96	8.98	6.28
18	16.00	14.06	12.11	10.42	20.21	18.29	16.14	13.71	15.85	13.10	9.99	7.28
20	17.28	15.24	13.18	11.27	21.54	19.61	17.49	15.03	16.19	13.36	10.53	7.71
22	18.45	16.36	14.17	12.20	22.68	20.82	18.59	16.20	16.56	13.83	11.01	8.21
24	19.49	17.35	15.06	13.01	23.62	21.82	19.60	17.17	16.27	13.87	11.27	8.56
25	19.93	17.78	15.47	13.38	24.05	22.24	20.03	17.59	16.01	13.75	11.28	8.64
26	20.47	18.20	15.85	13.73	24.40	22.60	20.44	17.99	15.74	13.53	11.25	8.69
28	21.23	18.94	16.52	14.37	24.88	23.28	21.13	18.75	15.17	13.41	10.98	8.70
30	21.91	19.56	17.10	14.90	25.31	23.75	21.65	19.29	14.55	13.00	10.79	8.66

表4 中带马尾松纸浆材林各指数级化生长过程下限值表

年龄	林分平均高 /m					林分平均胸径 /cm					蓄积年均生长量 /[m³/(hm²·a)]					绝干生物量 /(t/hm²)				
	22	20	18	16	14	22	20	18	16	14	22	20	18	16	14	22	20	18	16	14
2	1.24	1.08	0.98	1.4	0.55	0	0	0	0	0	0	0	0	0	0	0	0	0	0	0
3	2.15	1.88	1.61	1.72	1.02	1.1	0.84	0.61	0.42	0	0	0	0	0	0	0	0	0	0	0
4	3.10	2.70	2.35	2.15	1.54	2.3	1.82	1.38	1.00	0.67	0	0	0	0	0	0	0	0	0	0
5	4.31	3.84	3.20	2.77	2.17	3.79	3.10	2.43	1.82	1.50	1.61	0.99	0.55	0.27	0.12	3.9	2.5	1.4	0.7	0.3
6	5.56	4.79	4.10	3.43	2.80	5.41	4.55	3.68	2.85	2.28	3.32	2.09	1.22	0.64	0.29	9.2	5.9	3.4	1.8	0.9
7	6.80	5.91	5.06	4.26	3.47	7.04	6.06	5.02	3.99	3.16	5.62	3.72	2.29	1.25	0.60	17.8	11.9	7.2	4.0	2.0
8	8.05	7.00	6.00	5.01	4.14	8.80	7.54	6.38	5.20	4.10	7.93	5.71	3.63	2.09	1.05	28.3	20.4	12.6	7.4	3.8
10	10.29	9.14	7.78	6.52	5.46	12.08	10.66	8.85	7.28	5.96	12.04	9.08	6.12	4.02	2.34	54.1	40.9	27.0	17.8	10.4
12	12.40	11.07	9.45	8.13	6.80	14.80	13.30	11.22	9.69	7.80	14.65	11.73	8.24	6.02	3.97	78.5	63.3	44.2	32.2	20.8
14	14.04	12.77	11.14	9.56	8.00	17.10	15.73	13.57	11.80	9.50	16.38	13.83	10.24	7.67	5.08	105.0	88.2	64.2	47.9	31.3
15	14.90	13.49	11.87	10.25	8.51	18.13	16.64	14.59	12.84	10.31	17.32	14.15	11.05	8.30	5.57	120.0	98.6	75.5	55.8	38.0
16	15.80	14.23	12.58	10.80	9.11	19.00	17.53	15.58	13.44	11.20	17.77	14.76	11.71	8.47	6.11	131.7	109.6	85.1	60.9	43.8
18	17.36	15.60	13.87	12.00	10.20	20.68	19.19	17.27	15.10	12.80	18.58	15.55	12.45	6.95	9.56	158.0	131.3	103.6	77.8	59.4
20	18.70	16.86	15.01	13.04	11.18	22.00	20.50	18.60	16.52	14.08	18.86	15.91	13.15	10.23	7.57	182.4	152.6	123.0	94.1	70.5
25	21.67	19.64	17.62	15.45	13.46	23.80	22.71	21.11	19.15	16.67	16.89	15.05	12.85	10.80	8.49	212.5	186.1	157.7	127.5	101.9

5.1.3 验收和检查时,6年(含6年)以下的幼龄林,以树高和株数为准,参考直径;7～10年林分,以树高和胸径两个指标同时为标准,同时参考株数;10年以上林分,以蓄积平均生长量及平均胸径为标准,参考树高。

5.1.4 8年以下的林分,保留株数不得低于设计密度的85%。

5.2 培育目标及采伐年龄

各指数级不同培育目标的采伐年龄参见附录B。

5.3 成活率和保存率

速生丰产林造林当年的成活率应达到90%以上,未达90%的第2年应补植达标。造林第3年时保存率达85%以上。

6 速生丰产林培育技术措施要点

6.1 良种选用

选用适于本地的优良种源区的母树林、优良林分及经过遗传改良的种子园中生产的良种育苗。具体可按GB/T 8822.6及各造林区优良种源研究结果进行调种。有条件的地方,应优先选用经过国家或地方认定的种子园混系、优良家系或优良无性系造林。种子按GB 2772进行检验,其质量应满足该标准中规定的马尾松I级种子标准。

6.2 苗木

按GB 6000规定执行,采用I级实生苗或优良扦插苗造林;或用6～8个月生的I级优质容器壮苗造林。

6.3 造林地选择

速生丰产林应布设在I、II类产区14指数级以上立地。造林地应选择在以板岩、砂页岩、长石石英砂岩、片麻岩、花岗岩等为主发育的红壤、黄红壤、黄壤,土层深厚、肥沃、湿润、疏松、排水良好的立地上。具体应按表5选择速生丰产林的造林地。做到适地适树、适种源、适家系和无性系,对马尾松人工林采伐迹地要慎重选用。避免大面积连片营造单一树种的人工纯林,尽量做到多林种、多树种镶嵌配置造林。

表5　速生丰产林造林地立地条件表

立地条件	Ⅰ类产区	Ⅱ类产区
海拔与地貌	马尾松中带：南岭山地、雪峰山地、武夷山地及其以东、以南海拔300～600m，部分地区至800m或1000m的低山、高丘陵。鄂西南、四川盆地边缘东南部最高1100m以下的低中山、低山。 马尾松南带：海拔350～700m的低山、高丘陵，部分地区海拔可稍低些。选地以低山、高丘地貌为主。	马尾松中带：南岭山地以北江南丘陵地区海拔200～500m的丘陵；贵州山原800～1200m，四川盆地周围300～1000m的低中山、低山和高丘陵。马尾松北带：海拔200～500m的丘陵、岗地
母岩	页岩、砂页岩、长石石英砂岩、板岩、千枚岩、片麻岩、花岗岩、凝灰岩类	页岩、砂页岩、长石石英砂岩、板岩、片麻岩、花岗岩、玄武岩、流纹岩、凝灰岩和第四纪黏土类
土壤	pH值：4.5～5.6。 土层厚：山地60cm以上；丘陵80cm以上。 黑土层厚：山地15cm以上；丘陵10cm以上（黑土层不明显者以土层厚度为主）。 质地：砂壤至壤质黏土，黏壤至砂质黏土为最佳。 石砾含量：20％以下。 紧实度：轻疏松至稍紧实，水、气通透性良好。 土壤侵蚀：无中度及中度以上侵蚀。	
局部地形	坡位：山地及丘陵坡地的中部至下部坡麓，高亢台地。忌积水及排水不畅地形。坡向：阳坡、半阳坡、半阴坡及平缓地全坡向。 坡度：小于35°	
立地类型	a）优良立地低山、高丘陵、山坡下部、坡麓、阳坡、半阳坡、半阴坡，土层厚80cm以上，黑土层厚20cm以上，砂壤土至黏土，疏松或较疏松，水、气通透性良好（相当立地指数18及18以上）。 b）适宜立地低中山、低山、高丘陵及山间丘陵，山坡中部，土层厚60cm以上，黏壤土至壤质黏土，稍紧，水、气通透性中等（相当于立地指数16及16以上）。立地指数要求：16及16以上	a）优良立地低山、高丘陵及山间丘陵，山坡下部，土层厚度80cm以上，黑土层厚15cm以上，壤土至砂质黏土，疏松或较疏松，水、气通透性良好（相当地位指数16及16以上）。 b）适宜立地低山、山前丘陵和丘陵坡中部，台地、岗地，土层厚度80cm以上，黑土层厚10cm以上，黏质壤土至壤质黏土，稍紧，水、气通透性中等（相当于立地指数14及14以上）。立地指数要求：14及14以上

注：地位指数年龄20年，级距2m。

6.4　造林地清理及整地

6.4.1　林地清理

选择能够保护原造林地植被的清林方式，如：在坡度30°以上采用带状劈山清林（砍3m留1m，不炼山），在25°以下采用全面劈山带状清林。要尽可能地保留原有阔叶林木，使大面积林地形成多树种镶嵌格局，避免形成大面积马尾松纯林。

6.4.2　整地

整地方式因地制宜，全面考虑植被、母岩、土壤、地形等条件和水土保持等要求，一般采用块状整地。对于土壤质地适中、较疏松、立地质量中等的造林地，可采取规格不小于 40cm×40cm×（25～30）cm（长 × 宽 × 深）的中块状整地。

6.5　造林密度

为推迟首次间伐时间，确保间伐材有效益，应适当降低造林密度。培育大径材造林密度应控制在 1600～2000 株/hm²（株行距 2.5m×2.5m 或 2.0m×2.5m），中径材 1667～2500 株/hm²（株行距 2.0m×3.0m 或 2.0m×2.0m），小径材 2500～3000 株/hm²（株行距 2.0m×2.0m 或 2.0m×1.67m）。培育纸浆用材林，造林密度控制在 2500～3600 株/hm²（株行距 2 m×2m 或 1.67m×1.67m）。

6.6　造林时间及栽植技术

一般应在冬末春初进行造林，冬季干旱的地方也可采用容器苗雨季造林（6 月中旬以前完成）。苗木应做到随起随栽，起运过程要采取防干保湿措施，防止苗木和根系失水。在栽植前，对于主根过长的苗木要适当截根，保留主根长 15～18cm，以免窝根。同时，苗根尽量沾上稀黄泥浆（泥浆中最好加上 3%～5% 的磷肥）。采用明穴或半明穴栽植，每穴 1 株。对于 16 以下指数级，有条件的地方，尽量在栽植前施用农家有机肥或含磷较高复合肥或钙镁磷肥。栽植时间应选择在阴雨天或雨后初晴天作业。避免在连续干燥或遇大风天气栽植，对于造林困难和干旱缺水地区造林时可选用保水剂。植苗时应做到苗正、适当深栽（深度为根际以上 3～5cm，黄叶入土）、根系舒展、分层覆土压实捶紧、稍覆松土。如果用容器苗造林，栽植时应破袋后再栽植。

6.7　幼龄林抚育

一般要抚育 3～4 年。造林当年抚育 1～2 次（只砍灌割草，不松土），造林后第 2 年、第 3 年，每年各抚育 2 次，第 1 次在 4 中下旬至 5 月中下旬进行，第 2 次在 9 月至 10 月进行；若第 4 年尚未郁闭，在 6 月至 7 月继续抚育 1 次。植株抚育面积要逐年扩大，除草、松土时不可损伤植株和根系，松土深度宜浅，不超过 10cm。

6.8　间伐抚育

成林后需及时进行抚育间伐。当林分充分郁闭，自然整枝高度占树高 1/3～1/2；或郁闭度达到 0.9 以上，被压木占全林的 20%～30%；或林分平均胸径连年生长量明显下降时，便可进行抚育间伐。间伐后林分郁闭度不低于 0.6，最后 1 次间伐最迟应在采伐年的 5～7 年前进行。间伐强度按株数计算，每次间伐强度控制在 20～30%，间伐间隔期 4～5 年。培育小径材林一般间伐 1～2 次，间伐起始时间 10～11 年；培育中径材一般间伐 2～3 次，首次时间 10～11 年；培育大径材，间伐 2～3 次，首次时间 10～12 年；具体可参考附录 C 确定。培育纸浆材一般不间伐或间伐 1 次，间伐时间 9～10 年。间伐后 20 年时合理保留密度因培育目标而定，若培育大径材，一般保留 750～1050 株/hm²；培育中径材保留 975～120 株/hm²；培育中小径材保留 1200～1800 株/hm²；培育纸浆材一般应该在 20 年前采伐利用。

6.9 优化栽培模式

在造林设计中，应按立地条件提出栽培模式，最好能给出优化栽培模式。中带各指数级优化栽培模式参见附录 C。

6.10 丰产林保护

速生丰产林的病虫害防治和护林防火工作，具体按国家有关技术标准（规程）和规定执行。

7 其他

规划设计、检查验收、技术档案均按 GB/T 15776 执行。本标准未作规定的技术内容，均执行国家制定的相关标准和技术规程。

附录 A

（资料性附录）

马尾松产区区划

A.1 地理分布带的划分

马尾松北带：本带与《中国植被》分区中的北亚热带常绿、落叶阔叶混交林地带大致相当。北界自秦岭南坡海拔1000m以下，向东经伏牛山南坡、桐柏山、大别山北坡，沿淮河，经宁镇丘陵至海滨一线。南界自大巴山南坡以北、巫山北坡，经江汉丘陵平原、大别山南坡、黄山北坡、天目山至杭州湾一线。西界为陕西勉县至四川青川、平武一线。

马尾松中带：本带相当于《中国植被》分区中的中亚热带常绿阔叶林地带。北界即马尾松北带的南界。南界自黔桂边界的红水河向东，经桂北山地丘陵，沿南岭南麓，再向粤北、闽中南、戴云山南部至福州一线。西界自四川平武向南，经灌县、大相岭、小相岭，再经滇东北隅、黔西北顺北盘江，至黔桂边境红水河一线。东界为东海海岸。

马尾松南带：本带与《中国植被》分区中的南亚热带季风常绿阔叶林地带和北热带半常绿季雨林、湿润雨林地带大致相当。北界与中带的南界一致。南界为粤桂沿海，雷州半岛北端至台湾中北部一线。西界为广西天峨、田林、靖西一线，即马尾松与云南松的分界线。本带包括广西、广东的中部以南地区、闽南的部分及台湾的北部。

A.2 产区划分

Ⅰ类产区：该产区内气候、地貌、土壤等自然条件最适宜马尾松生长，在一般经营条件下，能培养成大、中径材。根据南、中带水热条件及生产力差异，本产区进一步划分为2个亚区。

Ⅰ1产区：主要分布在南带（或北热带）十万大山（包括大青山）和云开大山。是马尾松生产力最高的地区。

Ⅰ2产区：主要分布在中带的山区，包括南岭山地、雪峰山地、黔东南低山地区、武夷山东南的闽中山地丘陵、浙江仙霞岭东南部的低山丘陵、江西的大庾岭和罗霄山脉的东南部、鄂西南及重庆的东南部（包括武陵山地局部）山地。

Ⅱ类产区：主要包括马尾松中带南岭山地以北的江南丘陵地区，贵州山原、黔东北和湘西北的山地（包括武陵山地主体）、四川盆周北部和重庆周边山地、江西的幕阜山、浙江的天目山。

Ⅲ类产区：在马尾松分布区内，除以上Ⅰ、Ⅱ类产区以外的分布区，均为Ⅲ类产区。

附 录 B

（资料性附录）

培育目标及采伐年龄

马尾松速生丰产用材林的培育目标可简单分为建筑材林、纸浆材林和高产脂林三种，在本标准中主要指前两种。在综合考虑不同培育目标林分的经济成熟龄、数量成熟龄、工艺成熟龄（纸浆材林还适当考虑了纸浆得率与采伐年龄的关系）基础上，确定了各指数级不同培育目标的采伐年龄（见表 B.1）。

对于纸浆材林，16 及以下指数级，在 15 年时株数控制在 1875～2325 株/hm²，18 及以上指数级，在 15 年时株数控制在 1575～1875 株/hm²。

B.1 马尾松人工速生丰产林各指数级采伐年龄

培育目标		立地指数				
		14	16	18	20	22
建筑材	小径材	22～24	20～22			
	中径材		24～26	21～23	20～22	20～21
	大径材			27～29	26～28	25～27
纸浆材		17～19	16～18	15～17	15～17	15～16

附录 C
（资料性附录）

中带马尾松建筑材林优化栽培模式

表 C.1 中带马尾松建筑材林优化栽培模式

立地指数	培育目标	造林密度/（株/hm²）	间伐 时间/年 强度/%	间伐 时间/年 强度/%	间伐 时间/年 强度/%	保留密度/（株/hm²）	采伐年龄	平均高/m	平均胸径/cm	蓄积量/（m³/hm²）	出材量/(m³/hm²) 小径	出材量/(m³/hm²) 中径	出材量/(m³/hm²) 大径
14	小径材	2500	11，25	15，20		1350	23	14.02	18.5	236.1	151.2	44.8	0.8
16	中小径	2500	10，25	14，25		1215	22	15.66	19.9	270.5	147.9	72.6	4.1
16	中径材	2000	10，25	14，25	18，20	810	25	17.52	24.6	297.5	72.2	122.2	55.2
18	中径材	2000	11，25	15，25		960	21	17.22	23.2	311.1	109.5	125.2	27.8
18	大径材	2000	10，25	14，25	18，25	720	26	20.3	28.6	402.6	70.3	145.9	121.7
18	大径材	1667	13，30	17，30		705	26	20.42	28.8	401.6	68.3	143.8	123.7
20	中径材	2000	11，25	15，25		945	20	18.42	23.5	334.5	109.3	134.7	36.7
20	大径材	2000	10，25	14，25	18，25	705	25	21.54	29	428.2	70.5	149.2	141.1
20	大径材	1667	12，30	16，25		690	26	22.1	29.4	440.5	71.4	153.5	147.6